"十三五"职业教育交通运输类专业规划教材

工程地质

主　编　盛海洋　李志强
参　编　沈　义　范大明
主　审　钱寅星

机械工业出版社

本书是根据职业教育城市轨道交通工程技术等专业近些年对工程地质课程教改的有关要求，以及在各职业院校积极践行和创新先进职业教育理念，深入推进“工学结合，校企合作”人才培养模式的大背景下，依据新的课程标准编写的。

在教学设计上，本书以实际工作任务为引领，以土建类专业中处理地质问题的能力为主线，将工程地质项目分解为工程地质基础知识、工程地质分析、工程地质问题与工程地质勘察、工程地质技能训练4个学习单元。目的是让学生掌握每一阶段工程地质知识的应用。

本书编写过程中兼顾了职业院校学生能力培养的需要，注重吸收最新的科技成果，将教学与科研、生产紧密结合，以必需、实用、够用为度，强调职业教育特色。全书内容丰富、图文并茂、深入浅出、循序渐进、重点突出、便于自学。

本书可作为职业院校城市轨道交通工程技术等专业的教材，亦可作为工程建设勘察、设计、施工、监理、试验、检测技术人员和交通土建类师生及科研人员的学习参考用书。

图书在版编目（CIP）数据

工程地质/盛海洋，李志强主编. —北京：机械工业出版社，2017.3

“十三五”职业教育交通运输类专业规划教材

ISBN 978-7-111-56184-2

Ⅰ.①工… Ⅱ.①盛… ②李… Ⅲ.①工程地质-高等职业教育-教材 Ⅳ.①P642

中国版本图书馆CIP数据核字（2017）第039343号

机械工业出版社（北京市百万庄大街22号　邮政编码100037）

策划编辑：王莹莹　责任编辑：王莹莹　臧程程

责任校对：刘秀芝　樊钟英　封面设计：鞠　杨

责任印制：李　飞

北京铭成印刷有限公司印刷

2017年5月第1版第1次印刷

184mm×260mm · 16印张 · 385千字

0001—2000册

标准书号：ISBN 978-7-111-56184-2

定价：39.80元

凡购本书，如有缺页、倒页、脱页，由本社发行部调换

电话服务

服务咨询热线：010-88379833

读者购书热线：010-88379649

网络服务

机 工 官 网：www.cmpbook.com

机 工 官 博：weibo.com/cmp1952

教育服务网：www.cmpedu.com

金 书 网：www.golden-book.com

前　言 PREFACE

本书是根据职业教育城市轨道交通工程技术等专业近些年对工程地质课程教改的有关要求，在各职业院校积极践行和创新先进职业教育理念，深入推进“工学结合，校企合作”人才培养模式的大背景下，依据新的课程标准和教学标准编写的。

为紧密结合生产实践，本书立足于《公路工程地质勘察规范》(JTG C20—2011)、《岩土工程勘察规范（2009 年版)》(GB 50021—2001）等相关规范的要求及规定，通过一些基本技能的训练，旨在培养学生搜集、分析和运用有关工程地质资料，并能正确运用勘察数据和资料，进行相关工程的设计、施工和管理。

本书在教学设计上，以实际工作任务为引领，以土建类专业中处理地质问题能力为主线，将工程地质项目分解为 11 个课题，分别为：认识矿物与岩石、认识地质构造、认识地貌与第四纪地质、认识水的地质作用、不良地质现象分析、岩体边坡稳定性分析、地下洞室围岩稳定性分析、工程地质问题、工程地质勘察、室内地质技能训练、野外地质技能训练。目的是让学生掌握每一阶段工程地质知识的应用过程。

本书编写过程中兼顾了职业院校学生能力培养的需要，注重吸收最新的科技成果，将教学与科研、生产紧密结合，以必需、实用、够用为度，强调职业教育特色。全书内容丰富、图文并茂、深入浅出、循序渐进、重点突出、便于自学。为了方便学生学习，每个课题都有学习目标、学习重点、学习难点和一定数量的课后思考与练习题，以使学生更好地了解和掌握核心内容。

本书由福建船政交通职业学院盛海洋、石河子大学李志强主编，黑龙江建筑职业技术学院沈义、长江工程职业技术学院范大明参编。全书由盛海洋统稿，中铁二十四局集团福建铁路建设有限公司钱寅星主审。具体编写分工为：课题 1、课题 2、课题 4、课题 11 由盛海洋编写；课题 3、课题 8 由沈义编写；课题 5、课题 6、课题 7、课题 10 由李志强编写；课题 9 由范大明编写。

在编写本书前曾广泛征求过有关院校及勘察设计单位同行对编写大纲的意见，并得到了有关领导和部门的指导和帮助，同时参阅了国内出版的有关教材和资料，在此一并表示诚挚谢意。

由于编者水平所限，书中缺点及不当之处在所难免，敬请读者批评指正。

编　者

目　录 CONTENTS

单 元 1

工程地质基础知识

课题 1　认识矿物与岩石

学习目标

1. 知道工程地质概念；
2. 了解地球的起源；
3. 了解地球的物理性质；
4. 了解地球的外部圈层和内部圈层；
5. 知道矿物的物理性质；
6. 知道岩石的矿物成分、结构和构造；
7. 了解岩石的力学性质、工程性质。

学习重点

地球的圈层构造；矿物的物理性质；岩石的矿物成分、结构和构造；岩石的力学性质；岩石的工程性质；影响岩石工程性质的因素。

学习难点

地球的相关物理性质；肉眼鉴定矿物、岩石的方法；岩石结构和构造；岩石的力学性质。

1.1　工程地质简介

1.1.1　工程地质基本概念

1. 地质学

地质学一词是由瑞士人索修尔（Saussure H. B. de）于 1779 年提出的，意指“地球的科学”。地质学就是研究地球的科学。限于目前的科学技术水平，地质学现阶段是以地球的表层（地壳）为主要研究对象的，主要研究地壳的物质组成、促使地壳运动变化的各种地质作用、地壳的发展历史及地质学在有关领域中的应用等。随着生产实践的需要和科学的发展，地质工作的范围越来越广，地质学也相应发展出许多分支，如工程地质学、水文地质学等。

2. 工程地质

工程地质学是地质学的分支学科，它是一门研究与工程建设有关的地质问题、为工程建设服务的地质科学，属应用地质学的范畴。它广泛应用于各类工程，如铁路工程、公路工程、水电工程、工民建工程、矿山工程、港口工程等。随着生产的发展和研究的深入，又出现一些新的分支学科，如环境工程地质、海洋工程地质、地震工程地质等。工程地质学的特点是始终与工程实践紧密联系。

1.1.2　工程地质学的基本任务

工程地质学的基本任务是研究人类工程活动与地质环境之间的相互制约关系，以便科学评价、合理利用、有效改造和妥善保护地质环境。

工程地质学为工程建设服务，是通过工程地质勘察来实现的，通过勘察和分析研究，阐明建筑地区的工程地质条件，指出并解决所存在的工程地质问题，为建筑物的设计、施工以至使用提供所需的地质资料。工程地质学的任务，必须要求对工程活动的地质环境（或称工程地质条件）进行深入研究。其基本任务是查明工程地质条件，中心任务是工程地质问题的分析、评价。

工程地质条件指与工程建设有关的地质因素的综合，即工程建筑物所在地质环境的各项因素。这些因素包括地层岩性、地质构造、地形地貌、水文地质条件、物理地质现象和天然建筑材料等方面。

工程地质问题是指工程建筑物与工程地质条件之间所存在的矛盾或问题，即工作区的工程地质条件满足不了工程建筑的要求，而出现的安全使用、地基稳定及经济问题。优良的工程地质条件能适应建筑物的安全、经济和正常使用的要求，但自然界工程地质条件往往都有一定的缺陷，从而对建筑物产生严重的甚至是灾难性的危害。因此，一定要将矛盾着的两个方面联系起来进行分析。由于工程建筑的类型、结构形式和规模不同，对地质环境的要求也不同，所以工程地质问题是复杂多样的。例如，工业与民用建筑的主要工程地质问题是地基承载力和沉降问题；地下洞室的主要工程地质问题是围岩稳定性问题；露天采矿场的主要工程地质问题是采坑边坡稳定性问题等。对工程地质问题进行分析和评价，则是工程地质工程师的中心任务。

1.1.3　工程地质在工程建设中的作用

工程地质的研究对象是工程地质条件和工程活动的地质环境。它的主要任务是研究人类工程活动与地质环境（工程地质条件）之间的相互作用，以便正确评价、合理利用、有效改造和完善保护地质环境。工程地质环境（条件）包括地层岩性、地质构造、地貌、水文地质条件、岩土体的工程性质、物理地质现象和天然建筑材料等方面。

大量的国内外工程建设实践证明，工程地质工作做得好，设计、施工就能顺利进行，工程建筑的安全运营就有保证。相反，对工程地质工作忽视或重视不够，使一些严重的工程地质问题未被发现或发现了而未进行可靠的处理，都会给工程带来不同程度的影响，轻则修改设计方案、增加投资、延误工期，重则使建筑物完全不能使用，酿成灾害。

事例，如成（都）昆（明）铁路，沿线地形险峻，地质构造极为复杂，大断裂纵横分布，新构造运动十分强烈，有约200km的地段位于八九度地震烈度区，岩层十分破碎。加上沿线雨量充沛，山体不稳，被誉为“世界地质博物馆”。中央和铁道部对成昆线的工程地质勘察十分重视，提出了地质选线的原则，动员和组织全路工程地质专家和技术人员进行大会战，并多次组织全国工程地质专家进行现场考察和研究，解决了许多工程地质难题，保证了成昆铁路顺利建成通车。

相反，新中国成立初期修建的宝（鸡）成（都）铁路，限于20世纪50年代初期的设计水平，对工程地质条件认识不足，致使线路的某些地段质量不高，给施工和运营带来了困难。宝成铁路上存在的路基冲刷、滑坡和泥石流问题给我们留下了深刻教训。又如新中国成立前修建的宝（鸡）天（水）铁路，当时根本不重视工程地质工作，设计开挖了许多高陡路堑，致使发生了大量崩塌、滑坡、泥石流灾害，使线路无法正常运营，被称为西北铁路线上的盲肠。

轨道、公路工程是一种延伸很长的线型建筑物，又主要建筑在地表（壳）上，在兴建和使用的过程中，必然会遇到各种各样的自然条件和地质问题，在山区路线中，塌方、滑坡、泥石流等不良地质现象对它们构成威胁，而地形条件又是制约路线的纵坡和曲率半径的重要因素。如果对地质工作重视不够，都会给工程带来不同程度的影响。例如在开挖高边坡时，忽视地质条件可能引起大规模的崩塌或滑坡，不仅增加工程量、延长工期和提高造价，甚至危及施工安全，造成生命和财产损失。我国台湾基隆河畔某地因修筑高速公路，在河岸旁的山腰处进行开挖，切断了层状岩体，导致该地于1974年9月发生滑坡，破坏了周围的村庄、道路，阻断了河流。又如沿河谷布线，若不分析河道形态、河流流向以及水文地质特征，就有可能造成路基水毁。

由此可见，为保证工程的正常施工、运行和生命财产的安全，工程地质的任务是非常重要的。它已成为工程建设中不可缺少的一个重要组成部分。随着我国经济建设日益发展和科学技术的进步，工程建设的规模和数量也越来越大。数十公里长的隧道、数百米高的高楼大厦、露天采矿场边坡、二滩和三峡水利枢纽工程等所谓“长隧道、深基坑、高边坡”的巨型重大工程建设与工程地质的关系更趋密切。鉴于工程地质对工程建设的重要作用，国家规定任何工程建设必须在进行相应的地质工作、提出必要的地质资料的基础上，才能进行工程设计和施工工作。

1.2 地球的物理性质与圈层构造

1.2.1 地球的物理性质

1. 地球的形状和大小

自古以来，地球的形状是人们关注的问题之一。随着科学技术的发展，人们对地球形状的认识也越来越准确。

地球的形状通常是指大地水准面所圈闭的形状。所谓大地水准面是由全球性静止海面即平均海平面及其在陆地底下延伸所构成的封闭曲面。在该面上各处重力相等，并且该面与重力方向垂直。因此，该封闭曲面是一个重力等位面。大地水准面所确定的地球形状接近于两极半径略小于赤道半径的旋转椭球体（即扁球体）。地球的基本参数见表1-1。

表1-1　地球的基本参数

赤道半径/km	极半径/km	扁率	表面积/km^2	体积/km^3	质量/g	密度/(g/cm^3)
6378.137	6352.752	1/298	5.1×10^8	1.083×10^{13}	5.976×10^{27}	5.517

从表1-1得知由于地球扁率只有1/298，无论是旋转椭球体、大地水准体或近似“梨”形体，从宏观上看地球仍然近似球体。

2. 地球的密度

地球的质量是根据万有引力定律计算出来的，用地球的质量除以地球的体积，便可得出地球的平均密度是5.517g/cm^3，而地壳上部的岩石平均密度是2.65g/cm^3，由此推测地球内部必有密度更大的物质。根据地震资料得知，地球密度是随着深度的加深而增大的，并且在地下若干深度处密度呈跳跃式变化，推测地核部分密度可达13g/cm^3左右。目前公认的地球内部密度变化模型是由澳大利亚学者布伦推导的。据布伦（1975）推导的结果：地壳表层的密度为2.7g/cm^3；地下33km处为3.32g/cm^3；大约地下2990km处密度由5.56g/cm^3突增至9.98g/cm^3；至6371km处达11.51g/cm^3。

3. 地球的重力

所谓重力是指地球对物体产生的引力和该物体随地球自转而引起的惯性离心力的合力。由于地球产生的惯性离心力相对地球引力是很微弱的，因此重力方向是大致指向地心的。我们把地球内部及其附近存在重力作用的空间称为地球的重力场。在重力场中，物体所受重力作用的大小还与其本身的质量有关。单位质量的物体在重力场中所受的重力称为重力场强度。它在数值上（包括方向）等于重力加速度。通常将两者统称为重力。

重力加速度在地表为982cm/s^2，到下地幔的底部（2900km）达到最大值1037cm/s^2左右。在地核中重力加速度开始迅速减小，到6000km为126cm/s^2，到地球核心时达到零。

4. 地球的压力

随着地球深部密度的递增，由于上覆岩石重量的影响，地球内部压力亦随深度的增加而增大。其变化情况根据地震波推测各深度的压力见表1-2。

表1-2　地球内部压力随深度变化

深度/m	100	500	1000	5000	10000
压力/MPa	2.7	13.5	27	135	270

上列数据仅代表压力随深度增长的一般规律。在各矿区，由于当地地质条件的差异，除上覆岩层重量之外，还受其他因素影响。因此，具体地段的压力可能较表列数据略有增减。矿山开采中，由于形成了开采空间，可能出现各种地压显现现象，直接影响矿山生产，应充分注意。

5. 地球的温度

地球热力的来源，外部来自太阳的辐射热；内部主要来自放射性元素蜕变时析出的热以及元素化学反应放出的能。

从地表向下可划分为变温带、常温带、增温带。根据世界各地钻探资料表明，地球上大部分地区，从常温带向下平均每加深100m，温度升高3℃左右，这种每加深100m温度增加的数值，叫作地热增温率或地温梯度。而把温度每升高10℃所需增加的深度，称为地热增温级。地热增温级的平均数值为33m。若按上述简单规律推算，地心的温度将达到20万℃，这显然是不可能的。现代地球物理学的研究证明，上述规律只适用于地表以下20km深度范围。如果深度继续增加，地球内部的导热率也将随之增大，地温的增加则会大大变慢。据推测，地球中心温度在3000～5000℃之间。

由于各地地质构造、岩石导热性能、岩浆活动、放射性元素的存在以及水文地质等因素的差异，不同地区的地热增温率是不同的。凡一地区实际地热增温率大于平均地热增温率时，称该地区有地热异常。据此，可发现和进一步利用该地的地下热能。

地热异常区蕴藏着丰富的热水和蒸汽资源，是开发新能源的广阔天地。目前世界上有多个国家利用地热发电。地下热水还可用于工业锅炉、取暖、医疗等。

6. 地球的磁性

地球周围形成一个巨大的地磁场。地球的磁性，明显地表现在对磁针的影响方面。磁针所指的方向（亦称地磁子午线）就是地磁的两极。地磁两极与地理两极是不一致的。因此，地磁子午线与地理子午线之间有一定夹角，称磁偏角。其大小因地而异，在中国的大部分地区，地磁偏角在 $-10° \sim +2°$ 之间。使用罗盘测量方位角时，必须根据当地磁偏角进行校正。磁针只有在赤道附近才能保持水平状态，向两极移动时逐渐发生倾斜。磁针与水平面的夹角，称为磁倾角。各地磁倾角不一致。地质罗盘上磁针有一端往往捆有细铜丝，就是为了使磁针保持水平。我国处于地球北半部，因此，在磁针南端多捆有细铜丝，以校正磁倾角的影响。

地球上某一点单位磁极所受的磁力大小，称为该点的磁场强度。磁场强度因地而异，一般是随纬度增高而增强。磁偏角、磁倾角、磁场强度称为地磁三要素，用以表示地表某点的地磁情况。根据地磁三要素的分布规律，可以计算出某地地磁三要素的理论值。但是，由于地下物质分布不均，某些地区实测数值与理论计算值不一致，这种现象叫地磁异常。引起地磁异常的原因有两点，一是地下有磁性岩体或矿体存在，二是地下岩层可能发生剧烈变位。因此，地磁异常的研究，对查明深部地质构造和寻找铁、镍矿床有着特殊的意义。地球物理学中的磁法探矿，就是利用上述原理。

1.2.2 地球的圈层构造

地球是一个由不同状态与不同物质的同心圈层所组成的球体。这些圈层可以分成内部圈层与外部圈层，即内三圈与外三圈。其中外三圈包括大气圈、水圈和生物圈，内三圈包括地壳、地幔和地核。

1. 地球的外部圈层

地球的外部圈层可分为大气圈、水圈、生物圈，各个圈层既围绕地表可各自形成一个封闭的体系，同时又相互关联、相互影响、相互渗透、相互作用，并共同促进地球外部环境的演化。

（1）大气圈　大气圈是因地球引力而聚集在地表周围的气体圈层，是地球最外部的一个圈层。大气是人类和生物赖以生存必不可少的物质条件，也是使地表保持恒温和水分的保护层，同时也是促进地表形态变化的重要动力和媒介。

据估算，大气圈的总质量约 5×10^{18}kg，其中绝大部分分布在大气圈的下层。自然状态下的大气是多种气体的混合物，主要由氮、氧、二氧化碳、水汽及一些微量惰性气体组成。表 1-3 列举出了大气圈中 25km 以下含量最高的 11 种气体。

表 1-3 大气圈中 25km 以下大气中平均组分

气体名称	化学分子式	体积百分比（%）
氮	N_2	78.08
氧	O_2	20.95
水	H_2O	0~4
氩	Ar	0.93
二氧化碳	CO_2	0.0360
氖	Ne	0.0018
氦	He	0.0005
甲烷	CH_4	0.00017
氢	H_2	0.00005
一氧化二氮	N_2O	0.00003
臭氧	O_3	0.000004

氮、氧是大气圈中的主要组分，占大气的 99% 左右。同时这两种气体也与生命活动有密切的关系。通过特殊的固氮菌以及闪电作用析出氮，氮气能从大气中分离出来并储存于地表，氮是植物制造蛋白质的主要原料，然后通过生物的燃烧以及脱氮作用又回到大气中。氧气是生物能量的主要来源，氧气通过光合作用以及呼吸作用实现在大气及生命中的交换。

二氧化碳气体来自地球内部析气（火山、地裂缝）、生物呼吸和有机质燃烧。在过去的 300 年间，二氧化碳含量增加了 25%。增加的主要来源是人类引起的燃烧、森林砍伐以及土地利用形式的改变。一些科学家认为大气中二氧化碳的增加使温室效应作用加强，从而导致全球变暖。

大气中水蒸气的浓度随时空而变化。靠近赤道的海面及热带雨林上空水蒸气的浓度最大，而在寒冷的极地及亚热带的沙漠地区水蒸气的浓度可接近零。大气圈的下界通常是指地表，但在地面以下的松散堆积物及某些岩石中也含有少量空气，它们是大气圈的地下部分，其深度一般小于 3km；大气圈的上界并无明确的界限，一般认为在 2000～3000km。大气圈在垂直方向上的物理性质有显著的差异，根据温度、成分、电荷等物理性质，以及大气的运动特点，可将大气圈自地面向上依次分为对流层、平流层、中间层、暖层及散逸层。

（2）水圈　水圈主要是呈液态及部分呈固态出现的。它包括海洋、江河、湖泊、冰川、地下水等，形成一个连续而不规则的圈层。水圈的质量为 1.5×10^{18}t，占地球总质量的 0.024%。其中海水占 97.25%，陆地水（包括江河、湖泊、冰川、地下水）只占

2.8%；而在陆地水中冰川占水圈总质量的2.2%，所以其他陆地水所占比重是很微小的（表1-4）。此外，水分在大气中有一部分；在生物体内有一部分，生物体的3/4是由水组成的；在地下的岩石与土壤中也有一部分。可见，水圈是独立存在的，但又是和其他圈层互相渗透的。

表1-4 地表水储量

水的类型	水量/10^6km^3	百分比（%）
海洋	1370	97.25
冰帽及冰川	29	2.05
地下水	9.5	0.68
湖泊	0.125	0.01
土壤	0.065	0.005
大气	0.013	0.001
河流	0.0017	0.0001
生物圈	0.0006	0.00004

大气圈中存在的水分只占水圈总量的万分之一，但它的重要意义是不能以百分比来衡量的。因为大气中的水分不时凝结为雨、雪降下，又不时从地面和海面得到补充。实际上，大气中的水汽成了水分循环的中转站。这个中转站与人类生存关系极大。每年大约有4.46×10^{14}t的水分经过蒸发进入大气圈，同时也有相等数量大气中的水分经过凝结又降回大地，其中大约有1/5降落在大陆上（图1-1）。

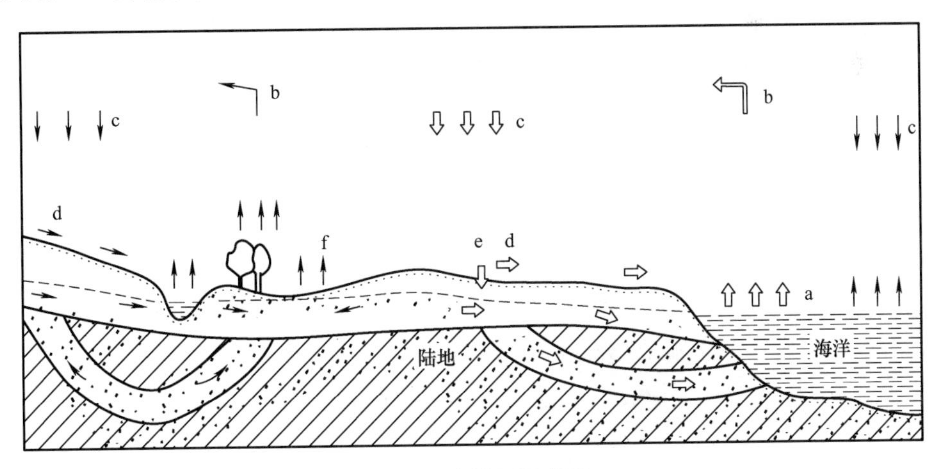

图1-1 水循环示意图

a—海洋蒸发 b—大气中的水汽转移 c—降水 d—地表径流 e—入渗 f—蒸发

2. 内部圈层

内部圈层指从地面往下直到地球中心的各个圈层。地球平均半径为6371km，根据火山喷发、宇宙地质（如陨石）和物理勘探中的地震波传播速度的突变，将其分为地壳、地幔及地核（图1-2）。

地震波在地下若干深度处，传播速度发生急剧变化的面，称为不连续面。其中最主要的

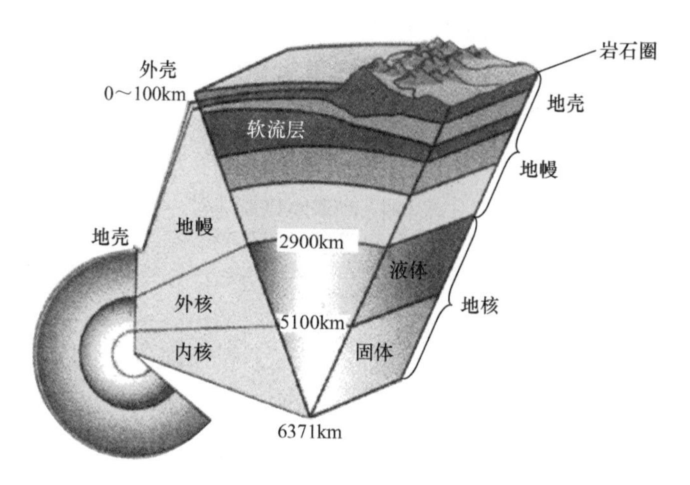

图 1-2　地球内圈（岩石圈包括地壳和上地幔）

不连续界面有莫霍洛维奇面（简称莫霍面）和古登堡面。莫霍面最先由克罗地亚学者莫霍洛维奇（A. Mohoroviche，1857—1936 年）于 1909 年发现。在莫霍面上下，纵波速度从 7.0km/s 迅速增加到 8.1km/s 左右，横波速度则从 4.2km/s 增加到 4.4km/s 左右。古登堡面于 1914 年由美籍德裔学者古登堡（B. Gutenberg，1889—1960 年）发现，在此不连续面上下，纵波速度由 13.6km/s 突然降低为 7.98km/s，横波速度从 7.23km/s 到突然消失（图 1-3）。

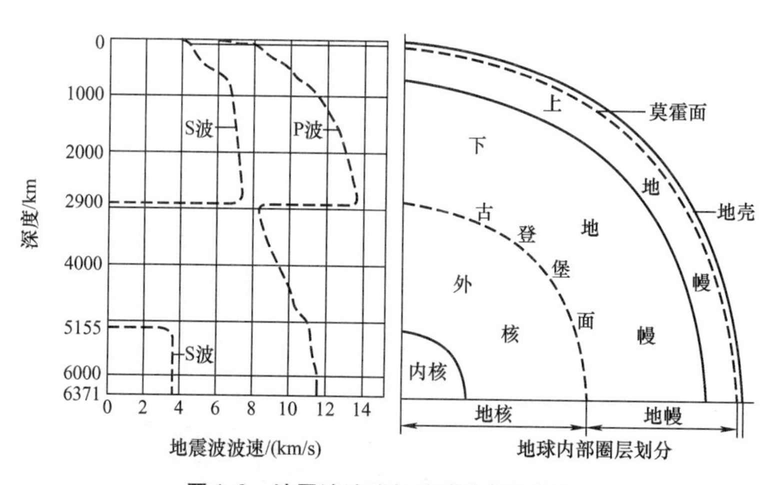

图 1-3　地震波波速与地球内部构造图

（1）地核　古登堡面位于地下 2885km 深度，此界面以下直至地心的部分称为地核。包括内核、过渡层和外核三部分，厚约 3473km，其体积约占地球总体积的 17%。据推测，地核密度为 9.71 ~ 17.9g/cm^3，温度为 2000 ~ 3000℃，压力可达 300 ~ 360GPa。外核物态为液态，其成分除铁镍外，可能还有碳、硅和硫；内核物态为固态，其成分为铁镍物质。

（2）地幔　古登堡面以上到莫霍面以下的圈层称为地幔。地幔厚约 2800km，其体积约占地球总体积的 82%，质量占地球总质量的 67.8%，密度从 3.32g/cm^3 递增到 5.66g/cm^3，在地幔下部接近于地球的平均密度。压力随深度而增加，界面上压力可达约 1.5×10^{11} Pa。温度也随深度缓慢增加，下部约为 3000℃左右。

根据波速在400km和670km深度上存在两个明显的不连续面，可将地幔分成由浅至深的3个部分：上地幔、过渡层和下地幔。上地幔深度为20～400km。目前研究认为上地幔的成分接近于超基性岩即二辉橄榄岩的组成。在60～150km的深度之间，许多大洋区及晚期造山带内有一低速层，可能是由地幔物质部分熔融造成的，成为岩浆的发源地。过渡层深度为400～670km，地震波速随深度加大的梯度大于其他两部分，是由橄榄石和辉石的矿物相转变吸热降温形成的。下地幔深度为670～2891km，目前认为下地幔的成分比较均一，主要由铁、镍金属氧化物和硫化物组成。

（3）地壳 莫霍面以上由固体岩石组成的地球最外圈层称为地壳。地壳的平均厚度约18km，分为大陆型和大洋型两种类型。但各地厚度很不均匀，大陆型地壳分布在大陆及其边缘地区，其厚度较大，平均厚度为33km，越向高山区其厚度越大，如我国青藏高原地区，厚度可达70km以上。大洋型地壳厚度较小，平均厚度只有7km，如大西洋和印度洋地壳厚度为10～15km，而太平洋中央部分厚度为5km，最薄处西太平洋的马里亚纳海沟（深11034m）处地壳厚仅为1.6km。

地震波变化表明，地壳内存在着一个次一级的不连续面，称为康拉德面，它将地壳分为两层，上层为硅铝层（不连续），下层为硅镁层。

硅铝层（花岗岩层）是地壳上部分布不连续的一层，平均厚度约为10km，化学成分以硅、铝为主，故称硅铝层。硅铝层密度较小，平均为2.7g/cm³。地震波在硅铝层的传播速度与花岗岩近似，其物质成分类似花岗岩，故又称花岗岩层。该层厚度各地不一，山区有时厚达40km，海陆交界处变薄，海洋地区则显著变薄，在太平洋中部此层甚至缺失，如图1-4所示。

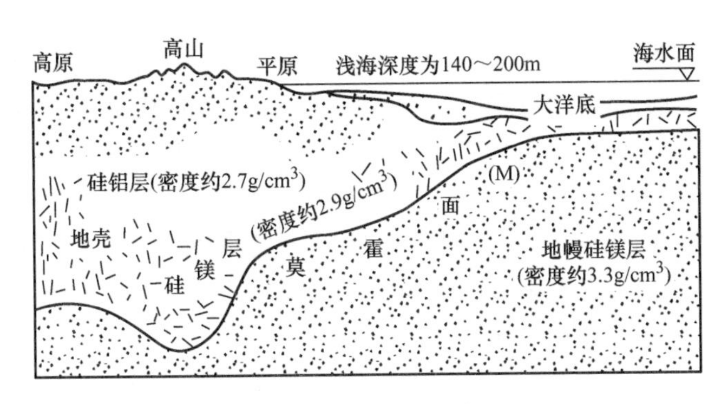

图1-4 地壳结构示意图

硅镁层（玄武岩层）的主要化学成分除硅、铝外，铁、镁相对增多，故称硅镁层。硅镁层密度较大，平均为2.9g/cm³。因硅镁层平均化学成分、地震波传播速度均与玄武岩相似，故又称玄武岩层。硅镁层是地壳下分布连续的一层，在大陆及平原区厚度可达30km，海洋区仅厚5～8km。

组成地壳的各种元素并非孤立存在，大多数情况是相关元素化合形成各种矿物，其中以O，Si，Al，Fe，Ca，Na，K，Mg等组成的硅酸盐矿物为最多（见表1-5），其次为各种氧化物、硫化物、碳酸盐等。各种不同矿物特别是硅酸盐类又组成各种岩石，所以说地壳是岩石圈的一部分。

表 1-5 地壳主要化学元素平均含量（%）

元 素	地 壳		地 球
	克拉克、华盛顿（1924）	《科学美国人》（1970）	黎彤（1976）
氧 O	49.25	46.95	29.00
硅 Si	25.75	27.88	13.00
铝 Al	7.51	8.13	0.91
铁 Fe	4.70	5.17	32.00
钙 Ca	3.39	3.65	0.92
钠 Na	2.64	2.78	0.49
钾 K	2.40	2.58	0.083
镁 Mg	1.94	2.06	16.00
钛 Ti	0.58	0.62	0.084
氢 H	0.088	0.14	0.037
合计	98.248	99.96	92.524

注：在国际上，把各种元素在地壳中的平均含量称为克拉克值（F. W. Clark，美国分析化学家），克拉克值又称为地壳元素的丰度。前 8 种元素顺口溜记忆：养闺女，贴给哪家美。

1.3 地质作用

地球形成至今，经历了大约 50 亿年的发展历史，在这漫长的地质历史中，地球一直处在不停的运动、变化和发展中。例如，有些时候一些地方遭受挤压褶皱形成高山，而另一些地方就会凹陷形成海洋；高山不断遭受剥蚀被夷为平地，沧海又不断被泥土充填变成桑田；坚硬岩石破碎成为松软泥沙，而松软泥沙不断沉积形成新的岩石。这种由于自然动力引起地球（主要是岩石圈和地幔）的物质组成、内部结构及地表形态发生变化的作用，称为地质作用。由地质作用所引起的各种自然现象称为地质现象。

地质作用有的表现为短暂而迅速的突变，如火山喷发、地震、山洪等；而大多数地质作用则表现为长期缓慢的渐变，因而不易察觉，但长期地质作用往往造成更为巨大的后果，如高山被夷平、大海被填淤等。据观察，堆积 1m 厚的黄土需要 1000 年，而兰州附近的黄土厚度约 200m，则需要 20 万年堆积而成。

地质作用是由各种自然力产生的。按照这些自然力的来源的不同，地质作用可分为两大类：发生在地球内部的作用，称为内力地质作用；发生在地球外部的作用，称为外力地质作用。

1.3.1 内力地质作用

由地球内部放射性元素蜕变能、地球转动能和重力化学分异能所引起的地质作用，称为内力地质作用。内力地质作用按动力和作用方式可分为地壳运动、岩浆作用、变质作用和地震作用。

1）地壳运动泛指由于地球内力引起的地球表层（即岩石圈，主要是地壳）的变形和变位等机械运动，分为垂直运动和水平运动两种基本形式。

2）岩浆作用是指地壳深处的岩浆，在构造运动出现破裂带时沿破裂带上升，侵入地壳内（侵入活动）或喷出地面（火山活动），冷凝成岩石的全过程。

3）变质作用是指由于构造运动、岩浆活动和化学活动性流体的影响，使地壳深处岩石的矿物成分、结构、构造（有时还有化学成分）在固体状态下发生了不同程度的质变过程。

4）地震作用是指由地震引起的岩石圈物质成分、结构和地表形态变化的地质作用。

1.3.2　外力地质作用

引起外力地质作用发生的自然力（地质营力）来源于地球外部的能，包括太阳辐射产生的热能（风、流水、冰川、波浪等外营力的能源），天体引力产生的潮汐能，生物及其生命活动产生的生物能等。由外部能源（主要是指太阳辐射能、天体引力能及其他行星、恒星对地球的辐射等）引起的地质作用称为外力地质作用。

外力地质作用，按地质营力分为河流地质作用、地下水地质作用、冰川地质作用、湖泊和沼泽地质作用、风的地质作用和海洋地质作用等。

按作用的形式或发生序列分为风化作用（图1-5）、剥蚀作用、搬运作用、沉积作用、固结成岩作用等。

图1-5　风化残积物

1.3.3　内、外地质作用的区别和联系

内力地质作用和外力地质作用既有区别又有联系。内力地质作用是由地球内部能产生的地质作用，主要在地下深处进行，有些可波及地表；外力地质作用主要由地球外部能产生，一般在地表或地表附近进行。

内力地质作用使地球内部和地壳的组成和构造复杂化，垂直构造运动造成地壳隆起、凹陷，增加地表高差；外力地质作用则对起伏不平的地表进行风化、剥蚀、搬运、堆积，使高低不平的地表逐渐平坦化，减小地表高差。

内力地质作用塑造地表形态，外力地质作用破坏和重塑地表形态，二者都在改变地表形态，但发展趋势相反。

在地球物质循环的过程中，内、外地质作用充当不同的角色，缺一不可。构造运动强烈、地壳升降显著，外力削蚀作用随之增强；反之，削蚀和夷平作用减弱。内力地质作用控制着外力地质作用的进程。内力地质作用和外力地质作用是对立统一的过程。

综上所述，内力地质作用和外力地质作用的特征如图1-6所示。

内力地质作用和外力地质作用在促使地球演化过程中，既是相互联系又是互相矛盾的。内力地质作用处于主导的支配地位，地球在内力和外力地质共同作用下，塑造着地壳的特

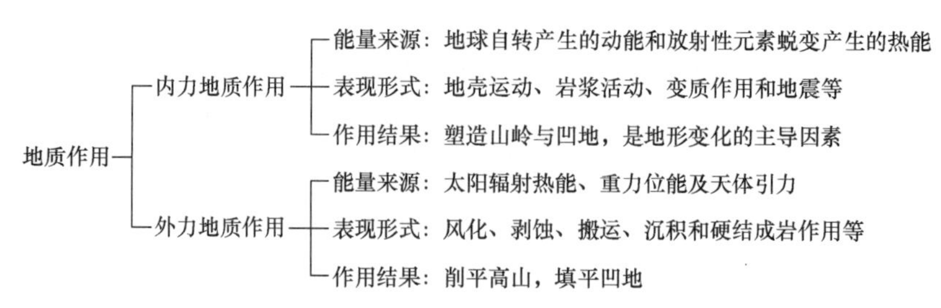

图 1-6　内力地质作用和外力地质作用的特征

征，不断地发展变化。

1.4　造岩矿物

人类工程活动都是在地壳表层进行的，而组成地壳的主要物质成分是岩石。岩石是在自然地质作用下，由一种或多种矿物以一定的规律组成的集合体。目前，自然界中已发现的矿物有3300多种，但常见的只有五六十种，而构成岩石主要成分的不过二三十种。通常把在岩石中构成岩石的主要成分并决定岩石性质的矿物，称为造岩矿物，如常见的长石、石英、辉石、角闪石、黑云母、橄榄石、方解石、白云石等。造岩矿物明显影响岩石性质，对鉴定岩石类型起重要作用。因此，认识和学会鉴定这些造岩矿物是鉴别岩石的基础。

1.4.1　矿物的概念及类型

矿物是指地壳中的化学元素在地质作用下形成的、具有一定化学成分和物理性质的单质或化合物。自然界中只有少数矿物是以自然元素形式出现的，如硫黄（S）、金刚石（C）、自然金（Au）（图 1-7）等。而绝大多数矿物是由两种或两种以上元素组成的化合物，如石英（SiO_2）、方解石（$CaCO_3$）、石膏（$CaSO_4 \cdot 2H_2O$）等。矿物绝大多数呈固态。固体矿物按其内部构造不同，分为晶质体和非晶质体两种。晶质体的内部质点（原子、离子、分子）呈有规律的排列，往往具有规则的几何外形，如岩盐（图 1-8）。

图 1-7　单质矿物自然金

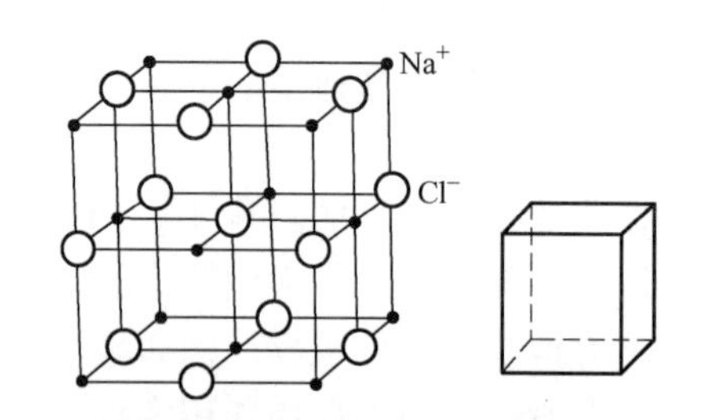

图 1-8　岩盐的内部构造及晶体

但是矿物在岩石中受到许多条件和因素的控制，晶体常呈不规则几何形状。非晶质体的内部质点的排列则是没有规律的，杂乱无章，因此不具有规则的几何外形，如蛋白石、玉髓（$SiO_2 \cdot nH_2O$）、褐铁矿（$Fe_2O_3 \cdot nH_2O$）。非晶质又可分为玻璃质和胶体质两种。地壳中的矿物绝大部分是晶质体。

自然界的矿物按其成因可分为三大类型：

1）原生矿物。指在成岩或成矿的时期内，从岩浆熔融体中经冷凝结晶过程所形成的矿物，如石英、正长石等。

2）次生矿物。指原生矿物遭受化学风化而形成的新矿物，如正长石经过水解作用后形成的高岭石。

3）变质矿物。指在变质作用过程中形成的矿物，如区域变质的结晶片岩中的蓝晶石和十字石等。

1.4.2 矿物的物理性质

每一种矿物都具有一定的物理性质，它们是矿物化学成分与内部构造的综合体现。所以，可以根据矿物的物理性质来识别和鉴定它们。

准确鉴定矿物需要借助化学分析和各种仪器，但对于一般常见矿物，用肉眼即可进行初步鉴定。肉眼鉴定所依据的是矿物的一般物理性质。下面着重介绍用肉眼和简单工具（如硬度计、毛瓷板、放大镜和小钢刀等）就可分辨的若干物理性质。

1. 矿物的形态

矿物的形态（或形状），是指矿物的单个晶体外形或集合体的状态。每种矿物一般都具有一定的形态，因而矿物的形态可以帮助识别矿物（图1-9）。

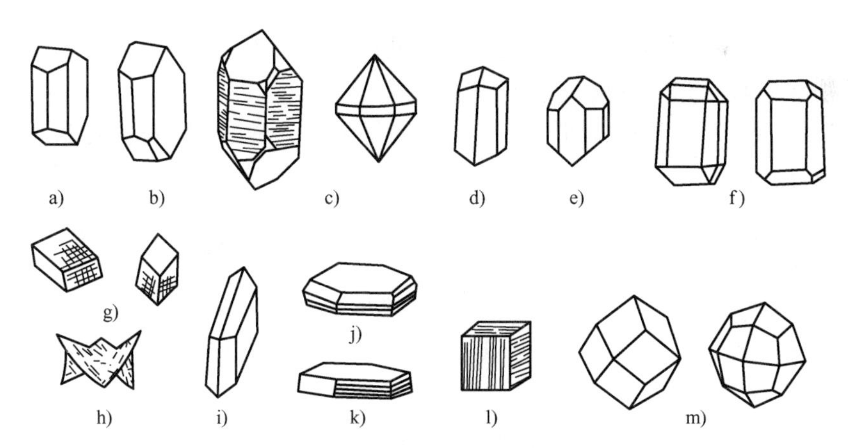

图1-9 常见矿物晶体的形态

a）正长石 b）斜长石 c）石英 d）角闪石 e）辉石 f）橄榄石 g）方解石 h）白云石 i）石膏 j）绿泥石 k）云母 l）黄铁矿 m）石榴子石

（1）矿物单体的形态　矿物单晶体，有的沿一个方向延伸，长成柱状（如角闪石）、针状、纤维状等；有的沿两个方向延展，长成板状（如石膏）、片状（如云母）等；有的沿三个方向大致相等发育，呈等轴状（如方解石）或粒状（如白云石）。

（2）矿物集合体的形态　天然产生的结晶，除一部分呈单体结晶、双晶、平行连生晶及变形晶等状态外，大多数的自然结晶都是以不规则的连生状态和群集状态存在；并互相联结成各种错综复杂的集合体。集合体形态主要取决于矿物的单体形态、特征和它们之间的排列方式。

矿物单体如为一向延伸，其集合体常为纤维状（如纤维石膏）、柱状、针状或毛发状。单体如为两向延展，其集合体常为片状、板状或鳞片状。单体如为三向等长，其集合体常为粒状（肉眼能分辨矿物颗粒时）或块状（肉眼不能分辨矿物颗粒时）。块状集合体中坚实者称为致密块状（如石英），疏松者称为土状（如高岭土）。此外，还有些特殊形态的集合体。

1）放射状。由长柱状或针状矿物以一点为中心向外呈放射状排列而成，形似菊花。

2）晶簇。在岩石的空洞或裂隙中，丛生于同一基底，另一端朝向自由空间发育而具完好晶形的簇状单晶体群（图1-10）。

图1-10　方解石晶簇

3）鲕状和豆状。矿物由许多小圆球组成，圆球内部有同心圆构造，颗粒大小如鱼子者称为鲕状（如赤铁矿）；大小如豆者称为豆状。

4）钟乳状。形似冬季屋檐下凝结之冰锥，横切面呈圆形，内部具有同心层状构造，有时还兼有放射状构造（如方解石）。

5）葡萄状、肾状和结核状。形似葡萄者称为葡萄状，形如肾者称为肾状。其内部均具有同心层状及放射状构造。不规则的球形或椭球形者称为结核状，其内部有时有同心层状或放射状构造。

2. 矿物的光学性质

矿物的光学性质是指矿物对自然光所表现出来的反射、折射和吸收等各种性质。

（1）颜色和条痕　颜色是矿物最直观的性质之一，矿物的颜色指矿物对可见光中不同光波选择吸收和反射后映入人眼的现象，根据成色原因可分为如下几种：

1）自色。自色是指由于矿物本身的化学成分中含有带色的元素而呈现的颜色，即矿物本身所固有的颜色。例如赤铁矿多呈红色，黄铁矿多呈黄铜色，黄铜矿的深黄铜色，孔雀石的翠绿色等，是鉴定矿物的重要特征。

2）他色。由非矿物本身固有的组分所引起的不很固定的颜色。如纯净的石英为无色，含有杂质或致色元素时，可呈现出不同的颜色，如黄水晶、烟水晶、紫水晶等，一般无鉴定意义。

3）假色。由于光的干涉、衍射等物理光学过程所引起的颜色。如斑铜矿氧化表面上呈现蓝紫斑驳的颜色，称为锖色；白云母、冰洲石等无色透明矿物晶体内部，沿裂隙面、解理面所呈现的相似于虹霓般的彩色，称为晕色；欧泊、拉长石等矿物中不均匀分布的蓝、绿、红、黄等，随观察角度而闪烁变幻或徐徐变化的彩色，称为变彩。

4）条痕。条痕是指矿物粉末的颜色。通常以矿物在白色无釉瓷板上擦划时留下的粉末痕迹而得出。条痕颜色较矿物块体的颜色固定，它对于不透明的金属矿物和色彩鲜明的透明矿物具有重要鉴定意义。如赤铁矿因形态的不同可分别呈铁黑、钢灰、褐红等色，但它的条痕均为樱红色；黄铁矿呈浅黄铜色，而条痕呈绿黑色。

（2）光泽　光泽是指矿物新鲜表面对可见光的反射能力。根据其反光强弱与特征，其分类见表1-6。

表1-6　光泽

光　泽	描　述	举　例
金属光泽	如一般的金属磨光面那样的光泽	黄铁矿、方铅矿
半金属光泽	如同一般未经磨光的金属表面的那种光泽	如磁铁矿的光泽
金刚光泽	像钻石、金刚石所呈现的那种光泽	金刚石、闪锌矿
玻璃光泽	像普通平板玻璃所呈现的光泽	如石英、方解石
油脂光泽	如同油脂面上见到的那种光泽	石英断口
珍珠光泽	在解理面上看到那种像贝壳凹面上呈现的柔和而多彩的光泽	如白云母、滑石等
丝绢光泽	具有像蚕丝或丝织品那样的光泽	如石棉、纤维石膏等

1）金属光泽。反射强，像金属磨光面那样反光，如金、银、铜、辉锑矿、黄铁矿等。

2）半金属光泽。反射较强，像未磨光的金属表面那样反光，如褐铁矿、黑钨矿、赤铁矿、磁铁矿等。

金属光泽和半金属光泽系不透明矿物的重要鉴定特征。

3）非金属光泽。为透明矿物所具有的光泽，按其反光强弱与特征包括：

① 玻璃光泽。反射较弱，像玻璃反光那样，如水晶、橄榄石、电气石、石膏。

② 油脂光泽和树脂光泽。前者指表面像涂了层油脂的反光，见于颜色很浅的矿物（如滑石、石英断口上所呈现的如同油脂的光泽）；后者似树脂表面的反光，颜色稍深，尤其呈黄棕色的矿物所有（如琥珀、角闪石）。这两种光泽都出现在透明矿物的断面上，是由于反射面不光滑，部分光发生漫反射所致。

③ 珍珠光泽。珍珠光泽是指如同蚌壳内表面珍珠层上所呈现的光泽，具极完全片状解理的浅色透明矿物（如云母、滑石等）常具有这种光泽。

④ 丝绢光泽。丝绢光泽是一种较强的非金属光泽。纤维石膏及石棉等表面的光泽是最为典型的丝绢光泽。

⑤ 金刚光泽。反射较强，反射光灿烂耀眼，如金刚石、闪锌矿。

⑥ 蜡状光泽。似蜡烛表面的反光，较油脂光泽暗淡一些，如块状叶蜡石、蛇纹石。

⑦ 土状光泽。光泽暗淡或无光泽，似土块那样，如高岭石等。

（3）透明度　透明度是指矿物允许可见光透过的程度。常以1cm厚的矿物块体为基础观察可见光透过情形。能允许绝大部分光透过，即隔着约1cm厚的矿物块体可清晰看到矿物后面物体轮廓的细节，称之为透明（如水晶、冰洲石）。基本上不容许光透过，即隔着约1cm厚的矿物块体观察时，完全见不到矿物后面的物体，称之为不透明（磁铁矿）。透明和不透明之间可有过渡类型（如石膏）。

矿物的颜色、条痕、光泽、透明度之间的关系见表 1-7。

表 1-7　矿物光学性质间的关系

颜色	无色或白色	浅（彩）色	深色	金属色
条痕	无色或白色	无色或浅色	浅色或彩色	深色或金属色
光泽	玻璃—金刚光泽		半金属光泽	金属光泽
透明度	透明的	半透明的		不透明的

3. 矿物的力学性质

矿物的力学性质是指矿物在外力（敲打、刻划、拉、压等）作用下，所表现出来的各种性质。包括硬度、解理、断口、韧度等。

（1）硬度　矿物抵抗刻划、压入和研磨的能力称为硬度。硬度是矿物物理性质中比较固定的性质。硬度的度量标准是摩氏硬度计。矿物的硬度等级见表 1-8。

表 1-8　摩氏硬度计

相对硬度等级	1	2	3	4	5	6	7	8	9	10
标准矿物	滑石	石膏	方解石	萤石	磷灰石	长石	石英	黄玉	刚玉	金刚石

注：为记忆这 10 种矿物，可用顺口溜方法，即只记矿物的第一个汉字：“滑石方萤磷；长石黄刚金”。或“滑石方、萤石长、石英黄玉、刚金刚”。

在野外工作中，常用随身携带的物品简便地确定矿物的相对硬度。这些物品相应的硬度等级分别为：软铅笔（1 度）；指甲（2～2.5 度）；小刀、铁钉（3～4 度）；玻璃棱（5～5.5 度）；钢刀刃（6～7 度）。

（2）解理　矿物晶体在外力作用下，总是沿着一定的结晶方向破裂成一系列光滑平面的现象叫作解理。裂成的光滑平面叫作解理面。

解理可根据解理面方向的数目，分为一组解理，如云母；二组解理，如长石（图 1-11）、辉石与角闪石；三组解理，如方解石（图 1-12）及多组解理。

图 1-11　正长石二组解理

图 1-12　方解石三组完全解理

根据得到解理的难易、解理片的厚薄、解理面的大小和平整光滑程度，将解理分为五级：

1）极完全解理。极易沿解理面分裂成薄片，解理面平整光滑，如云母。

2）完全解理。易于沿解理面分裂，解理面显著而平整，如萤石、方解石等。

3）中等解理。常沿解理面分裂，解理面清楚但不很平整，且不连续，如正长石、辉石等。

4）不完全解理。沿解理面分裂较为困难，解理面很不平整和不连续，如磷灰石。

5）极不完全解理。无解理，如石英。

（3）断口　具有不完全解理性质的矿物，尤其是没有解理性质的矿物和非晶质矿物，在外力打击下，无一定方向的破裂面，就是断口。

断口的形态常具有一定的特征，如贝壳状（石英，图1-13）、锯齿状（石膏）、平坦状（石引石）、土状（铝土矿）、粒状（大理石）等。

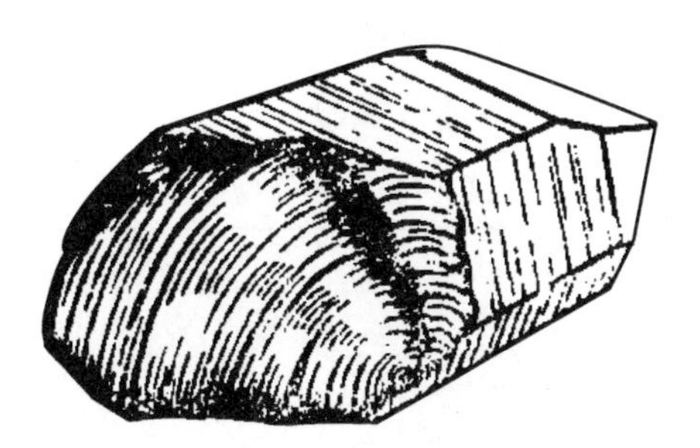

图1-13　石英贝壳状断口

4. 其他性质

有些矿物还具有独特的性质，如弹性（指矿物受外力作用时发生弯曲而不断裂，外力撤除后即能恢复原状的性质，如云母）、挠性（指矿物受外力作用时发生弯曲而未断开，但外力解除后不能恢复原状的性质，如绿泥石、滑石）、延展性（指矿物受外力的拉引或锤击、滚轧时，能拉伸成细丝或展成薄片而不破裂的性质，如自然金等）、磁性（指矿物可被外部磁场吸引或排斥的性质，如磁铁矿）、滑感（滑石）、咸味（岩盐）、密度大（重晶石）、嗅味（硫黄）等物理性质，以及与冷稀盐酸发生化学反应而产生CO_2气泡（如方解石、白云石）等现象（图1-14）。矿物的这些独特的性质对鉴别某些矿物有重要意义。

图1-14　方解石遇冷稀盐酸起泡

另外，黄铁矿、石膏、黑云母、方解石、黏土矿物这几种矿物，在评定岩石的工程地质性质时，具有重要的意义。因为，黄铁矿遇水和氧时易形成硫酸，可使岩石发生迅速、剧烈的破坏。石膏具有较大的可溶性和膨胀性，受水作用后易于溶滤而使岩石中形成空洞。云母极易分裂成薄片，常以夹层状包含在岩石中，使岩石的强度降低、性质不均匀，容易碎裂成单独的板块，特别是黑云母含铁质，较白云母更易于受到破坏。方解石在一定条件下可溶解于水形成溶洞，不仅岩石的强度降低而且产生渗透。黏土矿物（高岭石、蒙脱石、伊利石）遇水易软化，强度很低，极易产生滑动。

在鉴定矿物时，要善于抓住主要矛盾，注意比较各种矿物的异同点，找出各种矿物的特殊点。表 1-9 为常见造岩矿物的物理性质简表，根据这些物理性质可进行造岩矿物的肉眼鉴定。应用表 1-9 鉴定造岩矿物时，首先应根据颜色确定被鉴定的矿物是属于浅色的（如石英、长石、白云母等）还是深色的（如橄榄石、黑云母、角闪石、辉石等），再以适当的物品确定出硬度范围，然后观察分析被鉴定矿物的其他特征，即可做出结论。常见造岩矿物的肉眼鉴定，可在实验课上结合矿物标本进行学习。

表 1-9 常见造岩矿物的物理性质简表

矿物名称及化学成分	形 态	物理性质				主要鉴定特征
		颜 色	光 泽	硬度	解理、断口	
石英 SiO_2	晶体呈六棱柱状或双锥状，集合体呈粒状或块状	纯净的为无色，一般呈乳白色或浅灰色，含机械混入物可呈多样化的颜色	玻璃光泽，断口为油脂光泽	7	无解理，具贝壳状断口	常呈六棱柱状或双锥状，柱面上有横纹，断口为油脂光泽，无解理，贝壳状断口，硬度高
正长石 $K[AlSi_3O_8]$	晶体呈短柱状、厚板状，集合体常呈块状、粒状	肉红色、浅玫瑰色或近于白色	玻璃光泽	6~6.5	两组完全解理，解理交角 90°	肉红色，短柱状、厚板状晶形，硬度高
斜长石 $Na[AlSi_3O_8]$ ~ $Ca[AlSi_3O_8]$	晶体呈板状、厚板状，常呈块状和粒状集合体	白色至灰白色	玻璃光泽	6~6.5	两组完全解理，解理交角 86.5°	灰白色和白色，解理，聚片双晶
黑云母 $K(Mg, Fe)_3[AlSi_3O_{10}](OH, F)_2$	晶体呈板状或片状，集合体呈片状或鳞片状	黑色、棕色、褐色	玻璃光泽，解理面上具珍珠光泽	2~3	一组极完全解理	板状、片状形态，黑色与深褐色，一组极完全解理，薄片具弹性等
白云母 $KAl_2[AlSi_3O_{10}](OH, F)_2$	晶体呈板状或片状，集合体呈片状或鳞片状	无色，灰白至浅灰色	玻璃光泽，解理面上具珍珠光泽	2~3	一组极完全解理	板状、片状晶形，无色、灰白至浅灰色，一组极完全解理，薄片具弹性
角闪石 $Ca_2Na(Mg, Fe)_4(Al, Fe)[(Si, Al)_4O_{11}]_2(OH, F)_2$	晶体多呈长柱状，集合体呈长柱状、纤维状、粒状	浅绿至黑绿色	玻璃光泽	5.5~6	两组完全解理，解理交角 56°	暗绿色、长柱状晶形、横断面呈六边形、解理交角 56°

（续）

矿物名称及化学成分	形态	物理性质				主要鉴定特征
		颜色	光泽	硬度	解理、断口	
辉石 $(Ca, Na)(Mg, Fe, Al)$ $[(Si, Al)_2O_6]$	晶体常呈短柱状，集合体呈粒状或块状	绿黑色或褐黑色	玻璃光泽	5~6	两组完全或中等解理，解理交角87°	绿黑色、短柱状晶形、横切面近于正八边形、两组解理交角近直角
橄榄石 $(Fe, Mg)_2[SiO_4]$	粒状集合体	橄榄绿色、淡黄绿色	玻璃光泽	6.5~7	不完全解理、贝壳状断口	橄榄绿色、粒状集合体、玻璃光泽、贝壳状断口
方解石 $Ca[CO_3]$	晶体呈菱面体，集合体呈粒状、块状、钟乳状等	无色或白色，因含杂质可具多种颜色	玻璃光泽	3	菱面体完全解理	菱面体完全解理，遇稀HCl剧烈起泡
白云石 $CaMg[CO_3]_2$	晶体呈菱面体，晶面常弯曲成马鞍形，集合体常呈致密块状、粒状	无色、白色或灰色，有时为淡黄色、淡红色	玻璃光泽	3.5~4	菱面体完全解理	马鞍形的晶体外形，与冷稀HCl反应微弱
高岭石 $Al_4[Si_4O_{10}](OH)_8$	多为隐晶质致密块状或土状集合体	白色，因含杂质可呈浅红、浅黄等色	土状光泽或蜡状光泽	1~3	土状断口	白色，土状块体，手捏成粉末和水湿润后具可塑性
石膏 $Ca[SO_4] \cdot 2H_2O$	晶体呈厚板状或柱状，集合体常呈块状或粒状，有时呈纤维状	常为白色及无色，含杂质可呈灰、浅黄、浅褐等色	玻璃光泽，解理面为珍珠光泽，纤维状集合体呈丝绢光泽	2	一组极完全解理，两组中等解理	板状晶体，硬度低，一组极完全解理
滑石 $Mg_3[Si_4O_{10}](OH)_2$	晶体呈板状，但少见；集合体常呈片状、鳞片状或致密块状	纯者无色透明或白色，但常因杂质呈浅黄、粉红、浅绿和浅褐等色	玻璃光泽，解理面上呈珍珠光泽	1	一组极完全解理	低硬度（指甲可刻动），具滑感，片状集合体，并有一组极完全解理
绿泥石 $(Mg, Al, Fe)_6$ $[(Si, Al)_4O_1](OH)_8$	晶体呈假六方板状、片状，集合体常为鳞片状、土状或块状	呈各种色调的绿色	玻璃光泽或土状光泽，解理面呈珍珠光泽	2~2.5	一组极完全解理	绿色，一组极完全解理，硬度低，薄片具挠性

（续）

矿物名称及化学成分	形　　态	物 理 性 质				主要鉴定特征
		颜　　色	光　　泽	硬度	解理、断口	
蛇纹石 $Mg_6[Si_4O_{10}](OH)_8$	单晶体极为罕见，常为显微叶片状、隐晶质致密块状集合体、纤维状集合体	一般呈绿色，深浅不一，常具蛇皮状青、绿色的斑纹	油脂光泽或蜡状光泽，纤维状呈丝绢光泽	2～3.5	一组完全解理	特有的颜色、形态、光泽及硬度低
石榴子石 $(Mn, Fe, Mg, Ca)_3(Al, Fe, Cr)_2[SiO_4]_3$	菱形十二面体、四角三八面体，集合体呈散粒状或致密块状	常呈红、褐棕、绿至黑色	玻璃光泽，断口油脂光泽	6.5～7.5	无解理，不规则断口	特有的晶形、颜色、光泽、高硬度、无解理

1.5 岩石

岩石是矿物（部分为火山玻璃或生物遗骸）的自然集合体。它是在地质作用下形成的由一种或多种矿物组成的、具有一定结构和构造的自然集合体。由于地质作用的性质和所处环境不同，不同的岩石的矿物成分、化学成分、结构和构造等内部特征也有所不同。

岩石是建造各种工程结构物的地基和天然建筑材料。因此，了解最主要类型岩石的特征和特性，无论对工程设计、施工或勘测人员都是十分必要的。

在研究各种岩石时，首先必须注意每一种岩石的特征，决定着它们的物理力学特性的下列性质，即：①产状，指岩石在空间所占有的形状；②成分，指岩石的矿物成分和化学成分；③结构，指构成岩石的（单个）矿物的结晶程度、颗粒的大小和形态及彼此之间的组合方式；④构造，指构成岩石的矿物集合体之间或矿物集合体与岩石的其他组成部分之间的排列及充填方式，反映出岩石的外貌特征。

自然界岩石的种类很多，根据成因可分为三大类，即：岩浆岩（火成岩）、沉积岩（水成岩）和变质岩。

1.5.1 岩浆岩（火成岩）

1. 岩浆岩的概念及产状

（1）岩浆岩的概念　岩浆岩又称火成岩，是由炽热的岩浆在地下或喷出地表后冷凝固结而形成的岩石，其占地壳岩石体积的64.7%，是三大类岩石的主体。

岩浆是存在于上地幔顶部和地壳深处、以硅酸盐为主要成分，富含挥发性物质（CO_2、CO、SO_2、HCl及H_2S等），高温（为700～1300℃）、高压（约为数千兆帕）状态下的熔融体，熔融的岩浆可以在上地幔或地壳深处运移，并沿深部的断裂向上入侵。当岩浆向上运移，由于温度和压力的降低，岩浆逐渐冷凝而未到达地表，称为岩浆的侵入作用。由侵入作用所形成的岩石称为侵入岩。侵入岩是被周围原有岩石封闭起来的三维空间的实体，故又称为侵入体。包围侵入体的原有岩石称为围岩。按形成深度可分深成侵入体（>3km）和浅成侵入体（<3km）。一般深成侵入体规模大，浅成侵入体规模小。

若岩浆沿一定构造裂隙通道上升到溢出地表或喷出地表，称为岩浆的喷出作用，也称为火山作用。在地表由于喷出作用形成的岩石称为喷出岩。根据岩浆喷出的作用方式及其猛烈程度，又可分为熔岩和火山碎屑岩两类。熔岩是指上升的岩浆溢出地表冷凝而成的岩石。岩浆或它的碎屑物质被火山猛烈地喷发到空中，而后又在地面堆积形成的岩石，称为火山碎屑岩。

（2）岩浆岩的产状　岩浆岩的产状是指岩浆岩体在地壳中的产出状态，它们是由岩体的大小、形状及其与围岩之间的关系和所处构造环境来决定的。岩浆岩的产状是多种多样的，也是很复杂的，如图1-15所示。

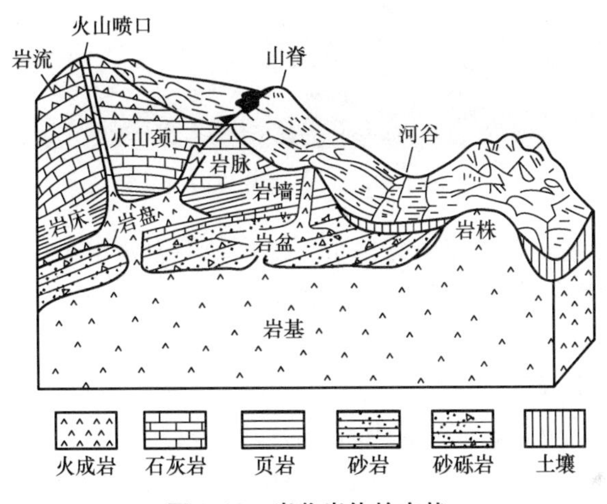

图1-15　岩浆岩体的产状

1）深成侵入岩体的产状——岩基和岩株。岩基是一种规模极大的侵入体，分布面积在$60km^2$以上，形态不规则，岩性均匀。岩浆侵入位置深，冷凝速度慢，晶粒结晶粗大。岩株出露面积一般小于$60km^2$，平面形状多呈浑圆形，岩性均一，与围岩接触面不平直，边缘常有规模较小、形态规则或不规则的侵入体分枝插入围岩之中。

2）浅成侵入岩体的产状——岩脉、岩墙、岩床、岩盘、岩盖。岩浆侵入围岩各种裂隙和断层，形成的脉状岩体，称为岩脉或脉岩；近于直立的岩脉称为岩墙；岩浆沿着围岩的层面侵入而形成的板状侵入岩体称为岩床。若岩浆侵入成层的围岩，侵入体的展布与围岩成层方向大致平行，但其中间部分略向下凹，似盘状者称为岩盘。如果侵入体底平而顶凸，似蘑菇状者称为岩盖。岩盘与岩盖其下部有管状通道与下面更大的侵入体相通。常由黏性大的岩浆形成。

3）喷出岩体的产状——火山锥、熔岩流。岩浆沿火山颈喷出地表，其喷发方式主要有两种：一是岩浆沿管状通道上涌，从火山口喷发或溢出，称为中心式喷发；二是岩浆沿地壳中狭长的裂隙或断裂带溢出，称为裂隙式喷溢。

喷出岩的产状受其岩浆的成分、黏性、上涌通道的特征、围岩的构造以及地表形态的控制和影响。常见的喷出岩的产状有火山锥、熔岩流和熔岩台地等。

① 火山锥。黏性较大的岩浆沿火山口喷出地表，猛烈地爆炸喷发火山角砾、火山弹及

火山渣。这些较粗的固体喷发物在火山口附近常堆积成为火山锥，锥体高达数十至数百米，锥体坡角30°，锥顶有明显的火山口（图1-16）。

图1-16　火山锥及火山口

② 熔岩流和熔岩台地。熔岩流由黏性小、易流动的岩浆沿火山口或沿断裂喷出或溢出地表形成，厚度较小的熔岩流也称熔岩席或熔岩被。岩浆长时间、缓慢地溢出地表，堆积形成的台状高地，称为熔岩台地。

2. 岩浆岩的化学成分及矿物成分

（1）岩浆岩的化学成分　岩浆岩的化学成分几乎包括了地壳中所有的元素，但其含量却差别很大。若以氧化物计，则以SiO_2、Al_2O_3、Fe_2O_3、FeO、CaO、MgO、Na_2O、K_2O、H_2O、TiO_2等为主，占岩浆岩化学元素总量的99%以上，其中SiO_2含量最大，约占59.14%，其次是Al_2O_3，占15.34%。SiO_2的含量，在不同的岩浆岩中有多有少，很有规律。因此，根据SiO_2含量的多少，可将岩浆岩分为酸性岩类（SiO_2含量>65%）、中性岩类（SiO_2含量65%~52%）、基性岩类（SiO_2含量52%~45%）和超基性岩类（SiO_2含量<45%）四类。

相对富SiO_2和Al_2O_3的岩石称为硅铝质岩石，如花岗岩；相对富FeO和MgO的岩石称为镁铁质岩石，如玄武岩。

（2）岩浆岩的矿物组成　组成岩浆岩的矿物有30多种，但分布最广泛的只有8种。这8种矿物按颜色深浅分为浅色矿物和深色矿物两类。浅色矿物富含硅、铝，有钾长石、斜长石、石英和白云母等；深色矿物富含铁、镁，有橄榄石、辉石、角闪石和黑云母等。其中长石占全部岩浆岩矿物总量的63%，其次是石英，故长石和石英是岩浆岩分类和鉴定的重要依据。

对具体岩石来讲，并不是这些矿物都同时存在，通常是仅由两三种主要矿物组成。例如花岗岩的主要矿物是石英、正长石和黑云母，辉长岩的主要矿物是基性斜长石和辉石。

岩浆岩的矿物组成与其化学成分（硅、铝、铁、镁含量）密切相关，而岩浆岩的颜色则与其矿物组成（浅色矿物、暗色矿物含量）密切相关。从基性岩到中性岩再到酸性岩，岩石中硅、铝含量逐渐增高，铁、镁含量逐渐降低；浅色矿物含量逐渐增多，而暗色矿物含量逐渐减少。所以，从基性岩到中性岩再到酸性岩，岩石的颜色逐渐变浅。

3. 岩浆岩的结构和构造

岩浆岩的结构和构造，反映了岩石形成环境和物质成分变化的规律性，与矿物成分一样是区分、鉴定岩浆岩的重要标志，也是岩石分类和定名的重要依据之一，同时还是直接影响岩石强度高低的主要特征。

（1）岩浆岩的结构　岩浆岩的结构是指岩浆岩成分中矿物的结晶程度、颗粒大小、形状特征以及这些物质彼此间的相互关系等所反映出的特征。

影响岩浆岩结构的因素主要是岩浆的化学成分（黏度）、物理化学状态（温度、压力）及成岩环境（冷凝、结晶的时间与空间）等。如形成深成岩的岩浆埋藏深、缓慢冷凝，晶体结晶时间充裕，在适宜的空间中，能形成自形程度高、晶形好、晶粒粗大的矿物晶体；相反，喷出地表的岩浆由于冷凝速度快，来不及结晶，故其形成的喷出岩多为非晶质或隐晶质结构。

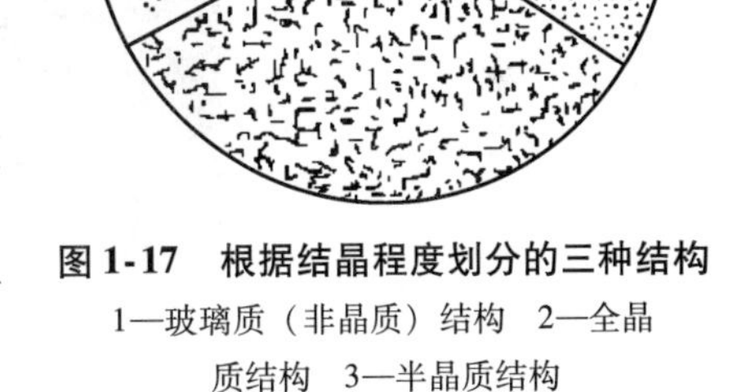

图 1-17　根据结晶程度划分的三种结构

1—玻璃质（非晶质）结构　2—全晶质结构　3—半晶质结构

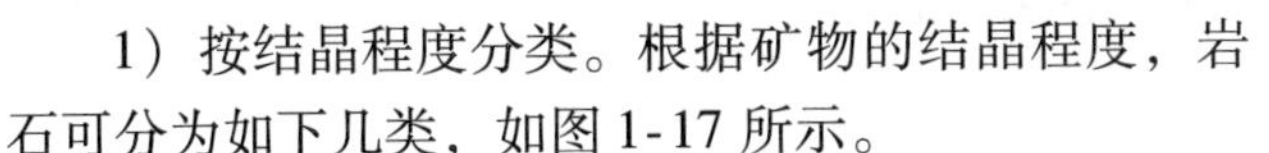

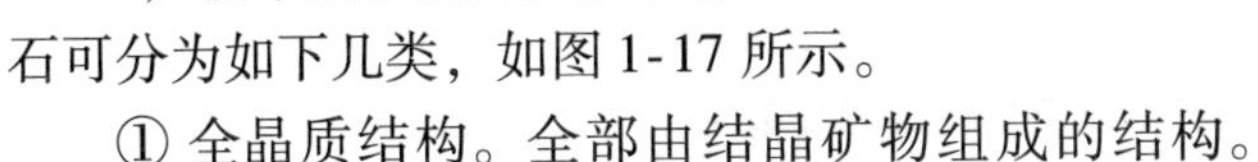

1）按结晶程度分类。根据矿物的结晶程度，岩石可分为如下几类，如图 1-17 所示。

① 全晶质结构。全部由结晶矿物组成的结构。全晶质结构是岩浆在温度缓慢降低的情况下形成的，通常是深成侵入岩常见的结构，如花岗岩（图 1-18a）等。

② 半晶质结构。既有矿物晶体又有玻璃质的结构。半晶质结构主要是浅成岩具有的结构。有时在喷出岩中也能见到，如流纹岩、粗面岩（图 1-18b）。

③ 非晶质结构。非晶质结构是指岩石全部由非晶质矿物组成的结构，又称玻璃质结构。非晶质结构是在岩浆喷出地表迅速冷凝来不及结晶的情况下形成的，为喷出岩特有的结构，如黑耀岩（图 1-18c）等。

2）按矿物晶粒大小分类。

粗粒结构：颗粒直径 >5mm。

中粒结构：颗粒直径 1 ~5mm。

细粒结构：颗粒直径 0.1 ~1mm。

微粒结构：颗粒直径 <0.1mm。

粗粒、中粒、细粒者用肉眼或放大镜可以辨识，统称为显晶质，是侵入岩的结构特征。微粒者只能在显微镜下可以观察和识别，称为隐晶质，是火山岩和部分浅成岩的结构特征。

3）按矿物晶粒的相对大小分类。根据矿物颗粒的相对大小，岩石可分为如下几类，如图 1-19 所示。

① 等粒结构是指岩石中的矿物全部是显晶质粒状，同种主要矿物结晶颗粒大小大致相等的结构。等粒结构是深成岩特有的结构。

② 不等粒结构是指岩石中同种主要矿物结晶颗粒大小不等、相差悬殊的结构。不等粒结构中较大的晶体矿物叫斑晶，细粒的微小晶粒或隐晶质、玻璃质叫石基。不等粒结构按其

a)

b)

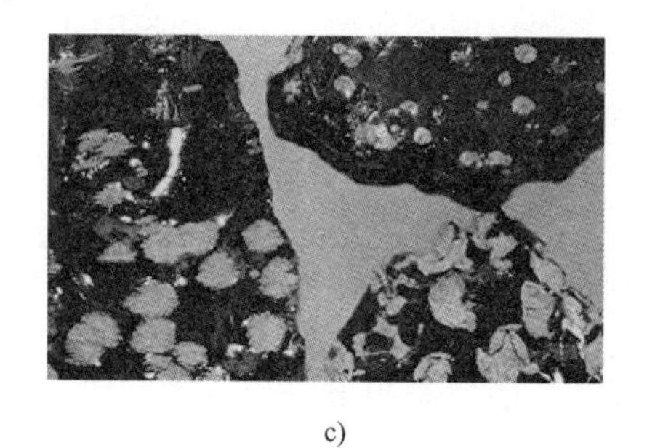

c)

图 1-18　根据结晶程度划分的三种结构

a）全晶质结构　b）半晶质结构　c）非晶质结构

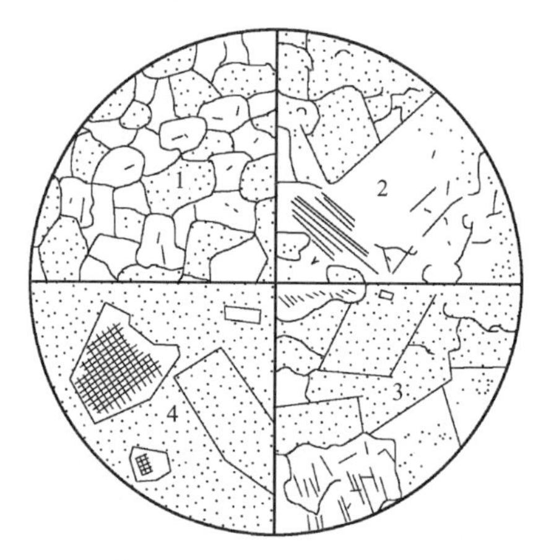

图 1-19　根据颗粒的相对大小划分的结构类型

1—等粒结构　2—不等粒结构　3—斑状结构　4—似斑状结构

颗粒相对大小又可分为斑状结构和似斑状结构两类。

③ 斑状结构是石基为隐晶质或玻璃质的结构。斑状结构是浅成岩或喷出岩的重要特征。

④ 似斑状结构是石基为显晶质的结构。似斑状结构多见于深成岩体的边缘或浅成岩中。

一般侵入岩多为全晶质等粒结构。喷出岩多为隐晶质致密结构或玻璃质结构，有时为斑状结构。

（2）岩浆岩的构造　岩浆岩的构造是指岩石中不同矿物集合体之间的排列方式及充填方式。岩浆岩的构造决定了其外貌特点。它与岩石结构的概念不同，结构主要表示矿物或矿物之间的各种特征，而构造主要表示矿物集合体之间的各种特征。岩浆岩的构造特征，主要取决于岩浆冷凝时的环境。常见的岩浆岩构造有如下几种。

1）块状构造。块状构造是指岩石中矿物颗粒均匀分布，无定向排列的现象，呈均匀的块体。块状构造在侵入岩中最为常见。

2）流纹状构造。流纹状构造是指岩石中柱状、针状矿物，被拉长的气孔，不同颜色的条带，相互平行、定向排列所形成的流动状态特征。流纹状构造常见于酸性喷出岩，尤以流纹岩为典型，反映岩浆喷出的流动状态。

3）气孔状构造。气孔状构造是指当岩浆喷溢到地表时，其中的挥发分逸散后留下的圆形、椭圆形或被拉长的孔洞，如图1-20所示。一般来说，基性熔岩由于岩浆黏度小，气孔较大、较圆；酸性熔岩则由于岩浆黏度大，气孔较小、较不规则。当气孔占岩石总体积的70%以上时，称为浮岩或浮石。

图1-20　气孔状构造

4）杏仁状构造。杏仁状构造是指喷出岩中的气孔被后期的次生物质（如方解石、二氧化硅、沸石、蛋白石等，与原岩成分无关）充填，形成形似杏仁状的构造。杏仁状构造多见于喷出岩中，某些玄武岩和安山岩的构造即为杏仁状构造。

5）晶洞构造。晶洞构造是指侵入岩中由于岩浆冷凝时体积收缩或因气体逸出而形成的浑圆或椭圆形的孔洞，孔洞大小不一。晶洞中常有发育完好的晶体，形成晶簇，常见于花岗岩中。

4. 岩浆岩的分类及鉴定方法

（1）岩浆岩的分类　岩浆岩是构成地壳的主要岩石。按体积计，岩浆岩约占地壳的64.7%。但在地表，岩浆岩出露不多（出露后遭到各种变化形成了别的岩石），和变质岩加在一起，约占地壳表面积的25%。岩浆岩的分类方法很多，最基本的分类是按组成物质中SiO_2的含量多少将其分为酸性岩、中性岩、基性岩和超基性岩四大类。同时，按岩石的结构、构造和产状可将每类岩石划分为深成岩、浅成岩和喷出岩三种不同类型。如果给按上述方法分类的不同岩浆岩赋予相应的名称，则形成一种纵向与横向的双向分类法，见表1-10。

表1-10　常见岩浆岩分类及肉眼鉴定表

岩石类型	超基性岩	基性岩	中性岩		酸性岩
化学成分	富含 Fe、Mg	富含 Si、Al			
SiO_2 含量（%）	<45	45~52	52~65		>65
颜色	黑、绿黑色	黑、灰黑色	灰、灰绿色		灰白、肉红色
主要矿物成分	橄榄石、辉石	斜长石、辉石	斜长石、角闪石	正长石、角闪石	石英、正长石

（续）

岩石类型			超基性岩	基性岩	中性岩		酸性岩
次要矿物成分			角闪石	角闪石、橄榄石、黑云母	正长石、黑云母	斜长石、黑云母	角闪石、黑云母
喷出岩	杏仁构造、块状构造	玻璃质结构、隐晶质结构	黑曜岩、浮岩、凝灰岩、火山角砾岩、火山集块岩				
	流纹构造、气孔构造	斑状结构	苦橄岩（少见）	玄武岩	安山岩	粗面岩	流纹岩
浅成岩	块状构造、气孔构造（少数）	斑状结构、半晶质结构、粒状结构	苦橄斑岩（少见）	辉绿岩	闪长斑岩	正长斑岩	花岗斑岩
深成岩	块状构造	全晶质结构、粒状结构	橄榄岩、辉石岩	辉长岩	闪长岩	正长岩	花岗岩

注：斑岩和玢岩都是具斑状结构的浅成侵入岩或部分喷出岩，长石类斑晶以斜长石为主叫玢岩，以正长石为主叫斑岩。

（2）岩浆岩的鉴定方法　利用表1-10进行岩浆岩的肉眼鉴定时，首先观察新鲜岩石的颜色，估计所含暗色矿物的体积分数，以确定岩石的化学类别；其次观察岩石的结构和构造，确定岩石的成因类别；最后再根据岩石的矿物成分定出岩石名称。应该注意的是，在确定颜色时，应把岩石放在一定的距离处，观察它大致（平均）的颜色；观察矿物成分时，只需鉴定其中显晶质或斑状结构中的斑晶成分即可，而对隐晶质和玻璃质则肉眼不易鉴定。

例如有一岩石标本，可按如下方法观察鉴定：岩石颜色较浅，为浅灰白色，应为酸性或中性岩。岩石为粗粒结构，全晶质，块状构造，据此可判定为深成岩。矿物成分以石英和正长石为主，斜长石为次之，暗色矿物为黑云母，含量超过5%；根据岩石中大量石英，正长石多于斜长石，对照分类表的纵行和横行，应是花岗岩，又可据暗色矿物黑云母的含量超过5%，故可定名为黑云母花岗岩。

（3）常见岩浆岩的特征

1）酸性岩类。主要矿物为石英、钾长石和酸性斜长石，次要矿物有黑云母、白云母和角闪石。典型岩石有花岗岩、花岗斑岩、流纹岩。

① 花岗岩。花岗岩多呈肉红色、灰白色、浅黄色，主要矿物为石英、正长石、斜长石，次要矿物为黑云母和角闪石，全晶质粗、中等粒结构，块状构造。花岗岩分布广泛，性质均一、坚硬，岩块抗压强度达120~200MPa，是良好的建筑物地基和优质建筑石料。

② 花岗斑岩。花岗斑岩的成分与花岗岩相似，斑状结构，斑晶由正长石、石英组成，石基多由细小的长石、石英及其他矿物或隐晶质构成，块状构造。斑晶以石英为主时则称为石英斑岩。

③ 流纹岩。流纹岩的矿物成分与花岗岩相似，常呈灰白色、灰红色等。岩石呈斑状结构，基质呈隐晶质结构，斑晶为正长石、石英，基质常为玻璃质或隐晶质，具明显的流纹构造。流纹岩性质坚硬，强度高，可作为良好的建筑材料，但若作为建筑物地基时需要注意下伏岩层和接触带的性质。

2）中性岩类。铁镁矿物比基性岩明显减少，主要矿物为角闪石，其次为黑云母和辉石。中性斜长石增多，典型岩石有闪长岩、安山岩、正长岩、粗面岩。

① 闪长岩。闪长岩为灰白、深灰色，主要矿物为角闪石和斜长石，次要矿物为辉石、黑云母、少量石英。闪长岩含石英时称为石英闪长岩，常呈细粒的等粒状结构，块状构造。岩石坚硬，不易风化，岩块抗压强度可达130～200MPa，可作为各种建筑物的地基和建筑材料。

② 安山岩。安山岩为灰色、紫色或灰紫色，主要矿物为角闪石和斜长石，斑状结构，基质为隐晶质或玻璃质，块状构造，有时含气孔、杏仁构造。安山岩岩块致密，强度稍低于闪长岩。

③ 正长岩。正长岩多为肉红色、浅黄或灰白色，中粒、等粒结构，块状构造，主要矿物成分为正长石，其次为黑云母、角闪石等，有时含少量的斜长石和辉石，一般石英含量极少。其物理力学性质与花岗岩类似，但不如花岗岩坚硬，且易风化。

④ 粗面岩。粗面岩呈浅红、浅褐黄或浅灰等色，斑状结构，斑晶为正长石，一般石英含量极少，石基很细，为隐晶质，具有细小孔隙，表面粗糙。

3）基性岩类。主要矿物为辉石、斜长石，次要矿物为角闪石、黑云母和橄榄石。有时见蛇纹石、绿泥石和滑石等次生矿物。典型岩石有辉长岩、辉绿岩和玄武岩。

① 辉长岩为灰黑、深灰或黑绿色。主要矿物为辉石和斜长石，次要矿物为角闪石、黑云母和橄榄石。辉长岩具有中粒或粗粒结构，块状构造。岩石坚硬，抗风化能力强，具有很高的强度，岩块抗压强度可达200～250MPa。

② 辉绿岩为暗绿或绿黑色。主要矿物为斜长石和辉石，二者含量相近；其次为橄榄石、角闪石和黑云母。具典型辉绿结构，其特征是粒状辉石等暗色矿物充填在板条状斜长石组成的格架空隙中。常具有杏仁状构造，多呈岩床或岩脉产出。辉绿岩具有良好的物理力学性质，抗压强度也很高，但因节理往往较发育，易风化破碎，使强度大为降低。

③ 玄武岩为灰绿或暗绿、暗黑色。矿物成分同辉长岩，常呈隐晶质和细粒结构，也有斑状结构，斑晶多为橄榄石、辉石和斜长石；常有气孔或杏仁状构造，柱状节理发育（图1-21）。玄武岩分布广泛，岩块抗压强度为200～290MPa，具有抗磨损、耐酸性强的特点。

图1-21　玄武岩柱状节理

4）超基性岩类。几乎全由铁镁矿物组成，颜色深，典型岩石为橄榄岩和辉石岩。

① 橄榄岩呈深绿色或黑绿色，主要矿物为橄榄石，少量辉石（全由橄榄石组成者称为纯橄榄岩），块状构造，中、粗等粒结构。橄榄石风化易蚀变成蛇纹石或绿泥石。

② 辉石岩呈黑绿色，主要矿物为辉石，少量橄榄石，粒状结构，块状构造。

5）火山碎屑岩类。火山碎屑岩是由火山喷发作用形成的火山碎屑物质堆积、胶结而成的岩石。常见的岩石有火山角砾岩和凝灰岩。

① 火山角砾岩。常见于火山锥。主要由火山砾、火山渣（粒径2～50mm）组成者，称

为火山角砾岩；主要由火山块（粒径>50mm）组成者，则称为火山集块岩。

② 凝灰岩。主要由火山灰组成，粒径小于2mm的火山碎屑占90%以上。颜色多为灰白、灰绿、灰紫或褐黑色。凝灰岩是分布最广的火山碎屑岩，宏观上有不规则的层状、似层状构造。凝灰岩抗风化能力弱，易风化蚀变成蒙脱石黏土。火山凝灰岩岩石孔隙率大，相对密度小，易风化，风化后会形成斑脱土，抗压强度一般为8～75MPa。由于火山凝灰岩含有较多玻璃质矿物，常用来作为水泥原料。

1.5.2 沉积岩

沉积岩是在温度不高、压力不大的条件下，由风化作用、生物作用和某种火山作用的产物，经搬运、沉积和成岩作用而形成的岩石。据统计，沉积岩在地壳表层分布最广，占陆地面积的75%，但体积只占地壳的5%（岩浆岩和变质岩共占95%）。分布的厚度各处不一，且深度有限，一般不过几百米，仅在局部地区才有数千米甚至上万米的巨厚沉积。

沉积岩记录着地壳演变的漫长过程，地壳上最老的岩石年龄为46亿年，而沉积岩最老的就达36亿年（俄罗斯科拉半岛）。在沉积岩中蕴藏着大量矿产，不仅矿种多而且储量大，如煤、铝土矿、石灰岩等，具有重要的工业价值。另外，各种工程建筑如道路、桥梁、水坝、矿山等几乎都以沉积岩为地基。因此，研究沉积岩的形成条件、组成成分、结构和构造特征，有很大的实际意义。

1. 沉积岩的形成

沉积岩的形成过程是一个长期而复杂的外力地质作用过程，一般可分为四个阶段：

（1）松散破碎阶段　地表或接近于地表的各种先成岩石，在温度变化、大气、水及生物长期的作用下，原来坚硬完整的岩石，逐步破碎成大小不同的碎屑，甚至改变了原来岩石的矿物成分和化学成分，形成一种新的风化产物。

（2）搬运作用阶段　岩石经风化作用的产物，除少数部分残留原地堆积外，大部分被剥离原地经流水、风及重力等作用，搬运到低处。在搬运过程中，岩石的不稳定成分继续受到风化破碎，破碎物质经受磨蚀，棱角不断磨圆，颗粒逐渐变细。

（3）沉积作用阶段　当搬运力逐渐减弱时，被携带的物质便陆续沉积下来。在沉积过程中，大的、重的颗粒先沉积，小的、轻的颗粒后沉积。因此，沉积物具有明显的分选性。最初沉积的物质呈松散状态，称为松散沉积物。

（4）固结成岩阶段　松散沉积物转变成坚硬沉积岩的阶段即为固结成岩阶段。固结成岩作用主要有压实、胶结、重结晶三种。

2. 沉积岩的物质组成及胶结物

（1）沉积岩的化学成分　沉积岩的主要物质成分来源于岩浆岩的风化产物，因此沉积岩与岩浆岩的平均化学成分很相似（表1-11）。但各类沉积岩的化学成分差异很大，如碳酸盐岩以MgO、CaO和CO_2为主；砂岩以SiO_2为主；泥岩则以铝硅酸盐为主。沉积岩中化学成分含量$Fe_2O_3 > FeO_2$，$K_2O > Na_2O$，而在岩浆岩中则相反。多价金属离子以高价氧化物在沉积岩中出现。沉积岩中富含H_2O、CO_2、O_2和有机质，这在岩浆岩中几乎是不存在的。

表1-11 岩浆岩和沉积岩的平均化学成分（按氧化物%，据克拉克，1924）

氧化物	SiO_2	TiO_2	Al_2O_3	Fe_2O_3	FeO	MnO	MgO	CaO	Na_2O	K_2O	P_2O_5	CO_2	H_2O	合计
岩浆岩	59.14	1.05	15.34	3.08	3.80	0.02	3.49	5.08	3.84	3.13	0.30	0.10	1.15	99.52
沉积岩	57.95	0.57	13.39	3.47	2.08	—	2.65	5.89	1.13	2.86	0.13	5.38	3.23	98.73

（2）沉积岩的矿物成分　沉积岩的矿物成分主要来源于先成的各种岩石的碎屑、造岩矿物和溶解物质。组成沉积岩的矿物，最常见的有20种左右，而每种沉积岩一般由1～3种主要矿物组成。组成沉积岩的物质按成因可分为4类。

1）碎屑物质。碎屑物质是指原岩经风化破碎而生成的呈碎屑状态的物质，主要有矿物碎屑（如石英、长石、白云母等抵抗风化能力较强、较稳定的矿物颗粒）、岩石碎块、火山碎屑等。在岩浆岩中常见的橄榄石、辉石、角闪石、黑云母、基性斜长石等矿物形成于高温高压环境中，在常温常压表生条件下是不稳定的。岩浆岩中的石英，大部分形成于岩浆结晶的晚期，在表生条件下稳定性较大，一般以碎屑物形式出现于沉积岩中。

2）黏土矿物。黏土矿物主要是一些原生矿物经化学风化作用分解后所产生的次生矿物。这些矿物是在常温常压且富含二氧化碳和水的表生环境条件下形成的，如高岭石、蒙脱石、水云母等。黏土矿物粒径小于0.005mm，具有很大的亲水性、可塑性及膨胀性。

3）化学沉积矿物。化学沉积矿物是从真溶液或胶体溶液中沉淀出来的或生物化学沉积作用形成的矿物，如方解石、白云石、石膏、岩盐、铁和锰的氧化物或氢氧化物等。

4）有机质及生物残骸。有机质及生物残骸是由生物残骸经有机化学变化而形成的矿物，如贝壳、珊瑚礁、硅藻土、泥炭、石油等。

（3）沉积岩的胶结物与胶结类型　胶结物是指充填于碎屑颗粒之间的黏土及化学沉淀物。沉积岩中的碎屑矿物颗粒通过胶结物的胶结、压实固结后成岩。常见的胶结物主要为硅质、钙质、泥质和铁质，不同的胶结物对沉积岩的颜色和岩石强度有很大影响。

1）硅质胶结。胶结物主要是隐晶质石英或非晶质SiO_2，多呈灰白或浅黄色，质坚，抗压强度高，耐风化能力强。

2）钙质胶结。胶结物主要是方解石、白云石，多呈灰色、青灰色、灰黄色。岩石的强度和坚固性高，但具可溶性，遇稀盐酸作用即起泡反应。

3）泥质胶结。胶结物主要为黏土矿物。黄褐色、灰黄色。结构松散、易碎，抗风化能力弱，岩石强度低，遇水易软化。

4）铁质胶结。胶结物主要组分为铁的氧化物和氢氧化物。多呈棕、红、褐、黄褐等色。胶结紧密、强度高，但抗风化能力弱。

5）石膏质胶结。胶结物成分为$CaSO_4$，硬度小，胶结不紧密。

胶结物在沉积岩中的含量一般为25%左右，若含量超过25%，即可参加岩石的命名。如钙质长石石英砂岩，即是长石石英砂岩中钙质胶结物超过了25%。

胶结物胶结碎屑颗粒的状态叫胶结类型。常见的胶结类型有三种：基底胶结、孔隙胶结和接触胶结（图1-22）。当胶结物含量较大时，碎屑颗粒孤立地分散于胶结物之中，互不接触，且距离较大，此时碎屑颗粒散布在胶结物的基底之上，故称基底式胶结。当胶结物含量不大时，碎屑颗粒互相接触，胶结物充填在颗粒之间的孔隙中，则称为孔隙式胶结。当只在颗粒接触处才有胶结物，并且颗粒间的孔隙大都是空洞时，则称为接触式胶结。

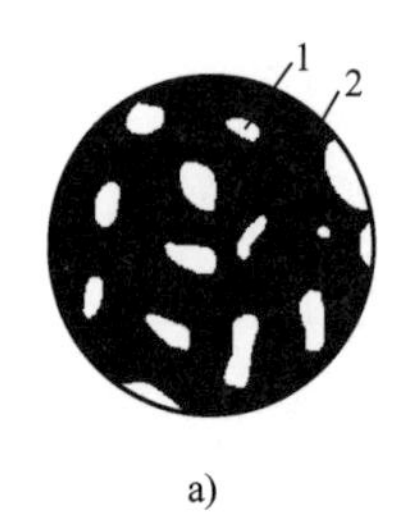

a)

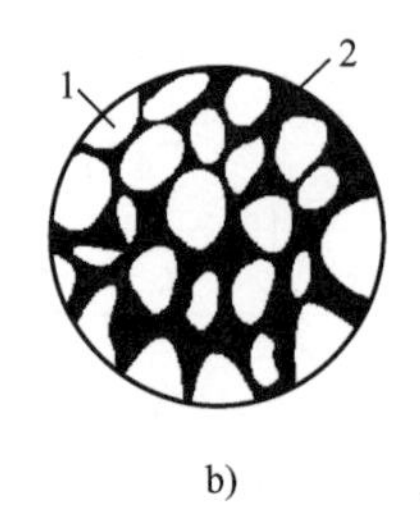

b)

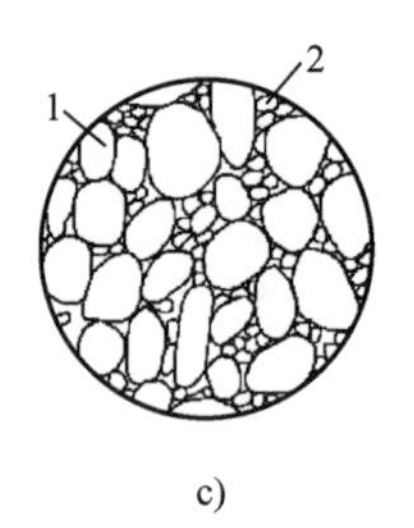

c)

图 1-22　碎屑岩的胶结类型

a）基底胶结　b）孔隙胶结　c）接触胶结

1—碎屑颗粒　2—胶结物质

碎屑岩胶结物的种类和胶结类型与岩石的工程性质密切相关。硅质胶结的岩石坚硬，而泥质胶结的岩石松软；基底胶结牢固，而接触胶结的牢固程度最差。所以，研究时不仅要分析胶结物的成分，还应注意其胶结类型。

3. 沉积岩的结构

沉积岩的结构是指组成物质的形态、大小、性质、结晶程度等。沉积岩的结构随其成因类型的不同而各具特点，其结构主要有以下几种。

（1）碎屑结构　由原岩经机械破碎和搬运的碎屑物质（包括矿物碎屑和岩石碎屑），在沉积成岩过程中被胶结而成的结构，称为碎屑结构。碎屑结构是碎屑岩特有的结构。

按碎屑粒径的大小可分为砾状结构、砂质结构和粉砂质结构，见表 1-12。

表 1-12　碎屑结构类型及碎屑岩

结 构 名 称		碎屑颗粒大小/mm	碎屑岩名称
砾状结构	砾状结构	>2.0	砾岩
	角砾状结构		角砾岩
砂质结构	粗砂结构	0.5 ~ 2.0	粗粒砂岩
	中砂结构	0.25 ~ 0.5	中粒砂岩
	细砂结构	0.05 ~ 0.25	细粒砂岩
粉砂质结构		0.005 ~ 0.05	粉砂岩

根据颗粒外形分为棱角状结构、次棱角状结构、次圆状结构和滚圆状结构（图 1-23）。碎屑颗粒磨圆程度受颗粒硬度、相对密度及搬运距离等因素的影响。

（2）泥质结构　泥质结构，也称黏土结构，由粒径 <0.005mm 的黏土矿物颗粒组成，是泥岩、页岩等黏土岩的主要结构。这种结构质地均一、致密且性软。

（3）化学结晶结构　化学结晶结构是由岩石中的颗粒在水溶液中结晶或呈胶体形态凝结沉淀而形成的，可分为鲕状、结核状、纤维状、致密块状和晶粒结构等。

（4）生物结构　岩石几乎全部是由生物遗体或碎片组成的结构，如生物碎屑结构、贝壳结构、珊瑚结构等。生物结构是生物化学岩的特有结构。

4. 沉积岩的构造和特征

沉积岩的构造是指沉积岩各个组成部分的空间分布和排列方式，它们可以反映和指示成岩时的特定沉积环境。沉积岩的构造特征主要表现在层理、层面、结核和生物构造等

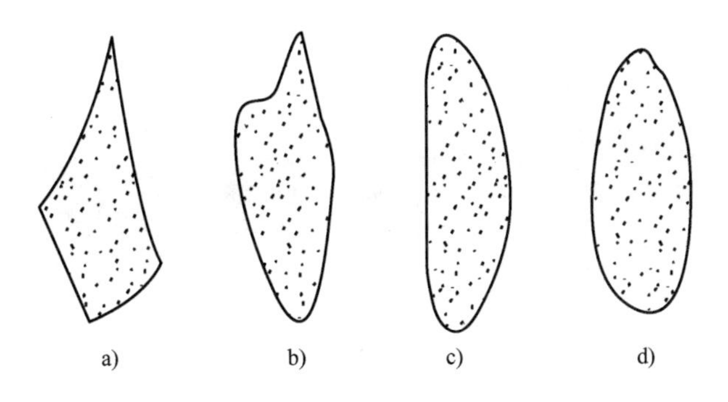

图1-23 碎屑颗粒磨圆分级

a）棱角状 b）次棱角状 c）次圆状 d）滚圆状

方面。

（1）层理构造 沉积岩的原始产状一般呈层状分布，其上下为略平且平行的面所分界，上界面称上层面或顶板，下界面称下层面或底板，每层是广阔的而厚度很小的板状均匀岩体（岩层）。但是由于沉积环境的变化，沉积岩也可能出现其他一些产状，如图1-24所示。

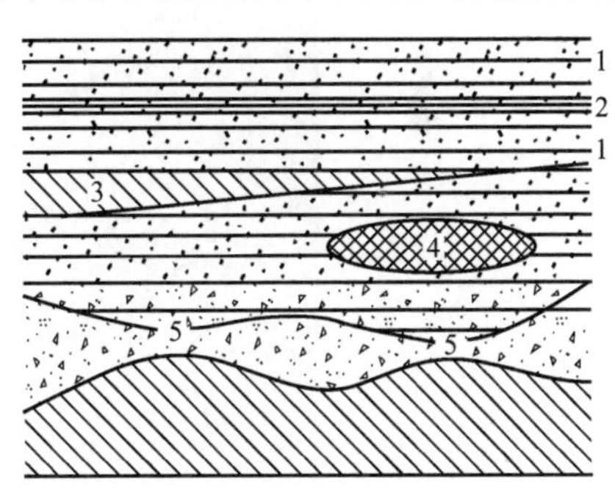

图1-24 沉积岩的产状

1—层状岩层 2—夹层 3—尖灭层 4—透镜体 5—狭缩

沉积岩很重要的一个特征是具有层理构造。层理构造是指构成沉积岩的物质由于颜色、成分、颗粒粗细或颗粒特征的不同而产生的分层现象。层与层（由于季节和气候变化所形成的厚薄不同的成层单位称为层）之间的接触面称为层理面。但层与层之间结合得十分紧密，实际上并不真正存在分界面。层理面与层面不同，层面是由于岩石在原始形成过程中发生了沉积间断而造成的。层根据其厚度可分为：巨厚层（厚度大于1m）、厚层（厚度为1~0.5m）、中厚层（厚度为0.5~0.1m）、薄层（厚度小于0.1m）。

层理面与层面的方向不一定一致，据此根据层理的形态和成因可分为下列三种类型（图1-25和图1-26）。

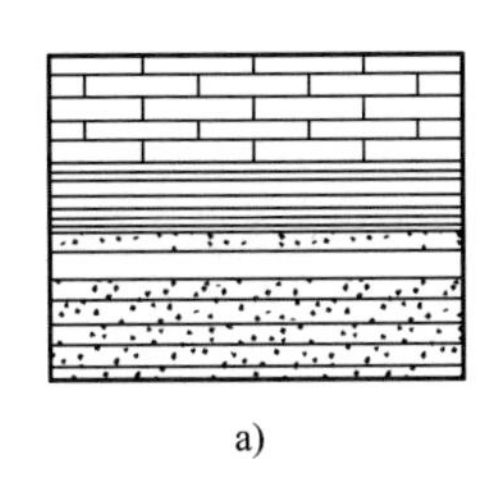

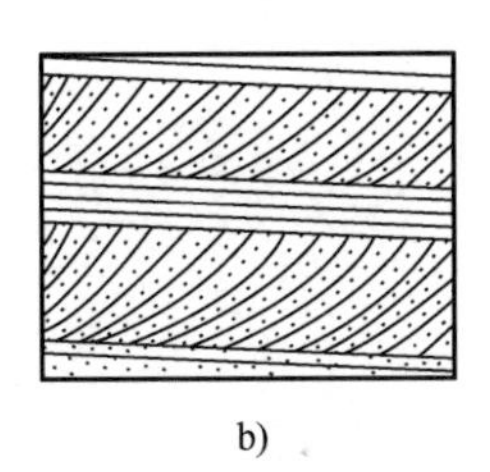

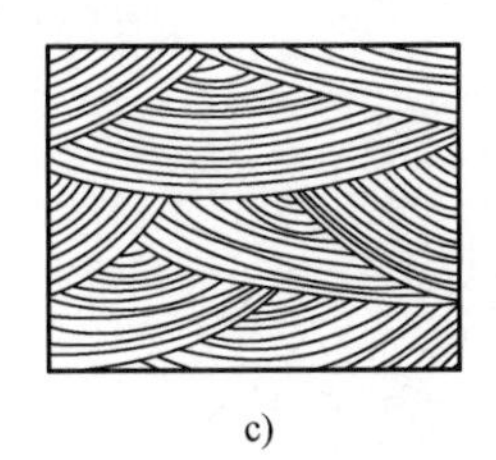

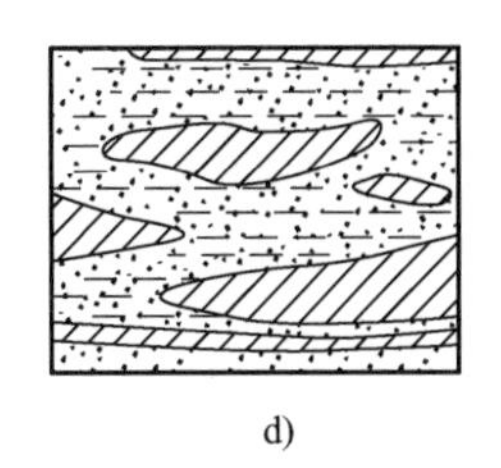

图1-25 沉积岩层理形态示意图

a）平行层理 b）斜交层理 c）交错层理 d）透镜体及尖灭层

1）平行层理。平行层理的层理面与层面相互平行。这种层理主要见于细粒岩石（黏土岩、粉细砂岩等）中。平行层理是在沉积环境比较稳定的条件下，如广阔的海洋和湖底、河流的堤岸带等，从悬浮物或溶液中缓慢沉积而形成的。

a)

b)

c)

图1-26　沉积岩层理形态照片

a）平行层理　b）斜交层理　c）交错层理

2）斜交层理。斜交层理的层理面向一个方向与层面斜交。这种层理在河流及滨海三角洲的沉积物中均可见到，主要是由单向水流所造成的。

3）交错层理。交错层理的层理面以多组不同方向与层面斜交。交错层理经常出现在风成沉积物（如沙丘）或浅海沉积物中，是由于风向或水流动方向变化而形成的。

有些岩层一端厚，另一端逐渐变薄以至消失，这种现象称为尖灭层。若岩层中间厚，在两端不远处的距离内尖灭，则称为透镜体。

（2）层面构造　层面构造指在岩层层面上由于水流、风、生物活动等作用留下的痕迹，如波痕、泥裂、雨痕等。

1）波痕。波痕是指沉积物在沉积过程中，由于风力、流水或海浪等的作用，在沉积岩层面上保留下来的波痕，它是沉积介质动荡的标志，见于岩层顶面（图1-27）。

2）泥裂。滨海或滨湖地带沉积物未固结时露出地表，由于气候干燥，日晒，沉积物表面干裂，发育成多边形的裂缝，裂缝断面呈V形，并为后期泥、砂等填充（图1-28）。

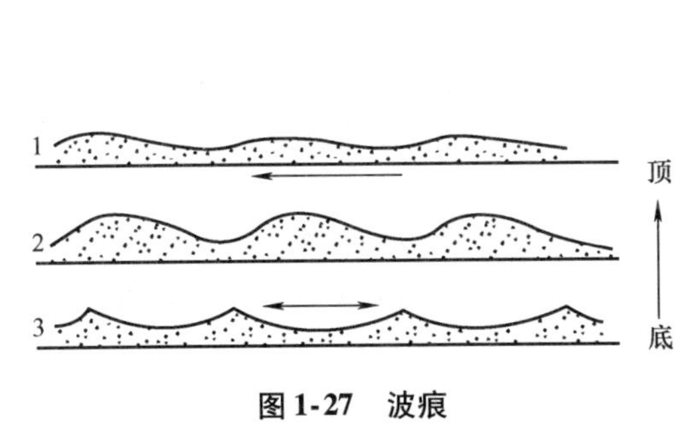

图1-27　波痕

1—风成波痕　2—水流波痕　3—浪成波痕

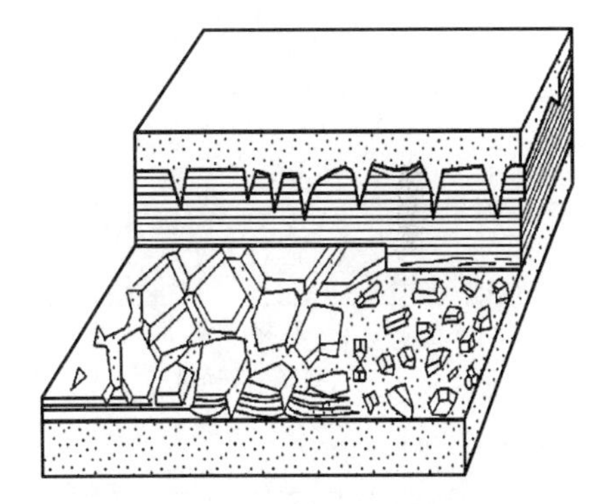

图1-28　泥裂生成、掩埋示意图

3）雨痕、雹痕。雨痕、雹痕是沉积表面受雨点或冰雹打击留下的痕迹。

（3）结核　结核指岩体中成分、结构、构造和颜色等不同于周围岩石的某些集合体的团块。常为圆球形、椭球形、透镜状及不规则形态。常见的有硅质、钙质、磷质、铁锰质和黄铁矿结核等。如石灰岩中的燧石结核，主要是SiO_2在沉积物沉积的同时以胶体凝聚方式形成的；黄土中的钙质结核，是地下水从沉积物中溶解$CaCO_3$后在适当地点再结晶凝聚形成的。

（4）生物构造　生物构造是生物遗体、生物活动痕迹和生态特征等，在沉积过程中被埋藏、固结成岩而保留的构造，如化石、虫迹、虫孔、生物礁体、叠层构造等。

在沉积过程中，若有各种生物遗体或遗迹（如动物的骨骼、甲壳、蛋卵、粪便、足迹及植物的根、茎、叶等）埋藏于沉积物中，后经石化交代作用保留在岩石中，则称为化石（图1-29）。根据化石种类可以确定岩石形成的环境和地质年代。

此外，缝合线等也是沉积岩形成条件的反映。化石、缝合线等不仅对研究沉积岩很重要，而且对研究地史和古地理也有重要意义。

5. 沉积岩的分类及主要沉积岩

由于沉积岩的形成过程比较复杂，目前对沉积岩的分类方法尚不统一。通常主要是以沉积造岩物质的来源划分基本类型，而以沉积作用方式、成分、结构和构造等进行进一步划分，将沉积岩分为火山碎屑岩、陆源沉积岩和内源沉积岩三大类（见表1-13）。

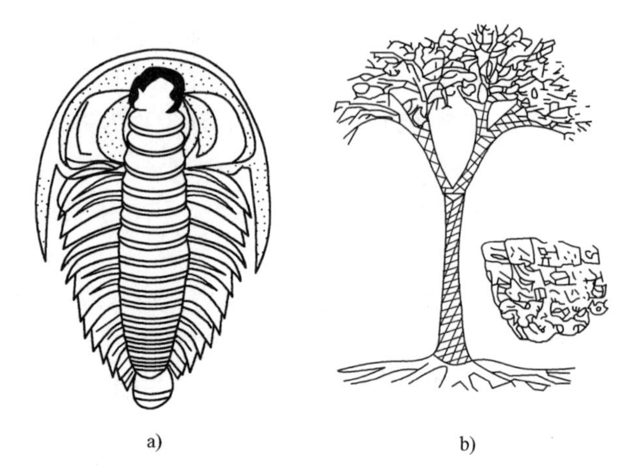

图 1-29　化石

a）雷氏三叶虫　b）鳞木

表 1-13　沉积岩分类简表

岩类		结构	主要岩石分类名称	主要亚类及其组成物质
火山碎屑岩		集块结构（粒径>64mm）	火山集块岩	主要由>64mm 的熔岩碎块、火山灰等经压密胶结而成
		角砾结构（粒径 2~64mm）	火山角砾岩	主要由 2~64mm 的熔岩碎屑、晶屑、玻屑及其他碎屑混入物组成
		凝灰结构（粒径<2mm）	凝灰岩	由 50% 以上粒径<2mm 的火山灰组成，其中有岩屑、晶屑、玻屑等细粒碎屑物质
陆源沉积岩	陆源碎屑岩	砾状结构（粒径>2mm）	砾岩	角砾岩：由带棱角的角砾经胶结而成 砾岩：由浑圆的砾石经胶结而成
		砂质结构（粒径 0.05~2mm）	砂岩	石英砂岩：石英（含量>90%）、长石和岩屑（<10%） 长石砂岩：石英（含量<75%）、长石（>25%）、岩屑（<10%） 岩屑砂岩：石英（含量<75%）、长石（<10%）、岩屑（>25%）
		粉砂质结构（粒径 0.005~0.05mm）	粉砂岩	主要由石英、长石及黏土矿物组成
	黏土岩	泥质结构（粒径<0.005mm）	泥岩	主要由黏土矿物组成
			页岩	黏土质页岩：由黏土矿物组成 炭质页岩：由黏土矿物及有机质组成
内源沉积岩	碳酸盐岩	结晶结构及生物结构	石灰岩	泥灰岩：方解石（含量 50%~75%）、黏土矿物（25%~50%） 石灰岩：方解石（含量>90%）、黏土矿物（<10%）
			白云岩	灰质白云岩：白云石（含量 50%~75%）、方解石（25%~50%） 白云岩：白云石（含量>90%）、方解石（<10%）
	其他	非晶质结构、隐晶质结构	硅质岩	富含 SiO_2（含量达 70%~90%），主要由非晶质的蛋白石、隐晶质的玉髓、晶质的自生石英组成
		隐晶质结构	磷质岩	主要由磷灰石组成

在各种沉积岩中，分布最广、最常见的只有三种，即页岩、砂岩和石灰岩。这三种岩石约占全部沉积岩总量的99%。此外，在地表常可见到砂、砾石、卵石和黏土等松散沉积物。

(1) 碎屑岩类　碎屑岩以具有矿物岩石的碎屑颗粒为特征。沉积的碎屑（在搬运过程中被不同程度磨圆）和黏土，主要是柔软而饱和水分的泥、砂和砾石，由于它们不断的沉积叠加作用，使先沉积的物质，埋藏于后来沉积层之下，由此压实，水分被挤出，并产生一定的化学变化，使泥、砂和砾石经胶结、固结作用后成岩。根据碎屑颗粒粒径和结构特点可分为：

1）砾岩和角砾岩。碎屑岩中粒径大于2mm的碎屑颗粒，称为砾石或角砾。圆状和次圆状且砾石含量大于50%的岩石，称为砾岩。如果砾石为棱角状或次棱角状，则称为角砾岩。砾岩和角砾岩的成分主要由岩屑组成，矿物成分多为石英、燧石，胶结物有硅质（成分为SiO_2）、泥质（成分为黏土矿物）、钙质（成分为Ca、Mg的碳酸盐）或其他化学沉淀物。胶结物的成分与胶结类型对砾岩的物理力学性质有很大影响，若为基底胶结类型，且胶结物为硅质或铁质的砾岩，抗压强度可达200MPa以上，是良好的建筑物地基（图1-30）。

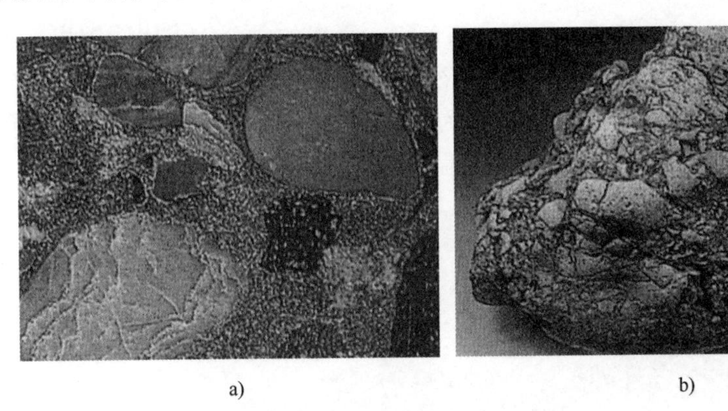

a)　　b)

图1-30　砾岩与角砾岩（罗筠，2011）

a）砾岩　b）角砾岩

2）砂岩。砂岩是指有50%以上粒径为0.05~2mm的具有砂状结构的岩石。碎屑成分常为石英、长石、白云母、岩屑及生物碎屑等。颜色多样，随砂屑与填隙物成分而异。按粒径大小可分为粗粒、中粒及细粒砂岩等。砂岩的定名通常根据碎屑成分、胶结物和基质成分来命名，如碎屑主要为粗粒石英，其次为岩屑，基质为黏土质，则可称为粗粒黏土质岩屑石英砂岩。也可以仅根据颜色命名，如紫红色砂岩、灰绿色砂岩等。砂岩中胶结物成分和胶结类型不同，抗压强度也不同。硅质砂岩抗压强度为80~200MPa；泥质砂岩抗压强度较低，为40~50MPa或更低。

3）粉砂岩。颜色多样；是指有50%以上粒径为0.005~0.05mm的具有粉砂状结构的岩石。碎屑成分常为石英及少量长石与白云母。命名同砂岩（图1-31）。

(2) 黏土岩类　黏土岩主要是指由粒径小于0.005mm的颗粒组成的、含大量黏土矿物的岩石。此外，黏土岩还含有少量的石英、长石、云母。黏土岩一般都具有可塑性、吸水性、耐火性，有重要的工程意义。主要的黏土岩有两种，即泥岩和页岩。

1）泥岩。泥岩是由弱固结的黏土经脱水、固结而形成的。泥岩层理不明显，常呈厚层状、块状；具泥质结构。强度较低，一般干试样的抗压强度约为5~35MPa，遇水易泥化，

图 1-31　泥质粉砂

强度显著降低。

2）页岩。颜色不一，多呈灰色、黑色、棕色等。页岩的成分、成因同泥岩，因具有明显的页片状层理，故称为页岩（图 1-32）。岩石具泥质结构，页理构造。页岩硬度低、致密、不透水。页岩由于基本不透水，通常被作为隔水层。但页岩性质软弱，抗压强度一般为 20～70MPa 或更低，浸水后强度显著降低，抗滑稳定性差。

图 1-32　页岩

（3）化学岩和生物化学岩类

1）石灰岩。石灰岩简称灰岩，颜色多为深灰、浅灰，质纯灰岩呈白色，主要化学成分为碳酸钙，矿物成分以结晶的细粒方解石为主，其次含少量白云石等矿物，具有致密块状或层理构造，化学结构。另外，由于沉积环境不同，常形成一些特殊结构的石灰岩。如鲕状、竹叶状、豆状等灰岩。石灰岩一般遇酸起泡剧烈，抗压强度为 40～80MPa。石灰岩具有可溶性，易被地下水溶蚀，形成宽大的裂隙和溶洞，是地下水的良好通道和烧制石灰、水泥的重要原材料，也是用途很广的建筑石材。

2）白云岩。颜色多为灰白、浅灰色，主要由白云石组成，含泥质时呈浅黄色，隐晶质或细晶粒状结构。其硬度和耐风化程度较石灰岩略大。白云岩与石灰岩的外貌很相似，但白云岩加冷稀盐酸不起泡或微弱起泡，在野外露头上常以许多纵横交叉似刀砍状的溶沟为其特征，纯白云岩可作耐火材料。

3）泥灰岩。泥灰岩颜色有灰色、黄色、褐色、红色等，石灰岩中均含有一定数量的黏土矿物，若含量达25%～50%（质量分数），则称为泥灰岩。区别它与石灰岩时，泥灰岩滴盐酸起泡后留有泥质斑点。泥灰岩致密结构，易风化，抗压强度低，一般为6～30MPa。较好的泥灰岩可做水泥原料。

（4）硅质岩　常为红色、暗红色、灰绿色等。化学成分为 SiO_2，组成矿物为微晶石英或玉髓，少数情况下为蛋白石。含有机质的硅质岩为灰黑色，富含氧化铁的硅质岩称为碧玉，呈结核状产出者称为燧石结核；少数质轻多孔的硅质岩称为硅华；具有不同颜色的同心圆环带状构造者，称为玛瑙。富含黏土、具成层性者，称为硅质页岩。

1.5.3　变质岩

变质岩为组成地壳三大岩类之一，由于其所具有的特性，使其成为地质科学研究的重点之一。变质岩含有远古代地球演化的历史痕迹，是研究地球演化的重要对象；同时，很多宝石、汉白玉等都属于变质岩。变质岩中具有一些片理构造的岩石，在工程建设中，属于软弱地带，应予以重视。

随着地壳的不断演化，岩石所处的地质环境也在不断改变，为了适应新的地质环境和物理-化学条件的变化，其矿物成分、结构和构造就会发生一系列改变。地壳内部原有的岩石（岩浆岩、沉积岩和原有变质岩），由于受到高温、高压及化学成分加入的影响，改变原有矿物的成分和结构、构造形成的新岩石，就称为变质岩。这种由地球内力作用引起的岩石改造和变化的作用称为变质作用。其中由岩浆岩形成的变质岩叫正变质岩，由沉积岩形成的变质岩叫副变质岩。

变质岩占地壳总体积的27.4%，但在地球表面分布范围较小，也不均匀。地史中（寒武纪以前）较古老的岩石大都是变质岩。

1. 变质作用的因素及类型

引起变质作用的因素有温度、压力及化学活动性流体。变质温度的基本来源包括地壳深处的高温、岩浆及地壳岩石断裂错动产生的高温等。引起岩石变质的压力包括上覆岩石重量引起的静压力、侵入岩体空隙中的流体所形成的压力，以及地壳运动或岩浆活动产生的定向压力。化学活动性流体则是以岩浆、H_2O、CO_2 为主，并含有其他一些易挥发、易流动的物质。

根据变质作用的地质成因和变质作用因素，将变质作用分为动力变质作用、热接触变质作用、接触交代变质作用、区域变质作用等类型（图1-33）。

2. 变质岩成分

（1）化学成分　变质岩的化学成分比较复杂，主要仍由 SiO_2、Al_2O_3、Fe_2O_3、FeO、MnO、CaO、MgO、K_2O、Na_2O、H_2O、CO_2 以及 TiO_2、P_2O_5 等组成。但不同的变质岩，其化学成分差别较大，如石英岩中 SiO_2 的含量高达90%，而在大理岩中，几乎不含 SiO_2。

（2）矿物成分　变质岩矿物成分的最大特征是具有变质矿物——变质作用中形成的，仅稳定存在于很狭窄的温度-压力范围内的矿物，它对外界条件的变化反应很灵敏，所以常常成为变质岩形成条件的指示矿物，变质矿物是鉴定变质岩的可靠依据。常见的变质矿物有

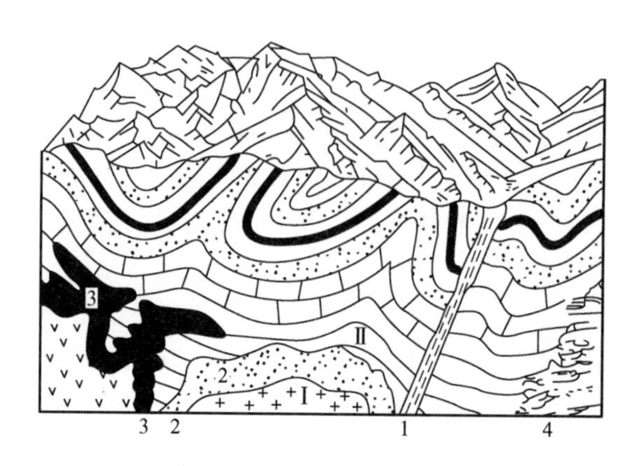

图 1-33　变质作用类型示意图

Ⅰ—岩浆岩　Ⅱ—沉积岩

1—动力变质作用　2—热接触变质作用　3—接触交代变质作用　4—区域变质作用

石榴子石、红柱石、滑石、石墨、十字石、蓝晶石、硅线石等。

有时绿泥石、绢云母、刚玉、蛇纹石和石墨等矿物在变质岩中大量出现，这也是变质岩的一个鉴定特征。同时，这些矿物具有变质分带指示作用，如绿泥石、绢云母多出现在浅变质带，蓝晶石代表中变质带，而硅线石则存在于深变质带中，因此把这类矿物称为标准变质矿物。

除变质矿物外，变质岩的主要造岩矿物是石英、长石、云母、普通角闪石、普通辉石、橄榄石、磁铁矿、赤铁矿、菱铁矿、磷灰石、方解石、白云石等与岩浆岩和沉积岩共有的矿物。

3. 变质岩的结构

变质岩的结构按成因可分为变晶结构、变余结构、碎裂结构。

（1）变晶结构　变晶结构是岩石在变质过程中经重结晶或重新组合而形成的结构。按矿物的粒度分为等粒变晶结构（图 1-34）、不等粒变晶结构及斑状变晶结构。矿物颗粒的形状分为粒状变晶结构、鳞片状变晶结构、纤维状变晶结构等。

图 1-34　等粒粒状变晶结构

（黑云母斜长角闪岩，$d=2.5\mathrm{mm}$）

1—黑云母　2—角闪石　3—斜长石

(2) 变余结构　当岩石变质轻微时，重结晶作用不完全，变质岩还可保留母岩的结构特点，即称为变余结构。如泥质砂岩变质以后，泥质胶结物变成绢云母和绿泥石，而其中碎屑物质（如石英）不发生变化，便形成变余砂状结构。还有其他的变余结构，如与岩浆岩有关的变余斑状结构、变余花岗结构等。

(3) 碎裂结构　局部岩石在定向压力作用下，引起矿物及岩石本身发生弯曲、破碎，而后又被黏结起来而形成新的结构，称为碎裂结构。常具条带和片理，是动力变质中常见的结构。根据破碎程度可分为碎裂结构、碎斑结构、糜棱结构。

4. 变质岩的构造

变质岩的构造与岩浆岩及沉积岩有着显著的区别，是鉴定变质岩的可靠特征。在大多数情况下，构成变质岩的片状、针状或柱状矿物在定向压力作用下呈连续的或断续的平行排列，沿此排列方向易使岩石裂开成薄片，这种特性称为片理。裂开的面称为片理面。片理延伸不远，片理面可能是平的、弯曲的或波状的，并且平滑光亮，据此可与沉积岩的层理及层理面相区别。

根据片理面特征、变质程度等特点，片理构造可进一步分为片麻状构造、片状构造、千枚状构造和板状构造。

(1) 片麻状构造　又称片麻理，是指以长石为主的粒状矿物在平行定向排列的片、柱状矿物间呈断续的带状分布。片麻状构造中矿物的重结晶程度高，颗粒粗大易识别。其中如长石类矿物颗粒粗大，呈似球状者又称为眼球状构造。

(2) 片状构造　这是变质岩中最常见、最典型的构造，由大量的片状、柱状变晶矿物彼此呈连续的定向平行排列、形成清楚的薄面，这就是片状构造，是片岩具有的构造，岩石中各组分全部重结晶，肉眼可分辨矿物颗粒。

(3) 千枚状构造　主要由重结晶的细小片状矿物定向排列而成，片理清楚，片理面上见有明显丝绢光泽和细小皱纹状或揉皱状构造，是千枚岩具有的构造，岩石中各组分已基本重结晶，但结晶程度不高，而使得肉眼尚不能分辨矿物。

(4) 板状构造　又称板理，指具有柔性的页岩、泥质等受应力后产生一组平行破裂面，使岩石易劈成薄板的构造，称为板状构造，是板岩具有的构造，岩石中矿物颗粒细小，肉眼不能分辨。

(5) 块状构造　当变质作用中没有定向、高压这些因素时，由于受温度和静压力的联合作用，粒状矿物均匀分布，无定向排列。部分大理岩和石英岩具此种构造。这种构造与火成岩的块状构造相似，但又不完全一样。

(6) 变余构造　变余构造是指变质岩中残留的原岩的构造，如变余层状构造、变余泥裂构造、变余气孔构造等。变余构造多见于变质程度不深的变质岩中。

5. 变质岩分类及主要变质岩

(1) 变质岩分类　按照变质岩的成因，可将变质岩分为接触变质岩、动力变质岩和区域变质岩三类。区域变质岩可首先按构造进行分类命名，然后可根据矿物成分进一步定名，如具片状构造的岩石叫片岩，若片岩中含绿泥石较多，则可进一步定名为绿泥石片岩。凡具有块状构造和变晶结构的岩石，首先按矿物成分命名，如石英岩；也有按地名命名的，如大理岩。动力变质岩则主要根据岩石结构分类定名。变质岩分类归纳于表1-14中。

表 1-14　变质岩分类简表

岩类	构造	岩石名称	主要亚类及其矿物成分
片理状岩类	板状	板岩	矿物成分为黏土矿物、绢云母、石英、绿泥石、黑云母、白云母等
	千枚状	千枚岩	以绢云母为主，其次为石英、绿泥石等
	片状	片岩	云母片岩：以云母、石英为主，其次为角闪石等 滑石片岩：以滑石、绢云母为主，其次为绿泥石、方解石等 绿泥石片岩：以绿泥石、石英为主，其次为滑石、方解石等
	片麻状	片麻岩	花岗片麻岩：以正长石、石英、云母为主，其次为角闪石，有时含石榴子石 角闪石片麻岩：以斜长石、角闪石为主，其次为云母，有时含石榴子石
块状岩类	块状	大理岩	以方解石为主，其次为白云石等
		石英岩	以石英为主，有时含有绢云母、白云母等

（2）常见变质岩的特征

1）片麻岩。多呈肉红色、灰色、深灰色。粒状变晶结构；片麻状构造或眼球状构造。主要矿物成分为长石、石英，其次为黑云母、角闪石和石榴子石等。岩石的物理力学性质视其含有矿物成分的不同而不同，一般强度较高，抗压强度达 120 ~ 200MPa，若云母含量增多且富集在一起时，则强度大为降低。

2）片岩类。多呈灰色、黑色、深绿色等，鳞片变晶结构，片状构造，主要矿物为云母、石英，其次为角闪石、绿泥石、滑石、石墨、石榴子石、绢云母、黑云母、白云母等，以不含长石区别于片麻岩。片岩依所含矿物成分不同可分为云母片岩、绿泥石片岩、角闪石片岩、滑石片岩等（图 1-35）。岩石中由于片状矿物含量高，定向排列，易风化剥落，抗风化能力差，岩石强度低，沿片理方向易裂解，不宜作建筑材料。

3）千枚岩。千枚岩多呈绿色、黑色、黄灰色、棕褐色，一般具细粒鳞片变晶结构，千枚状构造，多由黏土矿物、粉砂岩变质而成，主要矿物为绢云母、黏土矿物、石英、绿泥石、斜长石等新生矿物。岩石片理面上具丝绢光泽和微细皱纹状（图 1-36）。千枚岩性质软弱，易风化破碎，在荷载作用下容易产生蠕动变形和滑动破坏。

图 1-35　片岩

图 1-36　千枚岩

4）板岩。板岩常呈灰至灰黑色、灰绿色，变余泥质结构，板状构造，如图1-37所示。主要矿物成分为黏土矿物，其次是少量的细小石英、铁质和碳质粉末及新生的矿物（绢云母和绿泥石），绝大部分矿物为隐晶质。岩石质地脆硬，敲打时发出清脆的响声，板理面上具丝绢光泽。按颜色和杂质成分可进一步命名，如黑色板岩、钙质板岩等。板岩透水性很弱，可做隔水层。

图1-37　板岩

5）石英岩。石英岩常呈白色、灰白色，粒状变晶结构，块状构造。矿物成分中石英含量>85%，其次含少量长石、白云母等。岩石坚硬，抗风化能力强。岩块抗压强度可达300MPa以上，可作为良好的建筑物地基。但因性脆，石英岩较易产生密集性裂隙，形成渗漏通道，所以应采取必要的防渗措施。

6）大理岩。白色、灰白色等。粒状变晶结构；块状构造。主要矿物成分为方解石、白云石等，与冷稀盐酸作用起泡。洁白细粒大理岩（汉白玉）和带有各种条带、花纹的大理岩是优良的装饰材料和建筑材料。大理岩硬度小，与盐酸作用起泡，所以很容易鉴别，具有可溶性，强度随其颗粒胶结性质及颗粒大小而异，抗压强度一般为50～120MPa。

6. 三大岩类鉴别小结

对于所给的任意一块岩石标本，首先要根据三大类岩石的结构、构造特征，鉴定属于哪一类岩石类型。然后在每一大类岩石中，根据其颜色的深浅、颗粒的大小、形态、矿物成分区分为哪一种岩石类型，例如岩浆岩可分为浅色的和深色的矿物，其结构有全晶质、半晶质、非晶质三类；沉积岩可分为碎屑岩、黏土岩、化学岩三大类，从宏观上讲沉积岩均具有层理状构造，碎屑岩的碎屑颗粒由于经过风化、搬运，故成分较单一，具较好的磨圆度，并由胶结物胶结；变质岩主要是根据其构造分为片理的或非片理的两大类，片理的又可分为片状的、片麻状的等，其结构均为变晶结构。最后，再准确定出岩石名称。

在这三个步骤中，每一步所依据的鉴定特征是什么？还需要学生认真思考、对比总结，才能抓住重点，形成条理，加深理解，便于记忆。

岩浆岩、沉积岩和变质岩三大类岩石的肉眼鉴定，应结合岩石标本在试验课中进行。

地壳是由各种各样的岩石组成的，而岩石是在地壳发展过程中内、外动力地质作用的必然产物。由于各类岩石形成条件不同，它们在产状、矿物组成、结构、构造等方面也各具特点。因此，可对三大类岩石进行属性比较和分类鉴定。图1-38基本上标明了三大类岩石之间的关系。

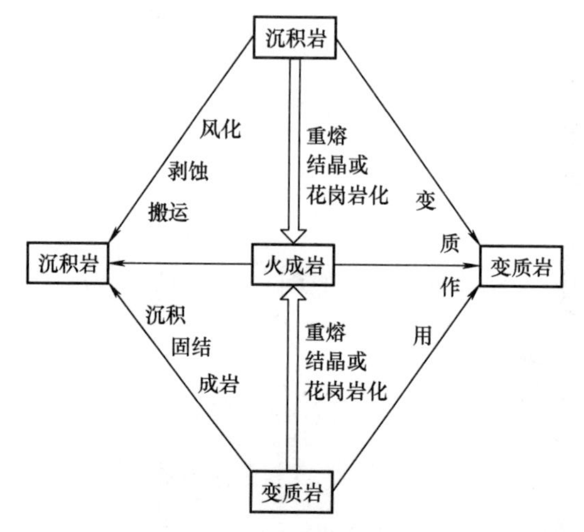

图 1-38　三大类岩石之间的关系

不同种类的岩石，由于其成因、成分、结构和构造不同，岩石的工程地质性质差异是很大的，分析其工程地质性质时，还应结合具体工程的要求来进行评价。

思考与练习

1. 什么是地质学？什么是工程地质学？
2. 工程地质学的主要研究任务是什么？
3. 什么是工程地质条件？什么是工程地质问题？
4. 简述工程地质条件与人类活动之间的关系。
5. 举例说明工程地质在工程建设中的作用。
6. 地球的物理性质包括哪些？
7. 简述地球的外部圈层和内部圈层的组成。
8. 什么是矿物？什么是造岩矿物？
9. 矿物有哪些主要物理性质？常见的造岩矿物有哪几种？
10. 简述矿物的分类及主要类型。
11. 对比下列矿物，指出它们之间的异同点：
(1) 正长石—斜长石—石英；
(2) 角闪石—辉石—黑云母；
(3) 方解石—白云石—石英；
(4) 黄铁矿—黄铜矿—黄金。
12. 由石膏、黑云母、绿泥石、黄铁矿及黏土矿物组成的岩石，对工程建筑物有哪些影响？
13. 简述长石、石英、橄榄石、辉石、角闪石、云母、白云石、方解石等常见矿物的主要特征。

14. 什么是岩石？简述矿物和岩石的关系。

15. 简述岩浆岩、变质岩、沉积岩的概念及其在地壳中的分布特点。

16. 岩浆岩是怎样形成的？它有哪些主要的矿物、结构、构造类型？

17. 试比较下列岩石间异同点：

（1）花岗岩—辉长岩；

（2）流纹岩—玄武岩；

（3）闪长岩—安山岩。

18. 沉积岩是怎样形成的？它的组成物质和结构、构造特征有哪些？

19. 沉积岩中常见的胶结物主要有哪几种？它们对岩石（以砂岩为例）的强度有何影响？

20. 什么是变质作用？变质作用的因素及产生的原因有哪些？

21. 变质作用可分为哪几种类型？

22. 变质岩有哪些主要变质矿物？

23. 常见变质岩有哪些结构和构造？

课题 2　认识地质构造

学习目标

1. 掌握地壳运动、地质构造的概念；
2. 掌握岩层产状及产状要素的含义；
3. 了解岩层产状的测定和表示方法；
4. 熟悉各种常见地质构造的含义、组成要素、分类及其特征；
5. 了解相对地质年代及绝对地质年代的含义；
6. 了解岩层间各种接触关系的类型及特征；
7. 了解地质图的含义及类型；
8. 了解褶皱、断层、地层接触关系等在地质图上的表示方法及特征；
9. 能阅读和分析一般地质图。

学习重点

岩层产状及产状要素的含义；各种常见地质构造的含义及特征；地质图的阅读和分析。

学习难点

岩层产状要素测量；常见地质构造的特征；地质图的阅读。

由地壳运动导致组成地壳的岩层或岩体发生变形或变位的现象，以及残留于地壳中的空间展布和形态特征，称为地质构造或构造形迹。地质构造不仅包括岩层的倾斜构造、褶皱构造和断裂构造三种基本形态，还包括隆起和凹陷等形态。这些形态都是地壳运动的产物，并与地震有着密切的关系。地质构造大大改变了岩层或岩体原来的工程地质性质。如褶皱和断裂使岩层产生弯曲、破裂和错动，破坏了岩层或岩体的完整性，降低了岩层或岩体的稳定性，并增大了其渗透性，使建筑地区工程地质条件复杂化。因此，研究地质构造不但对阐明和探讨地壳运动发生、发展规律具有理论意义，而且对公路线路的布置、设计和施工工作以及指导工程地质、水文地质、地震预测预报工作等都具有重要的实际意义。

2.1 地壳运动概述

地壳运动是指由内力地质作用引起的地壳结构改变和地壳内部物质变位的运动。

地球自形成以来，一直处于运动状态。随着现代科学技术的发展，通过对地质资料的分析和仪器的测定，已经证实地壳运动的主要形式有升降运动和水平运动两种。

1. 升降运动（垂直运动）

组成地壳的物质沿着地球半径方向发生上升或下降的交替性运动，称为升降运动。升降运动主要表现为大面积的地壳上升或下降形成大规模的隆起或凹陷，从而引起地势的高低起伏和海陆变迁。如喜马拉雅山地区在4000万年前还是一片汪洋，近2500万年以来开始从海底升起，直至200万年前才初具山脉的规模，到目前为止，总的上升幅度已超过10000m，成为世界屋脊，并且仍以平均每年1cm以上的速度继续上升；泰山近100万年来也已上升了数百米。可见，地壳升降运动的速度虽然缓慢，但因经历的时间很长，造成地势的高低起伏是十分显著的。又如华北平原的部分沿海地区，近100万年以来下沉了1000m以上，只是因为下沉的同时，由黄河、海河、滦河等带来的大量沉积物不断沉积，补偿着失去的高度，从而形成了现在的华北平原。地壳垂直运动的概念，在我国古籍上早有记载，如北宋的沈括（1031—1095年）在《梦溪笔谈》中写道："余奉使河北，边太行而北，山崖之间，往往衔螺蚌壳及石子如鸟卵者，横亘石壁如带。此乃昔之海滨，今东距海已近千里。所谓大陆者，皆浊泥所湮耳。"这说明我国古代科学家对"沧海桑田""海陆变迁"等自然现象早有唯物辩证的认识。

2. 水平运动

组成地壳的物质沿着地球表面的切线方向发生相互推挤和拉伸的运动，称为水平运动。水平运动主要表现为地壳岩层的水平位移，它会造成各种形态的褶皱和断裂构造，从而加剧地表的起伏。

例如昆仑山、祁连山、秦岭以及其他世界上的许多山脉，都是由地壳的水平运动形成的褶皱山系。根据板块理论，美洲大陆和非洲大陆在2亿年前为一个大陆，后来由于地壳的水平运动，该大陆沿着一条南北方向的海底深沟发生破裂，一部分沿着地表向西移动，形成了今天的美洲大陆，另一部分成为今天的非洲大陆，两块大陆中间成了广阔的大西洋。研究资料表明，目前沿着非洲的东非裂谷，一个新的巨大的地壳变化过程正在发展中，裂谷北端的两个地块——阿拉伯和非洲已在分离，且以每年2cm的速度向两面移动，裂谷本身也以每年1mm的速度向两面裂开。美国西部的圣安得烈斯断层，从下中新世以来水平位移距离为260km，而1906年旧金山一次大地震就使这条断层错开6.4m，断层带增长超过430km。可见，地壳水平运动对地壳形变的影响也是十分显著的，它更加剧了地球表面地势的高低起伏。

3. 地壳运动的基本特征

（1）地壳运动的普遍性和长期性　地壳中的任何地方都会发生不同形式的地壳运动。地壳中的任何一块岩石，最古老的岩石和现代正在形成的岩石，都不同程度地受到地壳运动的影响，这些岩石记录着地壳运动的痕迹和图像。所以说地壳运动是普遍的，地壳总是处于不断的运动之中。

（2）地壳运动速度和幅度的不均一性　地壳运动的速度不是始终如一的，有时表现为短暂快速的激烈运动，如火山活动和地震等，短暂快速的激烈地壳运动常常引起岩浆喷发、山崩、地陷和海啸等，是人们能够直接觉察到的地壳运动。1970年云南通海地震使一条NWW方向为60km的大断裂带，水平位移达2.2m。地壳运动有时则又表现为长期缓慢的和缓运动。即使是同一地区，在快速的激烈运动之后，也可能长期平静下来，转变为慢速的和缓运动。另外，地壳运动的幅度也有大有小，在不同的时间和空间，其幅度也不尽相同。

（3）地壳运动的方向性　地壳运动的方向常常是相互交替转换的，如有的地区为上升运动，有的地区为下降运动，而另一些地区则表现为水平运动。在地壳的同一地区，也可能在某个地质历史时期为上升运动，而在另一个地质历史时期又变成下降或水平运动，从而表现出有节奏的而不是简单重复的周期性特征。在一定地区或一定地质历史时期中，地壳运动可以是以水平运动为主，也可以是以垂直运动为主。但是，从地壳的发展历史分析，地壳运动总是以水平运动为主，垂直运动往往是由水平运动派生出来的，这也已被越来越多的研究资料所证实。

地壳运动会导致地壳岩石产生变形和变位，并形成各种地质构造，如水平构造、倾斜构造、褶皱构造、断裂构造、隆起和凹陷等。因此，地壳运动又称为构造运动或构造变动。其中，构造运动按其发生的地质历史时期、特点和研究方法，又分为以下两类。

1）古构造运动。古构造运动指发生在晚第三纪末以前各个地质历史时期的构造运动。

2）新构造运动。新构造运动指发生在晚第三纪末和第四纪以来的构造运动。其中，发生在人类有史以来的构造运动，称为现代构造运动。新构造运动对于现代地形、地表水系的改造、海陆分布、沉积物性质起着主导作用，对工程建筑影响较大，对防震抗震的研究也有一定的指导意义。

2.2 地质构造

2.2.1 岩层产状

由两个平行或近于平行的界面所限制岩性基本一致的层状岩体叫作岩层。岩层的上、下界面叫层面，上层面又称顶面，下层面又称底面。两个岩层的接触面，既是上覆岩层的底面，又是下伏岩层的顶面。两层面间的垂直距离，就是岩层的厚度。岩层或任何面状构造都可以用产状来表示其空间方位。

1. 岩层的产状要素

岩层在地壳中的空间方位和产出状态，称为岩层产状（图2-1）。岩层产状以岩层面在空间的延伸方向和倾斜程度来确定，用走向、倾向和倾角表示，这三者称为岩层产状要素。在野外可用地质罗盘仪来测量岩层的产状要素。

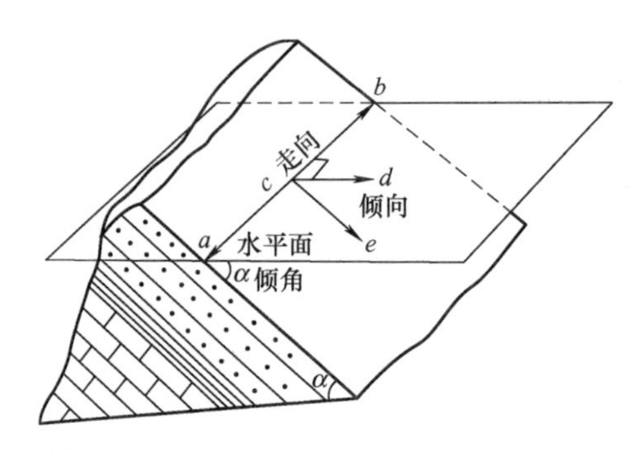

图 2-1　岩层产状要素

ab—走向　*cd*—倾向　*α*—倾角

（1）走向　岩层面与水平面交线的水平延伸方向称为岩层的走向。岩层走向用方位角表示。因此，同一岩层的走向可用两个方位角数值表示，如 NW300°和 SE120°，指示该岩层在水平面上的两个延伸方向。

（2）倾向　岩层面上垂直于走向线且沿层面倾斜向下所引的直线，叫作倾斜线（图 2-1 中垂直于走向线 *acb* 的 *ce*）。倾斜线在水平面上的投影线所指的层面倾斜方向为岩层的倾向（图 2-1 中的 *cd*）。因此，岩层的倾向只有一个方位角数值，并与同一岩层的走向方位角数值相差 90°。

（3）倾角　岩层面上的倾斜线与它在水平面上的投影线之间的夹角，即倾斜岩层面与水平面之间的二面角（图 2-1 中的 *α*），称为岩层的倾角。

2. 岩层产状要素的测定与表示方法

测量岩层的产状要素一般用地质罗盘（图 2-2）。地质罗盘有矩形和八边形（圆形）两种，其主要组成部分有磁针、上刻度盘、下刻度盘、倾角指示针（摆锤）、水准泡等。上刻度盘多按方位角分划，以北为零度，按逆时针方向分划为 360°；按象限角分划时，则北和南均为零度，东和西均为 90°。在刻度盘上用 4 个符号代表地理方位，即 N 代表北，S 代表南，E 代表东，W 代表西。当刻度盘上的南北方向和地面上的南北方向一致时，刻度盘上的东西方向和地面实际方向相反，这是因为磁针永远指向南北，在转动罗盘测量方向时，只有刻度盘转动而磁针不动，即当刻度盘向东转动时，磁针则相对地向西转动，所以只有将刻度盘上刻的东、西方向与实际地面东、西方向相反处理时，测得的方向才与实际相一致。

图 2-2　地质罗盘

下刻度盘和倾角指示针是测量倾角用的。下刻度盘的角度左右各分划为90°，它没有方向，通常只刻在W边（即E边下刻度盘没有刻度）。

测走向时，将罗盘的长边（NS边）与岩层层面贴紧、放平（水准泡居中）后，北针或南针所指上刻度盘的读数就是走向。

测倾向时，用罗盘的N极指着层面的倾斜方向，使罗盘的短边（EW边）与层面贴紧、放平，北针所指的度数即为倾向。

测倾角时，将罗盘侧立，以其长边贴紧层面，并与走向线垂直，这时摆锤指示针所指下刻度盘的读数就是倾角，如图2-3所示。有的罗盘倾角指示针是用水准泡来调正的，测倾角时要用手调背面的旋柄，使水准泡居中间位置，然后再进行读数。

图2-3　测量岩层产状要素

3. 岩层产状记录方法

岩层产状的记录有两种方法。

（1）象限角表示法　以北或南的方向（0°）为准，一般记走向、倾角、倾向。如N65°W/25°S，即走向北偏西65°、倾角25°、向南倾斜；N30°E/27°SE，即走向北偏东30°、倾角27°、倾向南东。

（2）方位角表示法　一般只记录倾向和倾角。如205°∠25°，前者是倾向的方位角，后面是倾角，即倾向205°，倾角25°。已知倾向和倾角后，可用加或减90°的方法计算出走向。

岩层的产状三要素在地质图上可用符号 ⊢25°来表示，其中长线表示走向，短线表示倾向，数字代表倾角。

2.2.2　褶皱构造

岩层在构造运动作用下，产生的一系列连续波状弯曲，称为褶皱。绝大多数褶皱是在水平挤压力作用下形成的；有的褶皱是在垂直作用力下形成的；还有一些褶皱是在力偶的作用下形成的，此类褶皱多发育在夹于两个坚硬岩层间的较弱岩层中或断层带附近。褶皱是地壳中最常见的地质构造之一，它的规模大小相差悬殊，巨大的褶皱可延伸达数十至数百公里，而微小的褶皱则可在手标本上见到。褶皱的形态也是多种多样的，但其基本形式只有两种，如图 2-4 所示。其中岩层向上弯曲，核心部分岩层较老的称为背斜；反之，岩层向下弯曲，核心部分岩层较新的称为向斜。

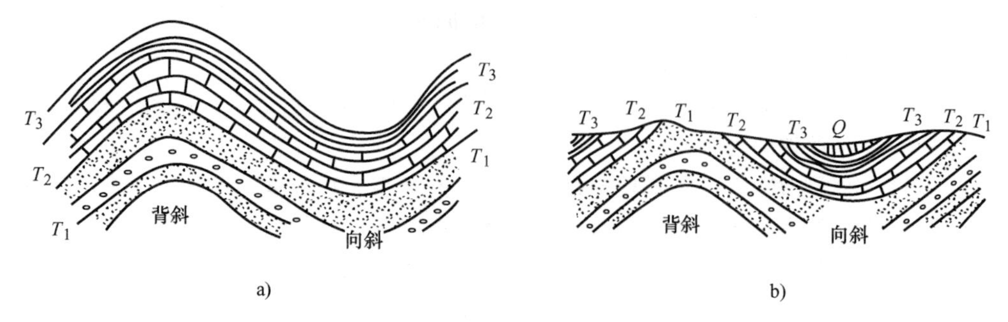

图 2-4　褶皱的基本形式

a）外力作用破坏前　b）外力作用破坏后

褶皱形成后，由于地表长期受风化剥蚀作用的破坏，其外形也可改变，如图 2-4 所示，“高山为谷，深谷为陵”就是这个道理。褶皱揭示了一个地区的地质构造规律，不同程度地影响着水文地质及工程地质条件。因此，研究褶皱的产状、形态、类型、成因及分布特点，对于查明区域地质构造和工程地质及水文地质条件，具有重要意义。

1. 褶皱要素

为了分析研究褶皱构造和对褶皱进行分类，首先要确定褶皱的基本单位——褶曲。褶曲是岩层的一个弯曲。两个或两个以上褶曲的组合叫褶皱。褶皱的各个组成部分称为褶曲要素，任何褶曲都具有以下基本要素（图 2-5）。

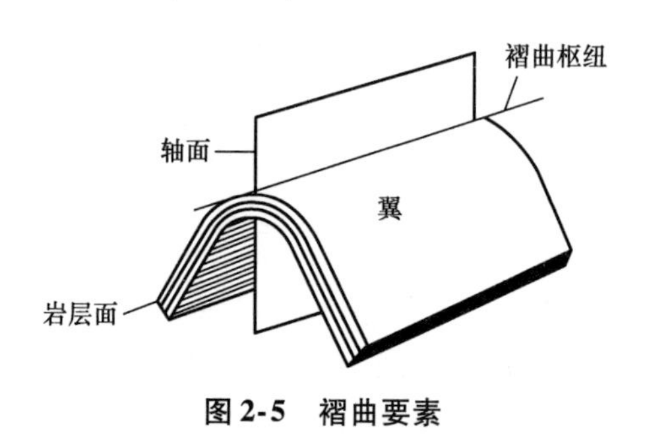

图 2-5　褶曲要素

（1）核部　核部是褶曲弯曲的中心部分，如背斜核部是较老岩层，而向斜核部则为较新岩层。

（2）翼　翼是指褶曲核部两侧的岩层。

（3）轴面　轴面为大致平分褶曲两翼的假想面，可为平面或曲面，它的空间位置和岩层一样可用产状表示，有直立的、倾斜的或水平的状态。

（4）轴线　轴线指轴面与水平面的交线，可以是水平的直线或曲线。轴线的方向表示褶曲的延长方向，轴线的长度反映褶皱在轴向上的规模大小。

（5）枢纽　褶曲岩层的层面与轴面相交的线，叫枢纽。枢纽可以是水平的、倾斜的或波状起伏的，能反映褶曲在轴面延伸方向上产状的变化。背斜的枢纽称为脊线；向斜的枢纽称为槽线。

2. 褶曲的基本类型及特征

褶皱构造由背斜和向斜两种基本形态组成，见表2-1。

表2-1　褶曲的基本类型及特征

	基本类型	岩层形态	岩层的新老关系	地形表现
褶皱	背斜	一般是岩层向上拱起，岩层自中心向外倾斜	中心部分岩层较老，两翼岩层较新	有时背斜成为山岭（年轻、顺地貌，外力侵蚀小于褶皱构造作用速度），（长期外力侵蚀）常被侵蚀成谷地（逆地貌，倒置地形。再长期剥蚀破坏，恢复一致，再顺地貌）
	向斜	岩层向下弯曲，岩层自两翼向中心倾斜	核心部分岩层较新，两翼岩层较老	有时向斜成为谷地，也有时成为山岭

3. 褶曲的形态分类

（1）按轴面和两翼岩层的产状分类

1）直立褶曲：轴面近于垂直，两翼岩层向两侧倾斜，倾角近于相等，如图2-6a所示。

2）倾斜褶曲：轴面倾斜，两翼岩层向两侧倾斜，倾角不等，如图2-6b所示。

3）倒转褶曲：轴面倾斜，两翼岩层向同一方向倾斜，其中一翼层位倒转，如图2-6c所示。

4）平卧褶曲：轴面水平或近于水平，一翼岩层层位正常，另一翼层位倒转，如图2-6d所示。

5）翻卷褶曲：轴面翻转向下弯曲，通常是由平卧褶皱转折端部分翻卷而成。

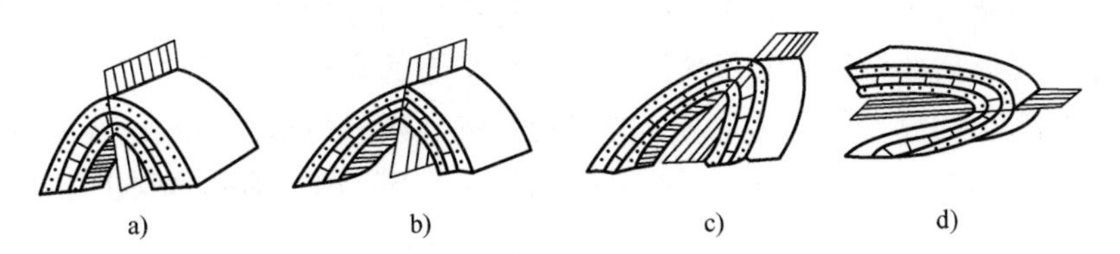

图2-6　褶曲按轴面产状分类示意图

a）直立褶曲　b）倾斜褶曲　c）倒转褶曲　d）平卧褶曲

（2）按褶曲在平面上的形态分类

1）线状褶曲：同一岩层在平面上的纵向长度和宽度之比大于10∶1的狭长形褶曲。

2）短轴褶曲：同一岩层在平面上的纵向长度与横向宽度之比在3∶1～10∶1之间的褶曲。

3）穹窿和构造盆地：同一岩层在平面上的纵向长度与横向宽度之比小于3∶1的圆形或似圆形褶曲。背斜称为“穹窿”，向斜称为“构造盆地”。

（3）按褶曲枢纽的产状分类

1）水平褶曲：枢纽水平，两翼同一岩层的走向基本平行。

2）倾伏褶曲：枢纽倾斜，两翼同一岩层的走向不平行而呈弧形变化。

4. 褶皱的识别

在野外进行地质调查及地质图分析时，为了识别褶皱（图2-7），首先可沿垂直于岩层走向的方向进行观察，查明地层的层序、确定地层的时代并测量岩层的产状要素，然后根据以下三点分析判断是否有褶皱存在，并确定是向斜还是背斜。

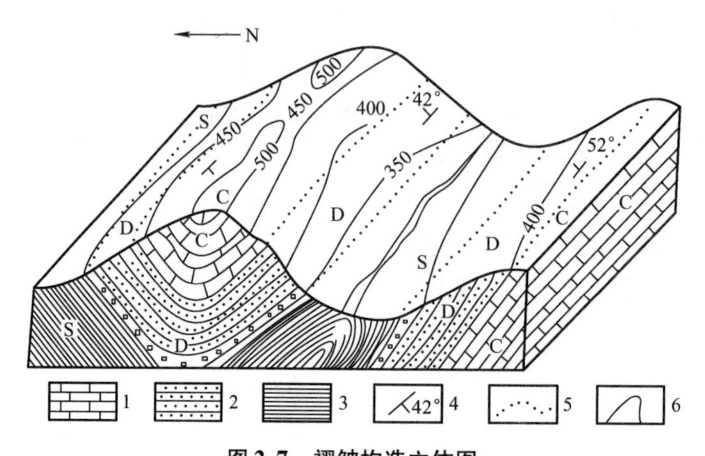

图 2-7 褶皱构造立体图

1—石炭系 2—泥盆系 3—志留系 4—岩层产状 5—岩层界线 6—地形等高线

1）根据岩层是否有对称重复的出露，可判断是否有褶皱存在。若在某一时代的岩层两侧，有其他时代的岩层对称重复出现，则可确定有褶皱存在。若岩层虽有重复出露现象，但并不对称分布，则可能是断层，不能误认为是褶皱。

2）对比褶皱核部和两翼岩层的时代新老关系，判断褶皱是背斜还是向斜。若核部地层时代较老，两侧依次出现渐新的地层，为背斜；反之，若核部地层时代较新，两侧依次出现渐老的地层，则为向斜。

3）根据两翼岩层的产状，判断褶皱是直立的、倾斜的还是倒转的。

此外，为了对褶皱进行全面认识，除进行上述横向的分析外，还要沿褶曲轴线延伸方向进行平面分析，了解褶曲轴线的起伏情况及其平面形态的变化。若褶曲轴线是水平的，呈直线状，或在地质图上两翼岩层对称重复，并平行延伸，则称为水平褶皱；若在地质图上两翼岩层对称重复，但彼此不平行，且逐渐折转会合，呈“S”形，则称为倾伏褶皱。

2.2.3 断裂构造

岩体受构造应力作用超过其强度时会发生破裂或产生位移，从而使岩体的完整性和连续性遭到破坏，这种构造称为断裂构造。根据断裂两侧岩石的相对位移情况，断裂构造的变位可分为裂隙（节理）和断层两种类型。

断裂构造是主要的地质构造类型，在地壳中广泛分布，对建筑地区岩体的稳定性影响很大，且常对建筑物地基的工程地质评价和规划选址、设计施工方案的选择起控制作用。

1. 裂隙（节理）

（1）裂隙的成因类型　断裂两侧岩石仅因开裂而分离，并未发生明显相对位移的断裂构造称裂隙。裂隙往往是褶皱和断层的伴生产物，然而自然界中岩石的裂隙，并非都是由于地质构造运动造成的。根据裂隙的成因，可将其分为原生（成岩）裂隙、次生裂隙和构造裂隙三种基本类型。

1）原生（成岩）裂隙。原生（成岩）裂隙即岩石在成岩过程中形成的裂隙。如玄武岩中的柱状裂隙，是其在形成时岩浆喷发至地表后冷却收缩而产生的六棱柱状、五棱柱状或其他不同形状的裂隙。在南京六合区桂子山发现的世界罕见的石林，就是由玄武岩的柱状裂隙形成的。此外，沉积岩中的龟裂现象是沉积岩失去水分后干缩而成的，也是一种成岩裂隙。

2）次生裂隙。次生裂隙即由于岩石风化、岩坡变形破坏、河谷边坡卸荷作用及人工爆破等外力作用而形成的裂隙。次生裂隙一般仅局限于地表，规模不大，分布也不规则。如卸荷裂隙是由于河流的下切侵蚀使河谷及其两侧的部分岩石被搬运，致使下部岩石所受的压力减轻（称减压卸荷作用），岩石中应力得以释放而产生平行于岸坡和谷底的裂隙。

3）构造裂隙。构造裂隙即由地壳运动产生的构造应力作用而形成的裂隙。构造裂隙在岩石中分布广泛，延伸较深，方向较稳定，可切穿不同的岩层，按其力学性质可将其分为张裂隙和剪裂隙两种（图2-8）。

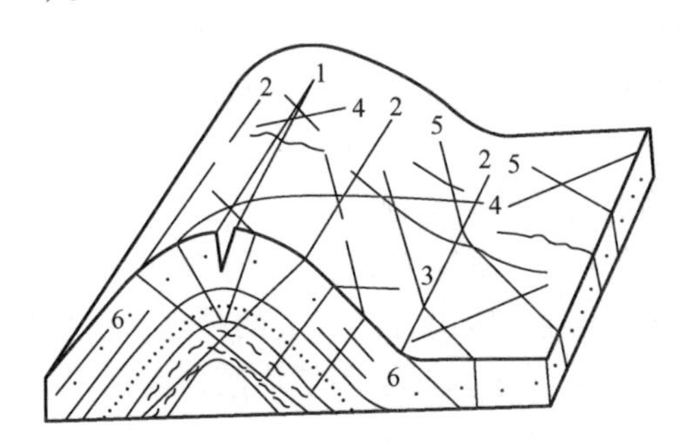

图2-8 裂隙的形态分类

1、2—走向裂隙或纵向裂隙 3—倾斜裂隙或横裂隙 4、5—斜向裂隙或斜裂隙 6—顺层裂隙

① 张裂隙。张裂隙是岩石所受张应力超过其抗拉强度后岩石破裂而产生的裂隙。张裂隙多见于脆性岩石中，尤其是褶皱转折端等张应力集中的部位，其特点是具有张开的裂口，裂隙面粗糙不平，沿走向和沿倾向延伸均不远。砂岩和砾岩中的张裂隙，裂隙面往往绕过砾石或砂粒，呈现凹凸不平状。

② 剪裂隙。剪裂隙是岩石所受剪应力超过其抗剪强度后岩石破裂而产生的裂隙，一般发生在与最大压应力方向成45°左右夹角的平面上，在岩石中常成对出现，呈“X”形交叉，因而也可称为“X”形裂隙（或节理）。剪裂隙的特征是细密而闭合，裂隙面平直光滑，延伸较远，有时会出现擦痕。共轭砾岩或砂岩中的剪裂隙，裂隙面往往切穿砾石或砂粒（表2-2）。

表2-2 张裂隙和剪裂隙比较

类型	作用力	裂面张开充填情况	裂隙面特征	裂隙间距	延伸情况	发育情况
张裂隙	张应力	裂缝张开常被石英、方解石脉充填	弯曲粗糙不平，呈锯齿状，无擦痕	较大	走向变化大，延伸不远，常绕过砾石或砂粒	褶皱轴部成组出现，平行或垂直于褶皱轴
剪裂隙	剪应力	裂隙紧闭或稍张开	平直光滑有擦痕及镜面两侧岩层相对位移	较小	走向稳定，延伸较长，常切岩石中的砾石或砂粒	一般同时出现两组，呈“X”形，较密集

（2）裂隙统计及裂隙玫瑰图 在拟建建筑物地区，进行裂隙的野外调查与统计，对研究拟建建筑物地区的地质构造、发育规律和分布特征以及评价地基岩体完整性与稳定性，具有很重要的实际意义。

为了反映裂隙的发育程度和分布规律，分析其对拟建建筑物地区岩体的稳定性的影响，常采用图表的方法表示裂隙。

1）裂隙观测统计。根据工程要求，在主要建筑物地段，需选择裂隙比较发育、有代表性的岩体面积1～4m^2，按裂隙观测记录所列内容进行观测、统计并做好记录。

根据裂隙统计记录，将裂隙走向、倾向和倾角，每隔10°或5°为一区间进行分组，并统计每组裂隙的条数和走向、倾向、倾角的区间中值（或平均值），找出最发育的裂隙组。

2）裂隙玫瑰图的绘制。应按下列步骤进行裂隙玫瑰图的绘制：

① 取适当值为半径作半圆，沿半圆周标出东、西、北三个方向。

② 将半圆周18等分，代表裂隙走向。

③ 以最发育一组的裂隙条数等分半径，单位线段代表一条裂隙。

④ 把每组裂隙走向区间中值，点绘在玫瑰图的相应位置上。

⑤ 连接各点成一闭合折线，即为裂隙走向玫瑰图，如图2-9a所示。

⑥ 绘制裂隙倾向玫瑰图时，先将测得的裂隙，按倾向每隔10°或5°为一区间进行分组，并统计每组裂隙的条数和区间中值（或平均值），用绘制走向玫瑰图的方法，在注有方位的圆周上，根据平均倾向和裂隙条数，定出各组相应的端点，然后用折线将这些点连接起来，即为裂隙倾向玫瑰图，如图2-9b所示。如果用平均倾角表示半径方向的长度，则用同样方法可以编制裂隙倾角玫瑰图。

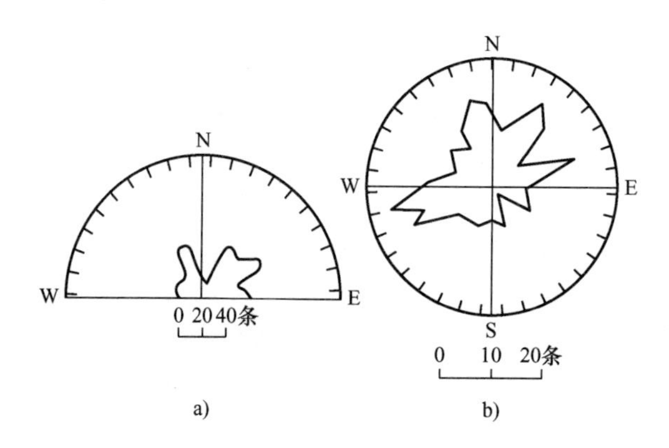

图2-9　裂隙玫瑰图

a）裂隙走向玫瑰图　b）裂隙倾向玫瑰图

2. 断层

在构造应力作用下，岩层所受应力超过其本身的强度，使其连续性、完整性遭到破坏，并且沿断裂面两侧的岩体产生明显位移时，称为断层。由于构造应力大小和性质的不同，断层规模差别很大，小的可见于一块小的手标本上，大的可延伸数百甚至上千公里，如我国的郯—庐大断裂，在1/1000000的卫星图像上都显示得很清楚。

（1）断层要素　断层的基本组成部分称为断层要素，它包括断层面、断层线、断层带、断盘、断距等，如图2-10所示。

1）断层面。岩层断裂错开，其中发生相对位移的破裂面，称为断层面。断层面可以是直立的或倾斜的平面，也可以是波状起伏的曲面。断层面的空间位置用产状要素来表示。

2）断层线。断层面与地面的交线，称为断层线。断层线表示断层延伸的方向，其形状

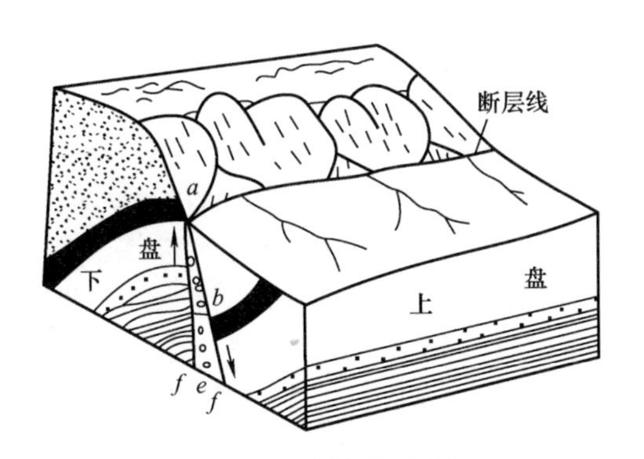

图 2-10　断层要素图

ab—总断距　*e*—断层破碎带　*f*—断层影响带

取决于断层面及地表形态，可以是直线，也可以是各种曲线。

3）断层带。断层带包括断层破碎带和断层影响带，是指断层面之间的岩石发生错动破坏后，形成的破碎部分，以及受断层影响使岩层裂隙发育或产生牵引弯曲的部分。

4）断盘。断层面两侧岩体，称为断盘。当断层面倾斜时，位于断层面以上的岩体，叫上盘；位于断层面以下的岩体，叫下盘。断层面直立时，则按方向可称为东盘、西盘或南盘、北盘。

5）断距。断层两盘岩体沿断层面相对移动的距离，称为断距。断距可分为总断距、铅直断距、水平断距、走向断距、倾向断距等。

（2）断层的基本类型

1）按断层两盘相对位移分类。按断层两盘相对位移的情况，可将断层分为正断层、逆断层和平移断层等（图 2-11）。

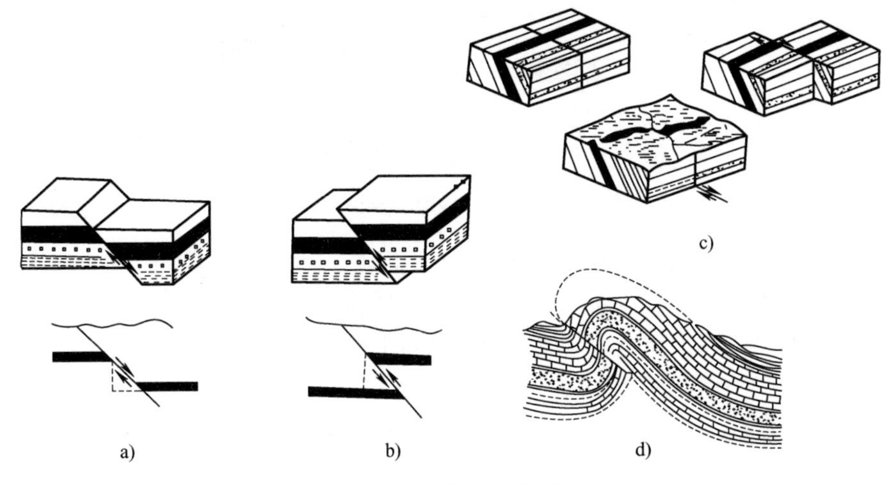

图 2-11　断层的类型

a）正断层　b）逆断层　c）平移断层　d）逆掩断层

① 正断层。由于张应力作用使岩层产生断裂，进而在重力作用下，引起上盘沿断层面相对下降、下盘相对上升的断层，称为正断层。断层破碎带较宽时，常为断层角砾或断层泥。

② 逆断层。逆断层的上盘沿断层面上升，下盘相对下降，主要是水平挤压作用的结果，所以也称为压性断层。逆断层断裂带较紧密，断层面呈舒缓波状，常出现擦痕。

③ 平移断层。两盘沿断层面走向的水平方向发生相对位移的断层，称为平移断层。平移断层一般是在剪切应力作用下，沿平面剪切裂隙发育形成的，其断层面较为平直、光滑。根据断层走向与岩层走向的关系，平移断层可分为走向断层（与岩层的走向平行）、倾向断层（与岩层的走向垂直）及斜交断层（与岩层的走向斜交）；又根据断层走向与褶皱轴向的关系，平移断层也可分为纵断层（与褶皱轴向一致）、横断层（与褶皱轴向正交）、斜断层（与褶皱轴向斜交）。

2）按断层面产状与地层产状的关系分类。可分为如下几类：

① 走向断层。断层走向与地层走向基本平行。

② 倾向断层。断层走向与地层走向基本垂直。

③ 斜向断层。断层走向与地层走向斜交。

④ 顺向断层。断层面与岩层面大致平行。

在自然界往往可以见到断层的组合形式（图 2-12），如地垒（两边岩层沿断层面下降，中间岩层相对上升，多构成块状山地，如泰山、天山、阿尔泰山均有地垒式构造）、地堑（两边岩层沿断层面上升，中间岩层相对下降，如东非大裂谷、汾河、渭河地堑谷地）、阶梯状断层（岩层沿多个相互平行的断层面向同一方向依次下降）和叠瓦式（推覆式）构造（一系列冲断层或逆掩断层，使岩层依次向上冲掩，如青藏高原、天山山脉）等。这种组合形态的断层，在江西庐山一带表现得极为典型，庐山两侧为阶梯状断层，庐山上升为地垒。长江河谷两侧也是阶梯状断层，而长江河谷则是下陷的地堑。

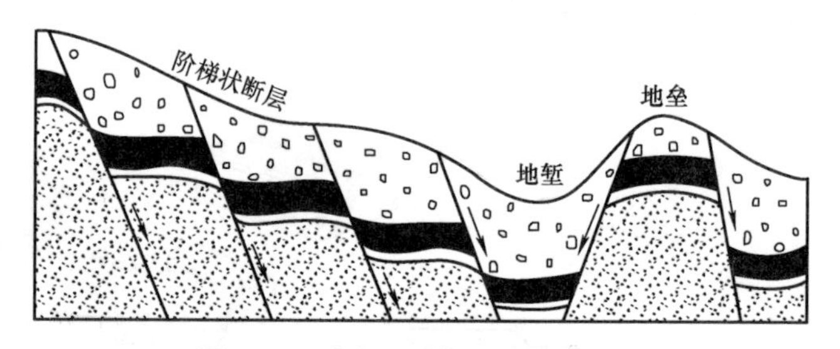

图 2-12　地垒、地堑、阶梯状断层

（3）野外识别断层的方法　断层的形态类型很多，规模大小不一，加之各种地质因素的影响，给在野外判断是否存在断层以及属于什么性质的断层带来一定困难。但由于断层面两侧岩体产生了相对位移，在地表形态和地层构造上反映出一定的特征和规律性，这就给在野外识别断层提供了依据（图 2-13）。

1）构造上的特征。构造上的特征主要有擦痕、破碎带、构造上的不连续和牵引褶曲等。

① 擦痕。断层面上下盘错动摩擦而留下的痕迹，称为断层擦痕。

② 破碎带。破碎带指断层两盘岩体相对运动而使断层面附近的岩石破坏成碎石和粉末的部分，其中碎石经胶结成断层角砾岩、糜棱岩，粉末为断层泥。

③ 构造上的不连续。断层常常将岩层、岩墙或岩脉错断，造成构造上的不连续。同时，由于构造上的不连续，会造成岩层产状的突然变化。

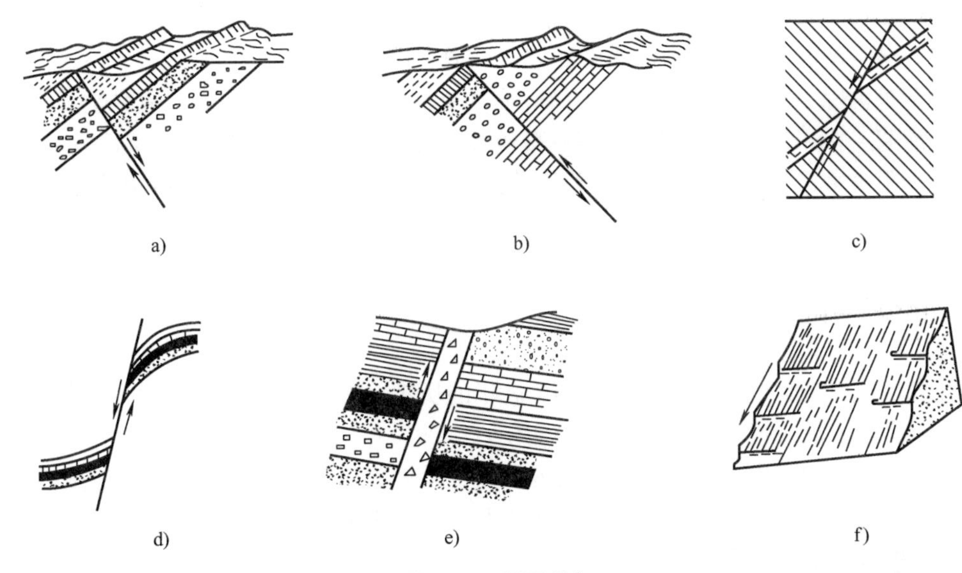

图 2-13 断层现象

a）岩层重复 b）岩层缺失 c）岩脉错断 d）牵引弯曲 e）断层角砾 f）断层擦痕

④ 牵引褶曲。断层两盘有相对位移时，断层面两侧的岩石发生塑性变形，常形成小型牵引褶曲。利用牵引褶曲的方向，可以判断上下盘移动的方向及断层的性质。

2）岩层的特征。岩层特征主要有岩层中断、岩层的重复和缺失等。

① 沿走向岩层中断。在单斜岩层地区，沿岩层走向观察，若岩层突然中断，呈交错的不连续状态，则往往是断层的标志。

② 岩层的重复和缺失。由于断盘的相对位移，改变了岩层的正常层序，使岩层产生不对称的重复或缺失。必须注意断层所产生的岩层重复是不对称的，岩层缺失不具有侵蚀面，这要与褶皱造成的岩层对称重复以及不整合形成的具有侵蚀面的岩层缺失加以区别。

3）地形地貌上的特征。地形地貌特征主要有断层崖、断层三角面、河流纵坡的突变、河流及山脊的改向等。

4）水文地质特征。断层的存在，使岩层易风化侵蚀形成谷地，即“逢沟必断”，有利于地下水的富集、埋藏和运动。因此，在断层带附近往往可见到泉水、湖泊呈线状出露于地表、某些喜湿性植物呈带状分布。

以上是野外地质工作中认识判断断层的一些主要标志。但是，由于自然界的事物是复杂的，其他因素也可能造成上述某些现象，因此不能孤立地根据某一标志来进行分析并确定断层的存在，而是要全面观察、细心研究、综合分析判断，才能得出可靠的结论。

3. 断裂构造对工程的影响

断裂构造对工程建筑的影响是很大的。由于断裂构造的存在破坏了岩体的连续完整性，降低了岩石的强度，增大了岩体的透水性，将导致工程建筑物发生不均匀沉陷、滑动和渗漏，影响工程建筑物的安全稳定、经济效益及施工方法等一系列问题，对工程极为不利。因此，在选择工程建筑物地址时，应查清断层的类型、分布、断层面产状、破碎带宽度、充填物的物理力学性质、透水性和溶解性等。另外，沿断层破碎带易形成风化深槽，特别是在断层节理密集交汇处，更易风化侵蚀形成很深的囊状风化带。为了防止断裂构造对工程的不利影响，要尽量避开大的断层破碎带和节理密集地段；若确实无法避开，则必须采取有效处理措施。在工程建设中，对断裂构造的处理方法一般有以下几点：

（1）开挖清除　将断层破碎带的松散碎屑物质挖掉，然后回填混凝土或黏土。

（2）灌浆　多采用水泥灌浆，以提高破碎带的强度并降低其渗透性。

（3）作阻滑截渗墙　修筑混凝土或钢筋混凝土墙，将破碎带截断，以提高地基的抗滑能力并降低其渗透性。

2.3　地质年代

地壳自形成以来大约经历了30亿~46亿年的历史，在这漫长的地质历史发展过程中，地壳经历了多个发展阶段并产生了巨大的变化。

地壳发展演变的历史，简称地史；研究地壳的发展和变化历史的科学，叫地史学。地史学研究的主要内容，包括地壳的岩石生成顺序及年代、古生物的演化及发展、古地理的演变及海陆变迁、地壳的构造发展历史等。

1. 地层年代的确定方法

地层是在地壳发展过程中于一定时期并在特定的地质环境条件下，由地质作用形成的一套岩石的总称。它具有时代的新老概念。地层的上下或新老关系称为地层层序。要研究地层层序，就要确定地层年代。地层年代包括两方面的含义：一是指地质事件发生后距今的实际年数，称为绝对年代；二是指地质事件发生的先后顺序，称为相对年代。

（1）地层绝对年代的确定　根据岩层中放射性元素蜕变产物的含量，通过计算可求得地层的绝对年代，如铀铅法、钾氩法、铷锶法等。以铀铅法为例，岩石中的放射性元素铀，在自然条件下按一定速度蜕变，最后形成铅和氦两种终结元素。若用专门的仪器测定出岩石放射性元素和终结元素的含量，可按式（2-1）计算岩层的绝对年代：

$$N_0 = N_t e^{\lambda t} \tag{2-1}$$

式中　N_0——放射性物质形成时原子的原始数量；

N_t——放射性物质经过时间 t 后未蜕变的原子数量；

λ——放射性物质的蜕变常数（单位时间内有多少原子发生蜕变）；

e——自然对数的基数，e = 2.7182818。

式（2-1）经改写并取对数，则

$$t = 1/\lambda\{2.3g[1 + (N_0 - N_t)/N_t]\} \tag{2-2}$$

已知 U^{235} 的蜕变常数 λ，如能测出岩石中 Pb^{207} 的含量（即 $N_0 - N_t$）和 U^{235} 的保留含量（即 N_t），即可按式（2-2）求得岩石的绝对年龄 t。

（2）地层相对年代的确定　确定地层相对年代即判别地层的相对新老关系。一般可根据以下几种方法确定。

1）古生物化石法。古生物化石法即利用地层中所含化石来确定地层的年代。

生物是由低级到高级、由简单到复杂而不断地进化的。不同年代的地层含有不同的化石，而相同年代的地层保存相同或相近的化石，据此可以确定地层的顺序和年代。如在温暖的浅海环境中，可以形成由珊瑚组成的石灰岩；在湿热的森林地区，可以形成富含植物化石的含煤地层。

根据地球上生物演化的阶段性和不可逆性，可认为一定种属的生物生活在一定的地质年代，即同一地质年代的地层必然保存有相同或相近种属的生物化石。因此，可以认为在同一地区含有相同生物化石的地层属于同一年代，用古生物标准化石（分布年代短、特征显著、数量众多而地理分布广泛的化石）便可确定该地层形成的地质年代。如南京蜓（Nankinella）为我国南方二叠纪的标准化石，在南方若发现某一地层中有南京蜓化石，则可确定该地层属于二叠系。目前，我国已经出版了各个地质年代地层标准化石手册，确定地层年代十分方便。

2）地层层序法。根据沉积岩形成的原理，在沉积岩形成之后，若未经剧烈的构造变动使之倒转，则位于下面的地层年代较老，位于上面的地层年代相对较新，即下老上新。复杂情况下，按沉积韵律（颗粒下粗上细）确定地层相对年代。

3）岩性对比法。一般在同一地质时期且在同一环境下形成的岩石，它们的矿物成分、结构和构造、岩性组合等特征都应该是相似的。如我国江苏省南部的宁镇山脉一带，泥盆系中广泛分布着厚层浅色石英砂岩，在此地区内确定地层年代时，凡是石英砂岩均可定为泥盆纪。又如华北奥陶纪中期，普遍沉积的是质纯的石灰岩和白云质灰岩。据此，可以将未知地质年代的地层岩性特征与已知地质年代的地层岩性特征进行对比，从而可以确定未知地层的地质年代。在进行对比时，既要对比本层的岩性特征，又要对比与之相邻的上下岩层组合的岩性特征，则结果更加可靠。

4）接触关系法。由于地壳运动性质和特点的不同，反映在上下岩层之间的接触形式也不一样，大致有如下几种接触形式。

① 整合。上下地层连续沉积，互相平行，没有明显的沉积间断，代表沉积时地壳比较稳定或地壳连续下降。

② 假整合。假整合又称平行不整合，上下地层虽然平行，但中间有一明显的高低不平的侵蚀面（常夹一层砾岩），并缺失地层，表明上下两地层之间有一个沉积间断，如图2-14a所示。

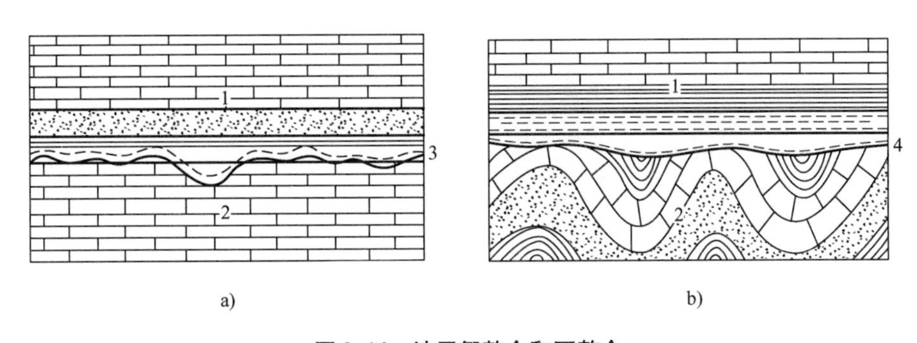

图2-14 地层假整合和不整合

a）假整合 b）不整合

1—上覆地层 2—下伏地层 3—假整合面 4—不整合面

例如，华北奥陶系与中石炭统之间缺失志留系、泥盆系和下石炭统地层而显示平行不整合现象。这是因为奥陶纪之后华北地区上升为陆地，没有接受沉积，反而遭受剥蚀，形成了侵蚀面；直到中石炭世时，地壳才再度下降，在侵蚀面上接受新的沉积。而这个假整合面则成为划分华北奥陶系与中石炭统的分界线。

③ 不整合。不整合又称角度不整合，上下地层之间有明显沉积间断，并以一定角度相接触，如图 2-14b 所示，接触面起伏不平，往往保存着底砾岩和古风化痕迹。例如，我国南方在志留纪之后，地壳发生剧烈运动，使寒武、奥陶、志留系地层发生褶皱，并上升遭受剥蚀，到泥盆纪时再次下降，重新接受沉积，因而造成泥盆系与下伏地层（寒武、奥陶、志留系）之间的角度不整合。而这个不整合面则成为划分我国南方一些地区泥盆系与下伏地层的分界线。

2. 地质年代和地层划分

根据地壳运动及生物演化阶段等特征，可以把地质历史划分为许多大小不同的年代单位，地质年代是指一个地层单位的形成时代或年代。最大的地质年代单位是（宙）代，通常把地质历史划分为太古代、元古代、古生代、中生代和新生代五个大的年代，在每个代中又划分出若干个纪，每个纪再分为几个世，世以下还可以再分出期。代、纪、世、期是地质历史的时间单位。相应于代、纪、世、期这些时期里形成的地层，分别为界、系、统、阶，它们是地层单位。例如，古生代是代表时间单位，古生界则表示古生代所沉积的地层；同样，寒武纪所沉积的地层就叫寒武系，其余类推。此外，在有些地层地质年代不确定、不含化石或化石稀少、不能定出正式地层单位的地区，可按照岩性特征来划分地层单位，称为岩石地层单位，按照级别由大到小分为群、组、段，一般限于区域性或地方性地层。

代、纪、世和与其相对应的界、系、统是国际性单位，全世界是统一的；期和与其相对应的阶是全国性或大区域的地质年代与地层单位。把地质年代单位和地层单位从老到新按顺序排列，就形成了目前国际上大致通用的地质年代表（见表 2-3）。

表 2-3　地质年代表

宙（宇）	代（界）	纪（系）	世（统）	纪起始时间/百万年	主要生物及地质演化
显生宙	新生代 Kz	第四纪 Q	全新世 Q_4	2.4	哺乳动物仍占主导地位，人类出现，北半球多次冰川活动
			更新世 Q_3		
			Q_2		
			Q_1		
		新第三纪 N	上新世 N_2	23	陆地上哺乳动物为主，昆虫和鸟类都大大发展；被子植物兴盛 印度板块于始新世碰撞到亚洲大陆上，非洲板块也靠向欧洲板块；渐新世开始全球造山运动，逐渐形成现代山系
			中新世 N_1		
		老第三纪 E	渐新世 E_3	65	
			始新世 E_2		
			古新世 E_1		
	中生代 Mz	白垩纪 K	晚白垩世 K_2	135	脊椎动物（鱼类）、两栖类和爬行类得到大发展；晚三叠世出现哺乳类，侏罗纪出现始祖鸟；白垩纪末恐龙灭绝 裸子植物以松柏、苏铁和银杏为主；被子植物出现 晚三叠世，统一大陆分裂；古特提斯洋、古大西洋和古印度洋开始发育；印度大陆从南半球漂向亚洲大陆
			早白垩世 K_1		
		侏罗纪 J	晚侏罗世 J_3	205	
			中侏罗世 J_2		
			早侏罗世 J_1		
		三叠纪 T	晚三叠世 T_3	250	
			中三叠世 T_2		
			早三叠世 T_1		

（续）

宙（宇）	代（界）		纪（系）	世（统）	纪起始时间/百万年	主要生物及地质演化
显生宙	古生代 Pz	晚古生代 Pz_2	二叠纪 P	晚二叠世 P_2	290	脊椎动物在泥盆纪开始迅速发展；石炭纪开始出现两栖类和爬行类；陆上植物迅速发展，裸蕨类极度繁荣，还有少量石松类、楔叶类及原始的真蕨类植物；昆虫出现 二叠纪末期发生了生物大量灭绝事件 古生代末，南半球冈瓦纳大陆和北半球各大陆联合而成的劳亚大陆连接，形成称为潘加亚的统一大陆
				早二叠世 P_1		
			石炭纪 C	晚石炭世 C_3	350	
				中石炭世 C_2		
				早石炭世 C_1		
			泥盆纪 D	晚泥盆世 D_3	405	
				中泥盆世 D_2		
				早泥盆世 D_1		
		早古生代 Pz_1	志留纪 S	晚志留世 S_3	435	寒武纪开始出现带骨骼的生物：三叶虫、笔石和腕足类等；中奥陶纪出现珊瑚；志留纪出现原始的鱼类——棘鱼。植物主要是海洋中的藻类，志留纪末期陆地上出现裸蕨类。南半球各大陆加上印度半岛联合形成冈瓦纳大陆，北半球几个分开的大陆板块发生着碰撞和合并。北美板块与欧洲板块合并；古西伯利亚和古中国之间逐渐接近。奥陶纪晚期，又出现一次大冰期
				中志留世 S_2		
				早志留世 S_1		
			奥陶纪 O	晚奥陶世 O_3	480	
				中奥陶世 O_2		
				早奥陶世 O_1		
			寒武纪 ∈	晚寒武世 $\in_3$	570	
				中寒武世 $\in_2$		
				早寒武世 $\in_1$		
元古宙	新元古代 Pt_3		震旦纪 Z		1000	藻类大量发育，生物更多样化。震旦纪出现放射虫、海绵、水母、环节动物、节肢动物等 古元古代后，所有的陆壳聚集在一起形成的大陆开始解体。震旦纪发生全球性冰期
			青白口纪 Pt_3q			
	中元古代 Pt_2		蓟县纪 Pt_2j		1700	
			长城纪 Pt_2ch			
	古元古代 Pt_1				2600	
太古宙	新太古代 Ar_2				>3800	出现藻类和菌类，最古老的生物遗迹为32亿年
	古太古代 Ar_1					

在地质年代表中，还可列入地壳运动的几个主要构造期，即吕梁运动、加里东运动、海西运动、燕山运动、喜马拉雅运动。地壳运动是划分地层年代的分界标志，而次一级的地壳运动则往往作为纪的分界标志。

另外，在地质年代表中，还简要地列出了不同历史发展阶段的生物演化及各地质时期盛行的动物和植物。

在地质年代表中，很多名字看起来稀奇古怪，究其来历有的是标准地点的地名（如寒武、泥盆、侏罗），有的是曾经居住在那里的古代民族的名称（奥陶、志留），有的却反映某一时代的地层本身具有的显著特征（石炭、二叠、三叠、白垩）。其中，震旦纪是根据古代印度人管中国叫震旦而命名的，它的代表性地层剖面是1924年李四光在我国长江三峡建立的，距今6亿~8亿年。下古生界地层的研究以英国威尔士地区最早，1833年英国地质学家薛知微用威尔士的一个古代地名Cambrian音译寒武，来命名这套地层；稍晚英国地质学家莫企逊跟薛知微合作研究这套地层，后因两人发生意见分歧，1835年莫企逊提出用曾经居住在威尔士的一个古代部族的名称志留来命名这套地层。后来的化石研究证明，薛知微命名的寒武系上部相当于莫企逊命名的志留系下部，造成有一部分地层由两个研究者给了不同命名的混乱局面。直到1876年由英国另一地质学家拉普华斯提出把两系重复的一部分地层另立新名为奥陶，问题才得以解决，而奥陶是曾经居住在威尔士的另一个古代部族的名称。上古生界地层泥盆、石炭也是从英国的地层研究中建立的，泥盆是Devon的音译，即英国西南部的一个郡名，是1837年薛知微、莫企逊建立的；石炭是因为这一地层普遍含有煤层而得名的，建立年代在1882年。二叠标准剖面地点在苏联乌拉尔山西坡的彼尔姆州，由莫企逊于1841年确立，在国际上也叫彼尔姆系，而在我国和少数国家称作二叠系，这是因为德国的这一地层明显分成红色砂岩与镁灰岩上下两层，而德文dyad音译二叠，即二分的意思。中生代的三叠标准剖面地点在德国，是因地层可分作上中下三个部分而得名的。侏罗名称来自法国、瑞士间的侏罗山。白垩是因欧洲这一时期的地层主要是由白垩沉积而得名的。新生代，顾名思义是新的生命的时代。

地壳的演变简史如下：

1）太古代。距今25亿年，海洋面积大，没有宽广的大陆；岩浆活动和火山喷发剧烈；海水中初步形成原始的生命体；铁矿形成的重要时代。

2）元古代（原始生物的时代）。距今25亿~6亿年，海水里已有藻类、海绵等低等的多细胞生物出现。

3）古生代。距今6亿~2.5亿年，海生无脊椎动物空前繁盛的时代，如三叶虫、珊瑚等，亚欧、北美和我国华北抬升为陆地；中期时出现了脊椎动物——鱼类；后期时鱼类演化成两栖类，动物从海洋向陆地发展，北半球气候炎热、潮湿，蕨类植物茂盛；重要的造煤时期。

4）中生代。距今2.5亿~0.7亿年，我国大陆轮廓已基本形成；环太平洋地带地壳运动激烈，形成高大山系，带来丰富金属矿；爬行动物大发展，如恐龙等；空中出现了始祖鸟；裸子植物大发展；重要的造煤时期。

5）新生代。距今0.7亿年，第三纪时发生了规模巨大的造山运动——喜马拉雅运动，哺乳动物和被子植物大发展，出现灵长类；第四纪冰期距今200万~300万年，气候变冷，陆地上冰川覆盖面积大，海面下降超过100m，出现了人类。

2.4 地质图

用规定的符号、线条和色彩来反映一个地区的各种地质现象、地质条件和地质发展历史的图样，叫作地质图。它是依据野外探明和收集的各种地质勘测资料，并按一定比例投影在地形底图上编制而成的，是地质勘察工作的主要成果之一。地质图的基本内容一般通过统一规定的图例符号来表示。工程建设中的规划、设计和施工阶段，都需要以地质勘测资料为依据，而地质图是可直接利用和使用方便的主要图表资料。因此，初步学会编制、分析、阅读地质图的基本方法是很重要的。

1. 地质图的基本内容和规格

（1）地质图的种类　地质图的种类繁多，但由于在经济建设中应用目的的不同，其内容也各有侧重。在工程建设中，常用的地质图有以下几种：

1）普通地质图。以一定比例尺的地形图为底图，反映一个地区的地形、地层岩性、地质构造、地壳运动及地质发展历史的基本图样，称为普通地质图。在普通地质图上，除了编绘一个地区地表出露的不同地质年代的地层分界线和主要地质构造的构造线外，还附有一两个地质剖面图和综合地层柱状图。普通地质图是编绘其他专门性地质图的基本图样。

2）地貌及第四纪地质图。以一定比例尺的地形图为底图，主要反映一个地区的第四纪沉积层的成因类型、岩性及其形成年代、地貌单元的类型和形态特征的一种专门性地质图（用来表示某一项地质条件或服务于某一专门的国民经济项目的地质图称专门性地质图，如专门表示地下水条件的水文地质图、服务于各种工程建设的工程地质图），称为地貌及第四纪地质图。在建筑物地区的河流两岸及河谷地段，测绘编制地貌及第四纪地质图是必要的。

3）工程地质图。工程地质图是根据工程地质条件而编制且在相应比例尺的地形图上表示各种工程地质勘察工作成果的图样。为满足某些工程建设的需要而编制的地质图称为专门性问题工程地质图。

4）天然建筑材料图。反映天然建筑材料的产地、分布与储量的图样称为天然建筑材料图。

5）地质剖面图及地层柱状图。地质剖面图及地层柱状图是指在平面地质图的基础上，为了更清楚地反映一个地区地表以下一定深度内的各种地质现象而编制的垂直方向的地质图样。它们常与平面地质图配合使用，路桥工程建设需要的图样有建筑物工程地质剖面图、综合地层柱状图、钻孔柱状图等。

（2）地质图的基本内容和规格　如前所述，地质图是根据工作阶段和应用目的选用一定的比例尺且将地表出露的各种地质现象测绘在拟选的等于或大于地质图比例尺的地形底图上编制而成的。因此，一幅完整的符合标准的地质图，应包括以下基本内容。

1）平面地质图。平面地质图是地质图的主体部分，包括如下几点内容：

① 地理概况，包括图区所在的地理位置（经纬度、坐标线）、主要居民点位置（城镇、乡村所在地）、地形地貌的特征等。

② 一般地质现象，包括不同地质年代的地层种类、岩性、产状、分布规律及地层界线、各种地质构造类型等。

③ 特殊的地质现象，包括崩塌、滑坡、泥石流、喀斯特、泉和重要的蚀变现象等。

2）地质剖面图。在平面地质图上，选择一至数个有代表性方向的图切剖面，以表示岩层、褶皱、断层的空间形态及产状和地貌特征。

3）综合地层柱状图。综合地层柱状图主要表示平面图区内的地层层序、厚度、岩性变化及接触关系。

4）图例。图例主要说明地质图中所用线条符号和颜色的含义，按沉积地层层序、岩浆岩、地质构造及其他地质现象顺序排列。

5）比例尺。比例尺的大小反映了图的精度。比例尺越大，图的精度越高，对地质条件的反映也越详细，越准确。一般地质图比例尺的大小，是由工程的类型、规模、设计阶段和地质条件的复杂程度确定的。按工作的详细程度或工作阶段的不同，地质图可分为大比例尺（1:1000～1:25000）地质图、中比例尺（1:50000～1:100000）地质图、小比例尺（1:200000～1:1000000）地质图。工程建设地区的地质图，一般是大比例尺地质图。

6）责任栏。责任栏说明地质图的编制单位、编审人员、成图日期等。

2. 地质现象及地质条件在地质图上的表示方法

地质图所反映的地质内容如地层岩性、岩层产状、岩层接触关系、褶皱、断层及其他地质现象等，是通过不同的线条符号和色彩表示在一幅相应比例尺的地形底图上的。现将主要的几种地质条件在图上的表示方法简述如下。

（1）地层岩性的表示方法　地层岩性在地质图上是通过地层分界线、地层年代代号、岩性符号和颜色配合图例说明来表示的。但地层分界线在地质图上可能呈现各种形状，归纳起来有以下几种。

1）第四纪松散沉积层和基岩的分界线。这种分界线形状较不规则，但有一定规律，大多位于河谷斜坡、盆地边缘、平原与山区交界处，大致沿着山麓等高线延伸在冲沟发育、厚度较大的松散沉积层分布地区，基岩则常在冲沟的底部出露。

2）岩浆岩侵入体的分界线。这种分界线形状最不规则，也无规律可循，必须根据情况进行实地测绘。

3）层状岩层的分界线。这种分界线在地质图上出现最多，其规律性较强，形状主要取决于岩层的产状与地形之间的关系。有以下三种情况：

① 水平岩层。水平岩层的地层界线与地形等高线平行或重合，呈封闭的曲线，如图 2-15 所示。

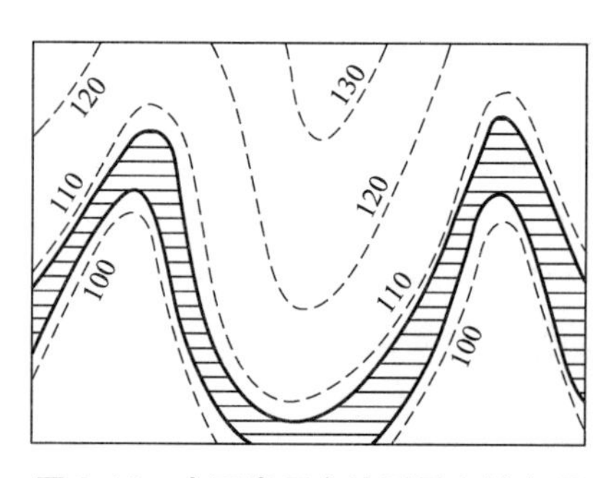

图 2-15　水平岩层在地质图上的表现

② 直立岩层。直立岩层的地层界线不受地形的影响，呈直线沿岩层的走向延伸，并与地形等高线直交。

③ 倾斜岩层。倾斜岩层的地层界线与地形等高线斜交，呈 V 字形弯曲的曲线状，如图 2-16 所示。地层界线的弯曲程度与岩层倾角和地形起伏有关。一般岩层倾角越小，V 字形越紧闭；倾角越大，V 字形越开阔。按岩层产状与地形的关系，则有以下几条规律，称为 V 字形法则。

岩层倾向与地形坡向相反时，地层界线的弯曲方向（即 V 字形的尖端，下同）和地形等高线的弯曲方向相同，但地层界线的弯曲度比地形等高线的弯曲度小（图 2-16a）。

岩层倾向与地形坡向相同且岩层倾角大于地面坡度时，地层分界线的弯曲方向和地形等高线的弯曲方向相反（图 2-16b）。

岩层倾向与地形坡向相同而岩层倾角小于地面坡度时，地层分界线的弯曲方向和地形等高线的弯曲方向相同，但地层界线的弯曲度比地形等高线的弯曲度大（图 2-16c）。

（2）岩层产状的表示方法　地质图常用下列符号表示岩层产状：“___|___”表示水平岩

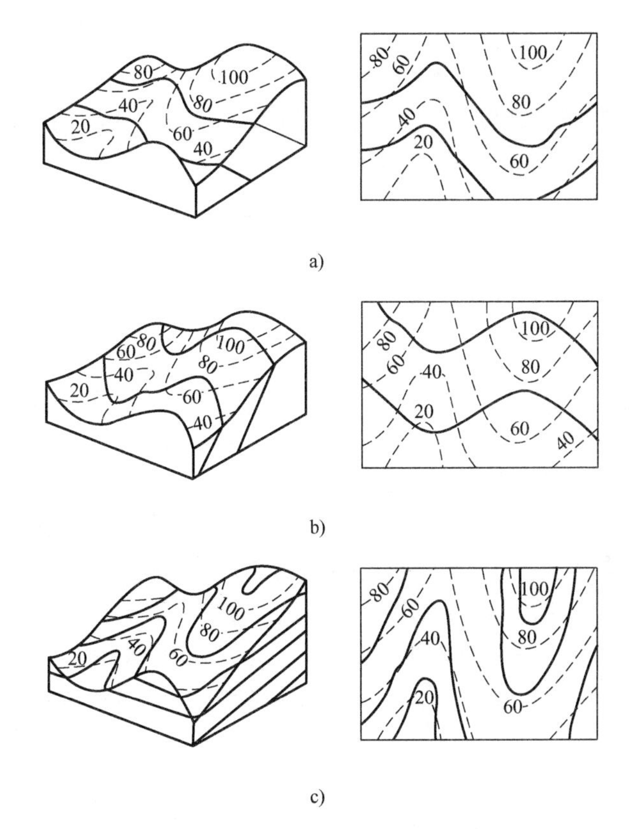

图 2-16　倾斜岩层在地质图上的表现

层；“—↓—”表示直立岩层，其中箭头指向新岩层；“—┬—”表示倾斜岩层；“—ↄ—”表示倒转岩层。

（3）岩层接触关系的表示方法及特征

1）整合接触。在地质图上整合接触表现为两套地层的界线大体平行，较新地层只与一个较老地层接触，而且地层年代连续，用实线“———”表示。

2）平行不整合接触。在地质图上平行不整合接触表现为两套地层的界线大体平行，较新地层也只与一个较老地层接触，但地层年代不连续，用虚线“---”表示。

3）角度不整合接触。在地质图上角度不整合接触表现为两套地层的界线不平行且呈角度相交，一种较新地层同多种较老地层接触，产状不同，地层年代不连续，用波浪线“~~~~~”表示。

褶皱在地质图上主要通过地层的分布规律、年代新老关系和岩层产状综合表示出来。为了突出褶皱轴部的位置及褶皱的形态类型，常在褶皱核部地层的中央，用下列符号加重表示：“—↕—”表示背斜；“—↓↑—”表示向斜。

（4）断层的表示方法　断层在地质图上也是通过地层分布的规律和特征，结合规定的符号来表示的。在断层出露的位置，用下列红线符号加重表示断层的性质和类型。

“—┬┬—↓45°—┬┬—”代表正断层，其中长线表示断层出露位置和断层线延伸的方向，带箭头的短线表示断层面倾向，数字为断层面倾角，不带箭头的短线所在的一侧为断层的下降盘。

“  ”代表逆断层，其中不带箭头的双短线所在的一侧为断层的下降盘，其他符号示意同上。

“ 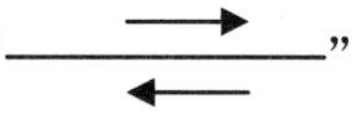 ”代表平移断层，其中箭头表示两盘相对滑动的方向，其他符号示意同上。

3. 地质剖面图和地层柱状图的编制

（1）地质剖面图

1）概念。地质剖面图是指为表明地表以下及其深部的地质条件和地质构造情况，常用统一规定的符号且按一定的方位、一定的比例缩小而编制的图样。

2）根据地质平面图绘制剖面图的步骤。

① 在平面图上确定剖面线位置。剖面线尽量垂直于岩层走向、褶皱轴向和断层线方向，以便更清楚地反映地质构造形态。在工程地质平面图上，为满足设计需要，常沿建筑物的轴线布置剖面线，以便更好地反映地下一定深度处的工程地质条件。

② 根据剖面线长度和所通过处的地形，按比例画地形剖面线。剖面图的水平比例尺及垂直比例尺应与平面图比例尺尽量一致，当平面图比例尺太小或地形平缓时，垂直比例尺可适当放大，但剖面图中所用的岩层倾角必须进行换算，而且所反映的构造形态将有一定程度的失真。

③ 将地层界线、断层线等投影在地形剖面线上，并根据岩层的倾向、倾角和断层的倾向、倾角等画上岩性及断层的符号、标注地层年代的代号。

④ 标示剖面线两端方位，写上图名、图例和比例尺等。

（2）综合地层柱状图　综合地层柱状图是将平面图区内出露的各种地层岩性、厚度、接触关系、沉积顺序、岩浆活动等内容，按一定比例、自上而下、由新到老地反映在柱状表格上的地质图样。图中不反映褶皱和断裂构造。对于厚度太小按比例无法表示出来，但对工程却有重要意义的岩层如软弱夹层、夹泥层、煤层等，可适当放大比例尺或用特定符号加重表示。为工程利用的综合地层柱状图，除一般的描述外，应着重描述岩石的工程地质性质。综合地层柱状图，对了解一个地区的地层特征和地质发展史等很有帮助，因此，常将它和地质平面图及剖面图放在一起，相互对照补充，共同说明一个地区的地质条件。

4. 地质图的阅读分析

掌握了上述地质图的基本知识后，即可进行地质图的阅读和分析，了解工程建筑地区的区域地层岩性分布和地质构造特征，分析其有利与不利的地质条件，这对建筑物的建设设计具有很重要的实际意义。

（1）阅读地质图的方法步骤

1）先看图和比例尺，以了解地质图所表示的内容、图幅的位置、地点范围及其精度。如图中比例尺是1:5000时，图上1cm相当于实地距离50m。

2）阅读图例，了解图中有哪些地质时代的岩层及岩层的新老关系，并熟悉图例的颜色及符号；在附有地层柱状图时，可与图例配合阅读，综合地层柱状图较完整、清楚地表示地层的新老次序、分布程度、岩性特征及接触关系。

3）分析地形地貌，了解本区的地形起伏、相对高差、山川形势、地貌特征等。

4）阅读地层的分布、产状及其与地形的关系，分析不同地质年代的分布规律、岩性特征及新老接触关系，了解区域地层的基本特点。

5）阅读地质构造，了解图上有无褶皱以及褶皱类型，轴部、翼部的位置；有无断层以及断层性质、分布及断层两侧地层的特征，分析本地区地质构造形态的基本特征。

6）综合分析各种地质现象的规律性、地质发展简史及其之间的关系。

7）在上述阅读分析的基础上，对图幅范围内的区域地层岩性条件和地质构造特征，可结合工程建设的要求，进行初步分析评价。

（2）宁陆河地区地质图的阅读分析　根据上述读图原则，现以宁陆河地区地质图为例，分析读图如下所述（图2-17和图2-18）。

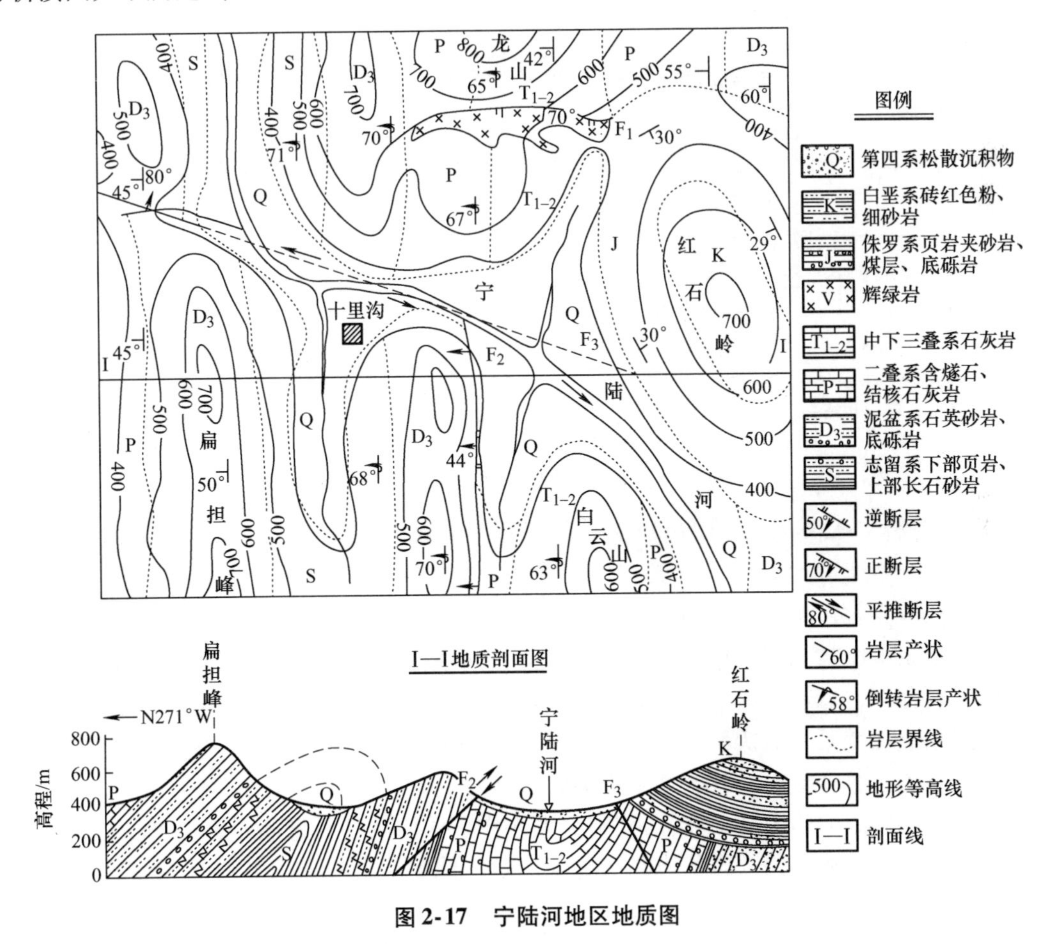

图2-17　宁陆河地区地质图

1）比例尺。该地质图比例尺为1:25000，即图上1cm相当于实际距离250m。

2）地形地貌。本区东部为红石岭，西南为扁担峰，高程均在700m以上；图幅北部为二龙山，南部为白云山，中部地势较低，宁陆河自西北流向东南，全区最高点的二龙山（高程超过800m）与最低点的河谷（高程超过300m）最大相对高差约500m。区内地形明显受地层、构造、岩性的控制，山脉延伸与地层走向一致，大体作南北向延伸。石灰岩、石英砂岩及白垩纪细砂岩常形成高山，宁陆河沿断层带发育。

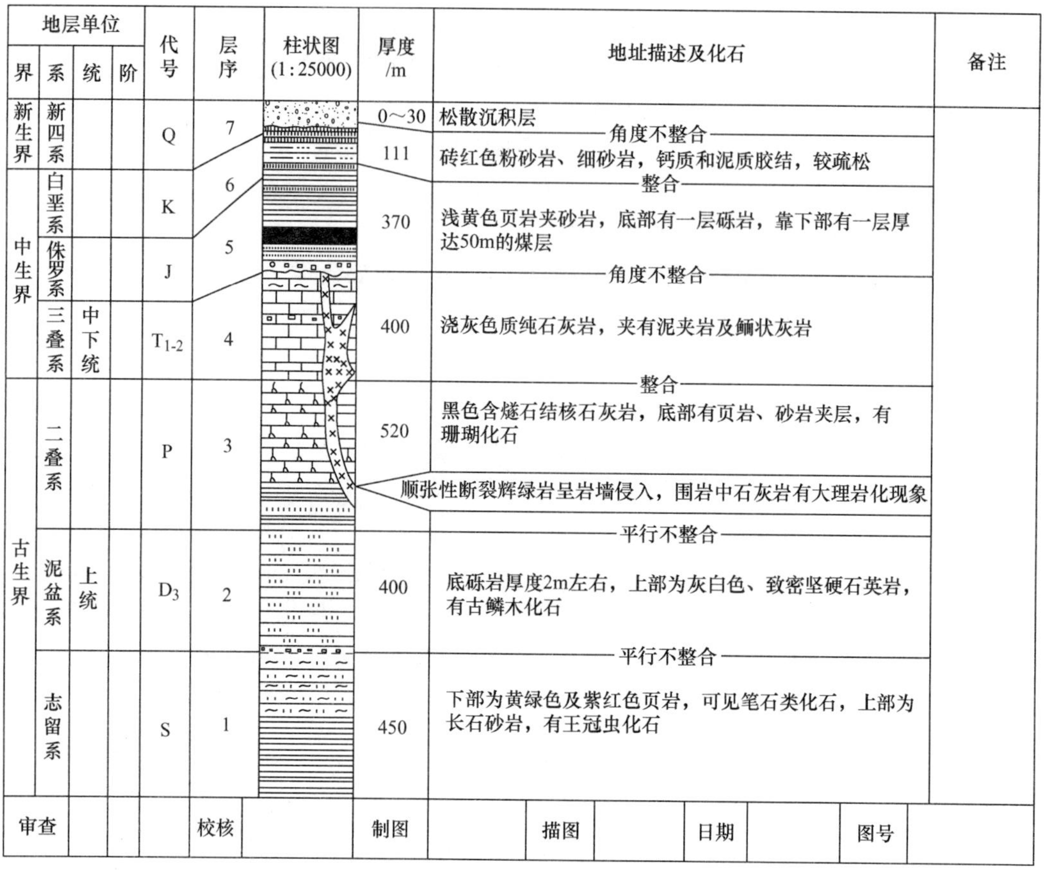

地层单位				代号	层序	柱状图 (1:25000)	厚度 /m	地址描述及化石	备注
界	系	统	阶						
新生界	新四系			Q	7		0~30	松散沉积层	
								角度不整合	
中生界	白垩系			K	6		111	砖红色粉砂岩、细砂岩，钙质和泥质胶结，较疏松	
								整合	
中生界	侏罗系			J	5		370	浅黄色页岩夹砂岩，底部有一层砾岩，靠下部有一层厚达50m的煤层	
								角度不整合	
中生界	三叠系	中下统		T_{1-2}	4		400	浇灰色质纯石灰岩，夹有泥夹岩及鲕状灰岩	
								整合	
古生界	二叠系			P	3		520	黑色含燧石结核石灰岩，底部有页岩、砂岩夹层，有珊瑚化石	
								顺张性断裂辉绿岩呈岩墙侵入，围岩中石灰岩有大理岩化现象	
								平行不整合	
古生界	泥盆系	上统		D_3	2		400	底砾岩厚度2m左右，上部为灰白色、致密坚硬石英岩，有古鳞木化石	
								平行不整合	
古生界	志留系			S	1		450	下部为黄绿色及紫红色页岩，可见笔石类化石，上部为长石砂岩，有王冠虫化石	

审查				校核		制图		描图		日期		图号	

图 2-18　宁陆河地区综合地层柱状图

3）地层岩性。本区出露地层包括志留系（S）、泥盆系上统（D_3）、二叠系（P）、中下三叠系（T_{1-2}）、侏罗系（J）、白垩系（K）及第四系（Q）。其中泥盆系主要分布在西部扁担峰一带，侏罗系与白垩系分布在东部红石岭周围，第四系主要沿河谷发育。

区内泥盆系上统与志留系地层产状一致，但其间缺失泥盆系下中统沉积且在泥盆系上统底部有底砾岩存在，二者呈假整合接触。二叠系与泥盆系之间缺失石炭系地层，二者也为假整合接触。图上侏罗系与下伏 D_3、T_{1-2}、P 三个时代地层相接触，故为不整合接触，第四系与下伏地层也为不整合接触。其余地层均为整合接触。

北部出露的辉绿岩体因受 F_1 断层控制，大体作东西向延伸，侵入于 P 与 T_{1-2} 石灰岩中，而伏于侏罗系之下，故其侵入时代应在三叠纪以后，侏罗纪之前。

4）地质构造。

① 褶皱构造。十里沟至扁担峰一带为一倒转背斜，大致作南北向延伸，轴部出露地层为志留系页岩及长石砂岩，两翼由上泥盆系及二叠系石英砂岩、石灰岩所组成。两翼地层对称分布，均向西倾，西翼倾角约 45°；东翼倒转，倾角较陡（约 70°）。

图幅东南部为白云山倒转向斜，轴向接近南北，轴部由中下三叠系石灰岩组成，两翼由二叠系、上泥盆系地层组成。西翼倒转，倾角稍陡；东翼倾角较缓。

上述倒转向斜之东为红石岭向斜，大体呈北西—南东向延伸，两翼相向倾斜，倾角约 30°，为一直立向斜褶曲，由侏罗系、白垩系地层所组成。

② 断裂构造。本区较大断层有三条，其中 F_1 断层大致呈东西向延伸，断层面倾向为南，倾角约70°，沿断层有辉绿岩体侵入，断层南盘（上盘）相对下降，北盘（下盘）相对上升，故为一正断层。

F_2 断层大致呈南北向延伸，断层面倾向为西，倾角44°，由断层两盘出露地层时代可以看出，西盘属上升盘，东盘属下降盘，故断层为一逆断层，该断层与倒转背斜轴向基本一致，由于断层影响，使下盘地层明显变窄。

F_3 断层大体呈北西—南东向延伸，断层倾角近于直角，又从断层两侧志留系与上泥盆系地层界线可以看出，东北盘地层界线明显向西错动，故为一平移断层。

5）地质发展简史。本区地质发展历史的分析如下：从区内地层、岩性、地层接触关系及地质构造等地质特征分析，本区经受多次构造运动，其中以发生在 $T_{1\text{-}2}$ 之后、J之前的一次构造运动规模最大（相当于印支运动），从而使全区褶皱隆起，升出海面。由于受构造运动所产生的水平挤压力的影响，褶皱形态较为复杂，形成了一系列的倒转褶曲及断层，并沿断层有岩浆侵入活动。

从 D_3 与S之间、P与 D_3 之间存在的假整合接触关系来看，本区这个时期地壳运动主要表现为升降运动；T末期地壳又复下降，沉积了J与K陆相沉积；K之后本区受构造运动的影响，使J、K地层形成较为舒缓的褶皱。

思考与练习

1. 什么是地壳运动及地质构造？两者的关系如何？
2. 什么叫岩层的产状要素？请绘图并详述之。
3. 什么是褶皱构造？什么是褶曲？试绘图说明褶曲的基本类型、形态分类及其特征。
4. 在野外怎样识别褶皱构造？
5. 褶皱与断层形成的地表地层重复出露现象有何区别？
6. 怎样在野外识别张裂隙与剪裂隙？
7. 什么是断层？试绘图说明断层的基本类型及其组合形式的特征。在野外怎样识别断层？为什么重要的建筑物都要避开断层破碎带？
8. 简述地层相对年代的确定方法。
9. 岩层的接触关系有几类，是如何判断的？并绘图说明之。
10. 地质年代是根据什么划分的？
11. 地质年代单位和地层单位的含义及相互关系怎样？
12. 简述地质年代表的划分方法。
13. 什么叫地质图？地质图有哪些主要类型？怎样阅读地质图？
14. 如何在地质图上区分向斜构造与背斜构造？
15. 为什么说在地质图上老的岩层包着新的岩层就是向斜构造，反之是背斜构造？
16. 如何鉴别地质图上的曲线是断层线还是层面？
17. 如何在地质图上确定断层的类型？
18. 各种岩层的接触关系在平面图上是如何反映的？
19. 节理玫瑰图和地质剖面图是怎样绘制的？

课题3 认识地貌与第四纪地质

学习目标

1. 掌握地貌的分级和分类；
2. 了解山岭地貌的形态要素和不同成因的山岭地貌形态；
3. 掌握各种类型垭口和山坡的成因、工程地质条件及其对公路布线的影响；
4. 知道平原地貌的成因和堆积平原的类型；
5. 掌握河谷地貌的形态要素、类型及河流阶地的成因及类型；
6. 了解河谷地貌和河流阶地的工程地质条件；
7. 掌握第四纪沉积物的主要成因类型及其主要工程地质特征。

学习重点

地貌的分级和分类；山岭地貌形态特征；垭口和山坡及对公路布线的影响；平原地貌；堆积平原；河谷地貌及河流阶地类型；沉积物类型及其工程地质特征。

学习难点

地貌发展的动力、规律；垭口和山坡对公路布线的影响；河谷地貌和河流阶地的工程地质条件；沉积物的工程地质特征。

3.1 地貌概述

地壳表面各种不同成因、不同规模的起伏形态称为地貌。专门研究地壳表面各种起伏形态及其形成、发展及空间分布规律的科学称为地貌学。

“地形”与“地貌”含义不同。“地形”专指地表既成形态的某些外部特征，如高低起伏、坡度大小和空间分布等。它不涉及这些形态的地质结构，以及这些形态的成因和发展。这些形态在地形图中以等高线表达。“地貌”含义广泛，它不仅包括地表形态的全部外部特征，如高低起伏、坡度大小、空间分布、地形组合以及与邻近地区地形之间的相互关系等，更重要的是运用地质动力学的观点，分析和研究这些形态的成因与发展。为了表达这些内容，需要运用地貌图。地貌图以地形图为底图，按规定的图例和一定的比例尺，将各种地貌表达在平面图上。

地貌条件与公路工程的建设及运营有着密切的关系。公路是线形建筑物，常穿越不同的地貌单元，地貌条件是评价公路工程地质条件的重要内容之一。各种不同的地貌，都关系到公路勘测设计、桥隧位置选择的技术经济问题和养护工程等，为了处理好公路工程与地貌条件之间的关系，就必须学习和掌握一定的地貌知识。

3.1.1　地貌的形成和发展

1. 地貌形成和发展的动力

地壳表面的各种地貌都在不停地形成和发展变化着，促使地貌形成和发展变化的动力是内、外力地质作用。

内力作用形成了地壳表面的基本起伏和巨大不平面，对地貌的形成和发展起着决定性的作用。所谓内力作用是指由地球内部的热能、化学能、重力能及地球旋转能引起的作用，它主要包括地壳运动、岩浆作用、变质作用、火山和地震等。

外力作用总的趋势是削高填低，力图把地表夷平。外力作用是指地壳表面以太阳能、重力能、日月引力能为能源，通过大气、水、生物等形成一系列地表作用过程。外力作用按外力性质主要分为如下几类：流水作用、地下水作用、波浪作用、冰川作用、风沙作用。这些外力作用在地貌形成上主要表现为风化、侵蚀、搬运和堆积作用，这四个方面的外力作用相互联系、不可分割。外力作用则对内力作用所形成的基本地貌形态，不断地进行雕塑、加工，使之复杂化。

地貌的形成和发展是内、外力作用不断斗争的结果。由于内、外力作用始终处于对立统一的发展过程之中，因而在地壳表面便形成了各种各样的地貌形态。

2. 地貌形成、发展的规律和影响因素

地貌的形成和发展决定于内、外力作用之间的量的比例关系。如果内力作用使地表上升的升量大于外力作用的剥蚀量，则地表就会升高，最后形成山岭地貌；反之，则地表就会降低或被削平，最后形成剥蚀平原。同样，如果内力作用使地表下降量大于外力作用所造成的堆积量，则地表就会下降，形成低地；反之，地表就会被填平甚至增高，形成堆积平原或各种堆积地貌。

在长期的地质作用下，最终将会把地表夷平，形成一个夷平面的水准面，称为地貌水准面。由于地貌水准面是外力作用力图最终达到的剥蚀界面，故在此过程中，由外力作用所形成的各种地貌，其形成和发展无不受它的控制。

地貌的形成和发展除受上述规律制约外，还受地质构造、岩性、气候条件等因素的影响。

3.1.2　地貌分级和分类

1. 地貌分级

不同等级的地貌，其成因不同，形成的主导因素也不同。地貌等级一般划分为4级：

（1）巨型地貌　大陆和海洋，大的内海及大的山系都是巨型地貌。巨型地貌几乎完全是由内力作用形成的，所以又称为大地构造地貌。

（2）大型地貌　山脉、高原、山间盆地、洋盆中的海底山脉、洋脊和海底平原等为大型地貌，基本上也是由内力作用形成。

（3）中型地貌　是大型地貌内的次一级地貌，如河谷及河谷之间的分水岭等都为中型地貌，内力作用产生的基本构造形态是中型地貌形成和发展的基础，而地貌的外部形态决定于外力作用的特点。

（4）小型地貌　是中型地貌的各个组成部分，是一些地貌基本形态和较小的地貌形态的组合，如残丘、阶地、沙丘、小的侵蚀沟等为小型地貌，基本上受外力作用控制，还受岩性影响。

2. 地貌的形态分类

按地貌的形态分山地、高原、盆地、洼地、丘陵、平原。

1）山地：山地海拔（绝对高度）在500m以上，切割度（相对高度）大于200m。山地按地貌的绝对高度、相对高度及地面的平均坡度等形态特征分为：高山、中山、低山，见表3-1。我国是山地众多的国家，拥有著名的喜马拉雅山、昆仑山等。其中，喜马拉雅山山脉的最高峰珠穆朗玛峰高达8844.43m，为世界第一高峰。

表3-1　山地地貌形态分类

形态类别		绝对高度/m	相对高度/m	平均坡度/(°)	举　例
山地	高山	>3500	>1000	>25	喜马拉雅山、天山
	中山	3500～1000	1000～500	10～25	大别山、庐山
	低山	1000～500	500～200	5～10	川东平行岭谷华蓥山

2）高原：高原是海拔在500m以上，广阔而平坦的大片高地，如我国的青藏高原、内蒙古高原和云贵高原。

青藏高原包括西藏和青海的全部，是我国面积最大的高原。青藏高原上的湖泊星罗棋布，高山终年积雪，冰川分布广泛。内蒙古高原位于我国北部，是我国著名的天然牧场。内蒙古高原坦荡开阔，地面起伏和缓，广大地区海拔多在1000m左右。云贵高原位于我国西南部，其地势从西北向东南倾斜，平均海拔在1000～2000m，云贵高原上石灰岩分布很广，喀斯特地貌非常发育，石林、石芽、峰林等地貌随处可见。

3）盆地：盆地是低于周围山地相对凹下的地表形态。我国大型盆地都分布在西北内陆地区，著名盆地有塔里木盆地、准噶尔盆地、柴达木盆地和四川盆地。

塔里木盆地是我国最大的内陆盆地。由于塔里木盆地地处内陆深处，地形封闭，所以气候极端干旱，植被稀疏，风蚀、风积作用特别强烈，塔克拉玛干沙漠位于塔里木盆地，是我国最大的沙漠。准噶尔盆地位于天山和阿尔泰山之间，是我国第二大盆地，土尔班通古特沙漠位于准噶尔盆地，也是我国第二大沙漠。准噶尔盆地内草场辽阔，畜牧业发达；绿洲主要分布在靠天山的盆地南缘。柴达木盆地地处青藏高原北部，盆地中分布着许多盐湖和盐沼，盐矿资源品种繁多，储量极为丰富。四川盆地地处四川省东部，是我国典型的山间盆地，内部丘陵、低山多，海拔多在500m左右，四川盆地在形成的过程中，周围山地、高原的细沙和泥土被流水冲积到盆底，含铁、磷、钾的物质经过氧化，变成紫红色，所以又称“紫色盆地”。

4）洼地：是海拔低于海平面的内陆盆地，如新疆吐鲁番盆地，其最低部分的艾丁湖面海拔－155m，是全国最低的洼地，其北部的博格达山海拔3500～4000m，最高的博格达峰海拔5445m，二者高差为5600m，距离仅有150km左右。

5）丘陵：山地海拔不超过500m，相对高度一般在100m以下，地势起伏，坡度和缓。我国丘陵主要有广西丘陵、闽东沿海丘陵。

6）平原：平原是地势低平、面积辽阔的陆地。根据平原的高度，把海拔0～200m的称为低平原，如我国东北平原、华北平原、长江中下游平原；把海拔高于200m的称为高平原，如我国的成都平原。

3. 地貌的成因分类

目前还没有公认的地貌成因分类方案，根据公路工程的特点，这里只介绍以地貌形成主导因素作为分类基础的方案，这个方案比较简单适用。

（1）内力地貌　以内力作用为主所形成的地貌为内力地貌，它又可分为：

1）构造地貌。构造地貌是指由地壳的构造运动所造成的地貌，其形态能充分反映原来的地质构造形态。高地符合于构造隆起和上升运动为主的地区，盆地符合于构造凹陷和下降运动为主的地区，如褶皱山、断块山等。

2）火山地貌。火山地貌是指由火山喷发出来的熔岩和碎屑物质堆积所形成的地貌，如岩溶盖、火山锥等。

（2）外力地貌　以外力作用为主所形成的地貌称为外力地貌。根据外动力的不同又分为以下几种。

1）水成地貌：以水的作用为地貌形成和发展的基本因素。水成地貌又可分为面状洗刷地貌、线状冲刷地貌、河流地貌、湖泊地貌和海洋地貌等。如冲沟、河谷阶地、洪积扇等。

2）冰川地貌：以冰雪的作用为地貌形成和发展的基本因素。冰川地貌又可分为冰川剥蚀地貌与冰川堆积地貌，如冰斗、角峰等。

3）风成地貌：以风的作用为地貌形成和发展的基本因素。风成地貌又可分为风蚀地貌与风积地貌。前者如风蚀洼地、蘑菇石等；后者如新月形沙丘、沙垄等。

4）岩溶地貌：以地表水和地下水的溶蚀作用为地貌形成和发展的基本因素。其形成的地貌如溶沟、石芽、溶洞、峰林、地下暗河等。

5）重力地貌：以重力作用为地貌形成和发展的基本因素，如崩塌、滑坡等。

此外，还有黄土地貌、冻土地貌等。

3.2　山地地貌

3.2.1　山地地貌的形态要素

山是地面上被平地围绕的、与其周围平地的交界处有明显坡度转折的孤立高地，是由山顶、山坡、山脚等形态要素组成的，山岭是具有陡峭的山坡和明显的分水线的绵延较长的高地。如图3-1所示。

山顶（山头）：是山地地貌的最高部分。

山脊：是由两个坡向相反坡度不一的斜坡相遇组合而成的条形脊状延伸的凸形地貌形态。

山脊线：是山脊最高点的连线，就是两个斜坡的交线。

垭口：指的是山脊上呈马鞍状的明显下凹处，也可以说是山脊标高较低的鞍部。

山脉：是向一个方向延伸的山岭系统，它由许多山岭和夹在山岭之间的沟谷组成。

山系：是由许多山脉组成的更大规模的高地。

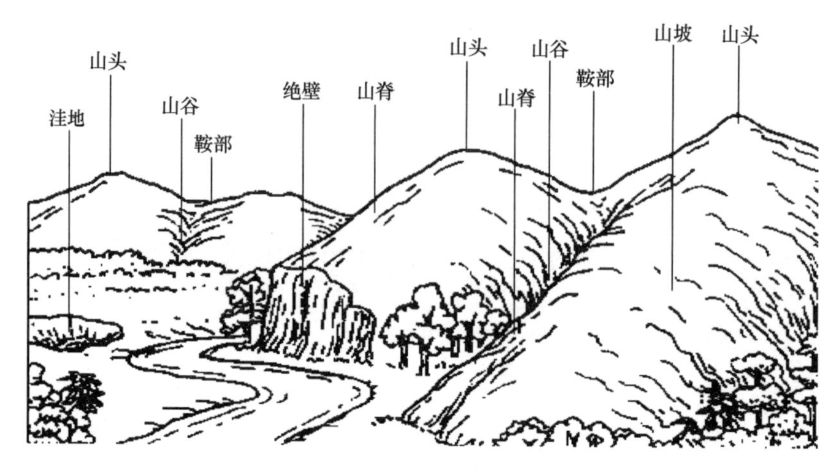

图 3-1　山地地貌的形态

一般来说，山体岩石坚硬、岩层倾斜或因受冰川的刨蚀时，多呈尖顶或很狭窄的山脊，如图 3-2a 所示；气候湿热，风化作用强烈的花岗岩或其他松软岩石分布区，多呈圆顶，如图 3-2b 所示；在水平岩层或古夷平面分布区，则多呈平顶，如图 3-2c 所示，典型的如方山、桌状山（图 3-3）等。

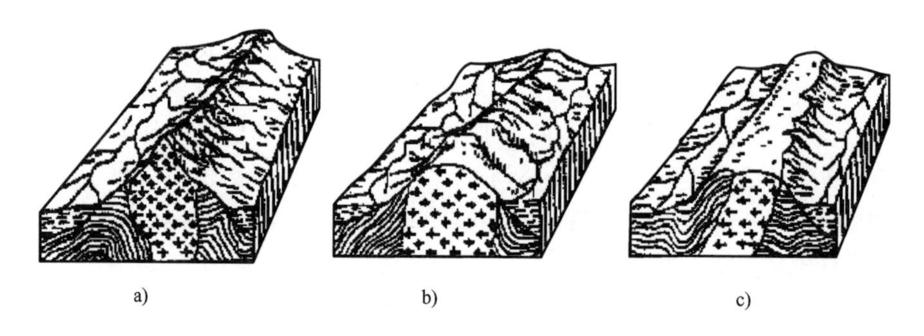

图 3-2　山顶的各种形状

a）尖顶　b）圆顶　c）平顶

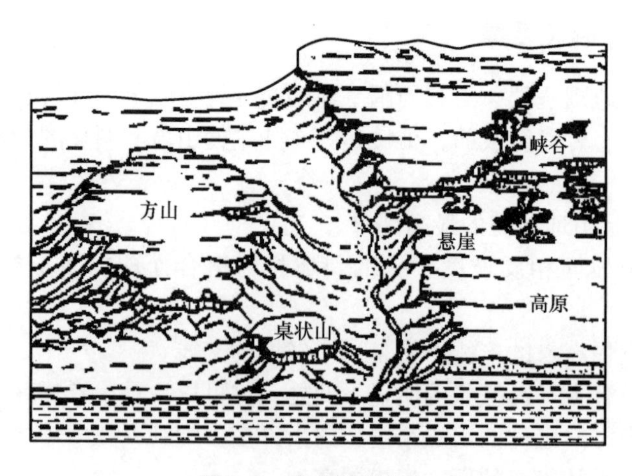

图 3-3　方山和桌状山

山坡：是构成山地三大要素之一，介于山顶与山脚之间的部分，是山地地貌的重要组成部分。在山地地区，山坡分布的面积最广。因此山坡地形的改造变化是山地地形变化的主要部分，许多地貌过程大都在山坡上发生；同时山坡地形往往记录并反映了整个山地的演化历史和新构造的性质。山坡的形态是复杂的，有直形、凹形、凸形、S形，较多的是阶梯形。各种山坡形成，除受新构造运动及外力地质作用的性质和强度控制外，还决定于组成山坡的岩性和构造。

山脚：是山坡与周围平地大的交界处。由于坡面的剥蚀和坡脚堆积，使山脚在地貌上一般并不明显，在那里通常有一个起着缓和作用的过渡带，主要由坡积裙、冲击堆、洪积扇及岩堆、滑坡堆积体等流水堆积地貌和重力堆积地貌组成。

3.2.2 山地地貌的类型

山地地貌可以按形态或成因分类。按形态分类一般是根据山地的海拔、相对高度和坡度等特点进行划分，见表3-1。根据地貌成因，可以将山地地貌划分为以下类型：

1. 构造变动形成的山地

（1）平顶山　平顶山是由水平岩层构成的一种山岭，多分布在顶部岩层坚硬（如灰岩、胶结紧密的砂岩或砾岩）和下卧层软弱（如页岩）的软硬互层发育地区，在侵蚀、溶蚀和重力崩塌作用下，使四周形成陡崖或深谷，由于顶面硬岩抗风化能力强而立如桌面，如图3-3所示。由水平硬岩层覆面的分水岭，有可能成为平坦的高原。

（2）单斜山　单斜山即组成山体的各岩层单向倾斜。其中，坚硬岩层通常称为单斜山，而沿软弱岩层发育的谷地称单斜谷。单斜山包括单面山和猪背山。

1）单面山：是由单斜岩层构成的沿岩层走向延伸的山岭，如图3-4a所示。在单斜构造地区，岩层倾角较缓，软硬相间，受侵蚀切割后，软岩层被蚀成谷地，硬岩层凸露成山岭，即单面山山体延伸方向与构造线一致，山脊往往呈锯齿形，两坡明显不对称。一般较缓、与岩层的倾斜方向一致的一侧为构造坡（后坡）。另外，较陡、与岩层的构造面不一致的一侧为剥蚀坡（前坡）。

2）猪背山：当岩层倾角超过40°，而两构造坡或剥蚀坡的坡度和长度均相差不大，其所形成的山岭外形很像猪背，所以又称猪背岭，如图3-4b、c所示。

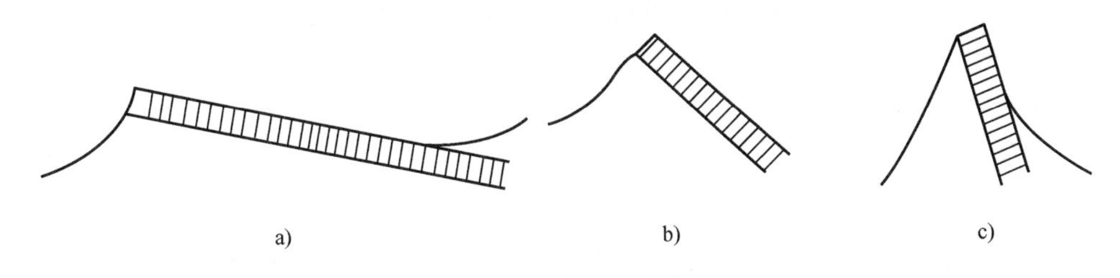

图3-4　单面山山岭

单面山的发育，主要受构造和岩性控制。如果各个软硬岩层的抗风化能力相差不大，则上下界限分明，前后坡面不对称，上为陡崖，下为缓坡；若软岩层抗风化能力很弱，则陡坡不明显，上部出现凸坡，下部出现凹坡。如果上部硬岩层很薄，下部软弱层很厚，则山脊走线比较弯曲；反之则比较顺直，陡崖很高。如果岩层倾角较小，则山脊走线弯曲；反之，走线顺直。此外顺岩层走向流动的河流，河谷一侧坡缓，另一侧坡陡，称为单斜谷。猪背岭由硬岩层构成，山脊走线很平直，顺岩层倾向的河流，可以将岩层切成深的峡谷。

工程评价：单面山的前坡（剥蚀坡），由于地形陡峻，若岩层裂隙发育，风化强烈，则容易产生崩塌，且其坡脚常分布有较厚的坡积物和倒石堆，稳定性差，故对布设路线不利。后坡（构造坡）由于山坡平缓，坡积物较薄，故常常是布设路线的理想部位。不过在岩层倾角大的后坡上深挖路堑时，应注意边坡的稳定问题，因为开挖路堑后，与岩层倾向一致的一侧，会因坡脚开挖而失去支撑，特别是当地下水沿着其中的软弱岩层渗透时，容易产生顺层滑坡。

（3）褶皱山　褶皱山是地表岩层受垂直或水平方向的构造作用力而形成岩层弯曲的褶皱构造山地。在褶皱形成的初期，往往是背斜形成高地（背斜山），向斜形成凹地（向斜谷），地形是顺应构造的，称为顺地形。但随着外力剥蚀作用的不断进行，有时地形也会发生逆转现象，背斜因长期遭受强烈剥蚀而形成谷地，而向斜因为堆积作用而形成山岭，这种与地质构造形态相反的地形称为逆地形。一般在年轻的褶皱构造上顺地形居多，在较老的褶皱构造上，由于侵蚀作用进一步发展，逆地形则比较发育。此外，在褶皱构造上还可能同时存在背斜谷和向斜谷，或者演化为猪背岭或单斜山、单斜谷等。

（4）断块山　断块山是由断裂变动所形成的山岭。它可能只在一侧有断裂，也可能两侧均为断裂所控制。断块山在形成的初期可能有完整的断层面及明显的断层线。断层面构成了山前的陡崖，断层线控制了山脚的轮廓，使山地与平原或山地与河谷间的界线相当明显而且比较顺直。以后由于剥蚀作用的不断进行，断层面便可能遭到破坏而后退，崖底的断层线也被巨厚的风化碎屑物所掩盖。此外，以前已经指出过，由断层面所构成的断层崖，也常受垂直于断层面的流水侵蚀，因而在谷与谷之间形成一系列断层三角面，它常是野外识别断层的一种地貌证据。

工程评价：断块山地影响河谷发育。断块翘起的一坡河谷切割深，谷坡陡，谷地横剖面呈V形峡谷，纵剖面坡度大，多跌水、裂点。在断块的缓倾掀起的一坡，沟谷切割较浅，谷地较宽，纵剖面较缓。断块山地的断层活动常使阶地错断变形。

2. 岩浆喷发形成的山地

岩浆喷发有多种形式，概括起来主要有中心喷发和裂隙喷发。不同的喷发形式可以形成不同的地貌现象。

（1）中心式喷发形成的地貌　中心式喷发是指地下岩浆通过管状火山通道喷出地表。根据喷出物的黏性可将火山分为：低平火山，盾状火山，锥状火山。

（2）裂隙式喷发形成的地貌　裂隙式喷发是指岩浆沿着地壳上巨大裂缝溢出地表。这类喷发没有强烈的爆炸现象，喷出物多为基性熔浆，冷凝后往往形成覆盖面积广的熔岩台地。如分布于我国南川滇黔三省交界地区的二叠纪峨眉山玄武岩和河北张家口以北的第三纪汉诺坝玄武岩都属裂隙式喷发。

火山对人类的影响：火山爆发时喷出的大量火山灰和火山气体会遮住阳光，导致气温下降。并且，火山爆发喷出的大量火山灰和暴雨结合形成泥石流能冲毁道路、桥梁，淹没附近的乡村和城市，使得无数人无家可归。泥土、岩石碎屑形成的泥浆可像洪水一样淹没整座城市。

3. 剥蚀作用形成的山地

这种山岭是在山体地质构造的基础上，经长期外力剥蚀作用所形成的。例如，地表流水侵蚀作用所形成的河间分水岭，冰川刨蚀作用所形成的刃脊、角峰，地下水溶蚀作用所形成的峰林等，都属于此类山岭。由于此类山岭的形成是以外力剥蚀作用为主，山体的构造形态对地貌形成的影响已退居不明显地位，所以此类山岭的形态特征主要取决于山体的岩件、外力性质及剥蚀作用的强度和规模。

3.2.3　垭口与山坡

1. 垭口

对于山区公路勘测来说，研究山岭地貌必须重点研究垭口。因为越岭的公路路线若能寻找到合适的垭口，可以降低公路高程和减少展线工程量。从地质作用看，可以将垭口分为如下3个基本类型。

（1）构造型垭口　构造型垭口是由构造破碎带或软弱岩层经外力剥蚀作用而形成的垭口。常见的有下列3种。

1）断层破碎带型垭口，如图3-5所示，这种垭口工程性质为地质条件比较差，岩体整体性被破坏，经地表水侵入和风化，岩体破碎严重，一般不宜采用隧道方案，如采用路堑，也需控制开挖深度或考虑边坡防护，以防止边坡发生崩塌。

2）背斜张裂带型垭口，如图3-6所示，这种垭口工程性质为虽然构造裂隙发育，岩体破碎，但工程地质条件较断层破碎带型好。这是因为垭口两侧岩层外倾，有利于排除地下水，有利于边坡稳定，一般可采用较陡的边坡坡度，使挖方工程量和防护工程量都比较小。如果选用隧道方案，施工费用和洞内衬砌也比较节省，是一种较好的垭口。

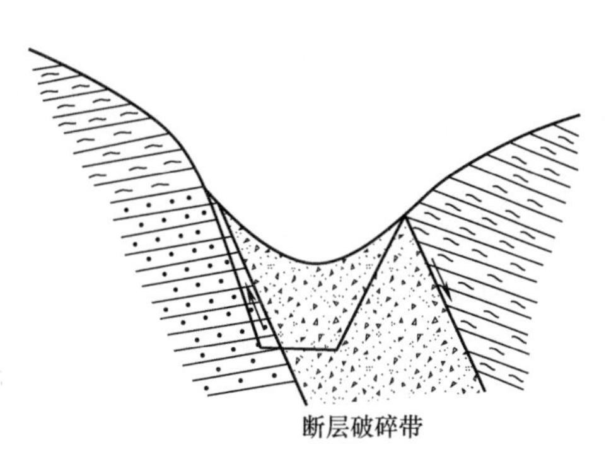

图3-5　断层破碎带型垭口

3）单斜软弱层型垭口，如图3-7所示，这种垭口主要由页岩、千枚岩等易于风化的软弱岩层构成。两侧边坡多不对称，一坡岩层外倾可略陡一些。由于岩性软弱，风化严重，稳定性差，故不宜深挖。若采用深路堑，与岩层倾向一致的一侧边坡的坡角应小于岩层的倾角，两侧坡面均要有防风化措施，必要时设置护壁或挡土墙。穿越这一类垭口，宜优先考虑隧道方案，可以避免风化带来的路基病害，还有利于降低越岭线的标高，减小展线工程量或提高公路线形标准。

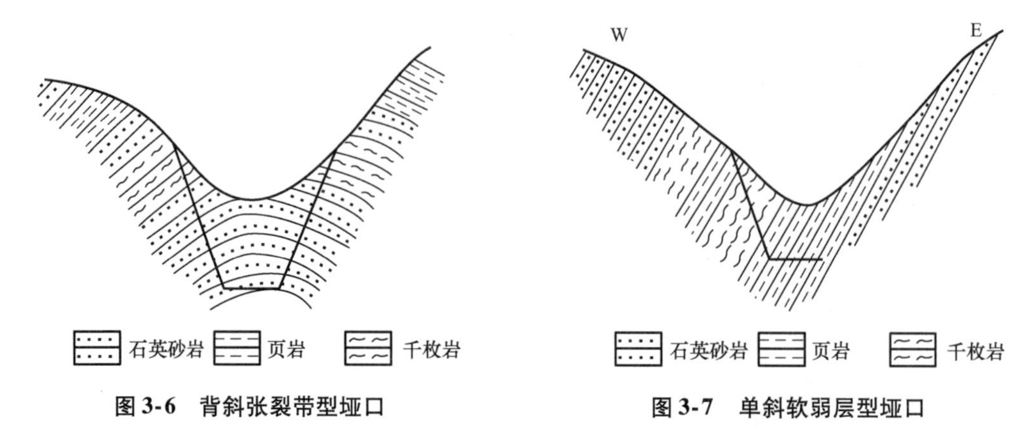

图 3-6　背斜张裂带型垭口　　**图 3-7　单斜软弱层型垭口**

（2）剥蚀型垭口　剥蚀型垭口是以外力强烈剥蚀为主导因素所形成的垭口。其形态特征与山体地质结构无明显联系。此类垭口的共同特点是松散覆盖层很薄，基岩多半裸露。垭口的形态特点主要取决于岩性、气候及外力的切割程度等因素。在气候干燥寒冷地带，岩性坚硬和切割较深的垭口本身较薄，宜采用隧道方案，采用路堑深挖也比较有利，是一种良好的垭口类型。在气候温湿地区和岩性较软弱的垭口，则本身较平缓宽厚，采用深挖路堑也比较稳定，但工程量较大。在灰岩分布区的溶蚀性垭口，无论是明挖路堑或开挖隧道，都应注意溶洞或其他地下溶蚀地貌的影响。

（3）剥蚀—堆积型垭口　剥蚀—堆积型垭口是在山体地质结构的基础上，以剥蚀和堆积作用为主导因素所形成的垭口。其开挖后的稳定性主要决定于堆积层的地质特征和水文地质条件。这类垭口外形浑缓，垭口宽厚，宜于公路展线，但由于松散堆积层较厚，有时还发育有湿地或高地沼泽，水文地质条件较差，故不宜降低过岭标高，一般以低填或浅挖的形式通过。

总结：过岭垭口的选择，一般是选用松散覆盖层薄，外形浑缓、宽厚的垭口通过；对岩性松软、风化严重、稳定性差的垭口，不宜深挖，多以低填或浅挖的断面形式通过。

2. 山坡

山坡是山岭地貌形态的基本要素之一，不论越岭线或山脊线，路线的绝大部分都布设在山坡或靠近岭顶的斜坡上，所以在路线勘测中总是把越岭垭口和展线山坡作为一个整体来考虑。山坡的形态特征是新构造运动、山坡的地质结构和外动力地质条件的综合反映，对公路的建筑条件有着重要的影响。

山坡的外部形态特征包括山坡的高度、坡度和纵向轮廓等。山坡的外形是各种各样的，下面根据山坡的纵向轮廓和山坡的坡度，将山坡简略地概括为以下几种类型。

（1）按山坡的纵向轮廓分类

1）直线形坡：在野外见到的直线形坡，一般可分为三种情况。第一种是山坡岩性单一，经长期的强烈冲刷剥蚀，形成纵向轮廓比较均匀的直线形山坡，稳定性一般较高；第二种是单斜岩层构成的直线形坡，这种在介绍单面山时介绍过，由于后坡平缓，坡积物较薄，是布设路线的理想部位。但在岩层倾角大的后坡上开挖深路堑时，易发生顺层滑坡，因此不宜深挖；第三种是岩性松软或岩体相当破碎，在气候干旱，物理风化强烈的条件下经长期剥蚀碎落和坡面堆积而形成的直线形山坡，这种山坡在青藏高原和川西峡谷比较发育，稳定性最差，选作傍山公路的路基，应注意避免挖方内侧的塌方和路基沿山坡滑塌。

2）凸形坡：如图3-8a、b所示，这种山坡上缓下陡，自上而下坡度渐增，下部甚至呈直立状态，坡脚界线明显。这类山坡往往是由于新构造运动加速上升，河流强烈下切所造成。其稳定条件主要取决于岩体结构，一旦发生山坡变形，则会形成大规模的崩塌。在岩体稳定的条件下，上部平缓坡可选做公路路基。

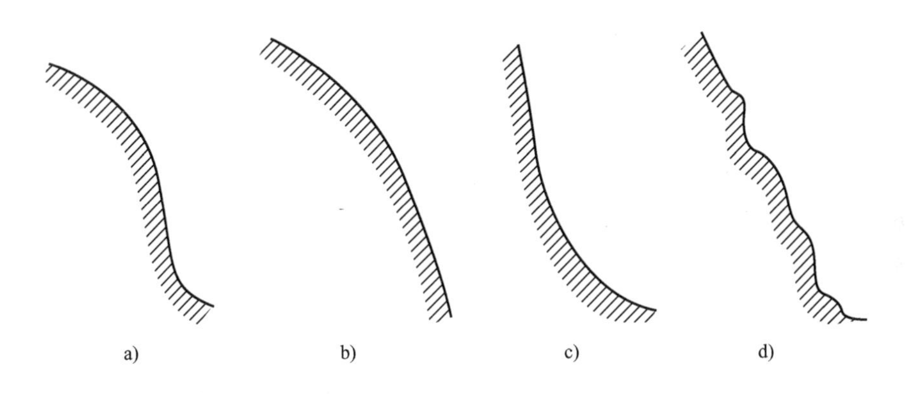

图3-8 各种形态的山坡

a）凸形坡 b）凸形坡 c）凹形坡 d）阶梯形坡

3）凹形坡：如图3-8c所示，这种山坡上部陡，下部急剧变缓，坡脚界线很不明显。山坡的凹形曲线可能是新构造运动的减速上升所造成，也可能是山坡上部的风化破坏作用与风化产物的堆积作用相结合的结果。分布在松软岩层中的凹形坡，大多都是在过去特定条件下由大规模的滑坡、崩塌等山坡变形现象形成的，凹形坡面往往就是古滑坡的滑动面或崩塌体的依附面。地震后的地貌调查表明，凹形山坡在各种山坡地貌形态中，是稳定性较差的一种。在凹形坡的下部缓坡上也可以进行公路布线，但设计路基时，应注意稳定平衡；沿河谷的路基，应注意冲刷防护。

4）阶梯形坡：如图3-8d所示，阶梯形坡有两种不同的情况：第一种是由软硬不同的水平岩层或微倾斜岩层组成的基岩山坡，由于软硬岩层的差异风化而形成阶梯状的山坡外形，山坡的表面剥蚀强烈，覆盖层薄，基岩外露，稳定性一般较高；第二种是由于山坡曾经发生过大规模的滑坡变形，由滑坡台阶组成的次生阶梯状斜坡，这种斜坡多存在于山坡的中下部，如果坡脚受到强烈冲刷或不合理的切坡，或者受到地震的影响，可能引起古滑坡复活，威胁建筑物的稳定。

（2）按山坡的纵向坡度分类

1）直线形山坡的纵向坡度小于15°，认为是微坡。

2）凸形山坡的纵向坡度介于16°~30°，认为是缓坡。

3）凹形山坡的纵向坡度介于31°~70°，认为是陡坡。

4）阶梯形山坡的纵向坡度大于70°，认为是垂直坡。

总而言之，稳定性高，坡度平缓的山坡便于公路展线，但应注意考察其工程地质条件。

平缓山坡特别是在山坡的一些低洼部分，通常有厚度较大的坡积物和其他重力堆积物分布，容易汇水，导致水文条件不良。当这些堆积物与下伏基岩的接触面因开挖而被揭露后，就可能引起堆积物沿基岩顶面发生滑动。

3.3 平原地貌

平原地貌是在地壳升降运动微弱或长期稳定的前提下，经风化剥蚀夷平或岩石风化碎屑经搬运而在低洼地面堆积所形成，指广阔而平坦的陆地。它的主要特点是地势平坦开阔，起伏和缓，相对高度一般不超过50m，坡度在5°以下。它以较低的高度区别于高原，以较小的起伏区别于丘陵。平原地貌有利于公路选线，在选择有利地质条件的前提下，可以设计成比较理想的公路线形。

平原的类型较多，按高程分可分为高原、高平原、低平原和洼地；按其成因一般可分为构造平原、侵蚀平原和堆积平原，但大多数平原的形成都是河流冲击的结果，如长江中下游平原就是冲积平原。堆积平原是在地壳下降运动速度较小的过程中，沉积物补偿性堆积形成的平原。

3.3.1 构造平原

构造平原是由地壳构造运动形成的，其特点是微弱起伏的地形面与岩层面一致，堆积物厚度不大。构造平原可分为海成平原和大陆拗曲平原。海成平原是地壳缓慢上升、海水不断后退所形成的，其地形面与岩层面一致，上覆堆积物多为泥砂和淤泥，并与下伏基岩一起微向海洋倾斜；大陆拗曲平原是因地壳沉降使岩层发生拗曲所形成，岩层倾角较大，平原面呈凹状或凸状，其上覆堆积物多与下伏基岩有关。

由于基岩埋藏不深，所以构造平原的地下水一般埋藏较浅，在干旱或半干旱地区若排水不畅，易形成盐渍化。在多雨的冰冻地区则常易造成道路的冻胀和翻浆。

3.3.2 剥蚀平原

剥蚀平原是在地壳上升微弱、地表岩层高差不大的条件下经外力的长期剥蚀夷平所形成的。其特点是地形面与岩层面不一致，上覆堆积物常常很薄，基岩常裸露于地表，只是在低洼地段有时才覆盖有厚度稍大的残积物、坡积物和洪积物等。按外力剥蚀作用的动力性质不同，剥蚀平原又分为河成剥蚀平原、海成剥蚀平原、风力剥蚀平原和冰川剥蚀平原，其中较为常见的是前两种。河成剥蚀平原是河流长期侵蚀作用所形成的，亦称准平原，其地形起伏较大，并沿河流向上游逐渐升高，有时在一些地方保留有残丘，如山东泰山外围的平原；海成剥蚀平原由海流的海蚀作用所形成，其地形一般较为平缓，微向现代海平面倾斜。

剥蚀平原形成后往往因地壳运动变得活跃，剥蚀作用重新加剧使剥蚀平原遭到破坏，故其分布面积常常不大。剥蚀平原的工程地质条件一般较好。

3.3.3 堆积平原

堆积平原是在地壳缓慢而稳定下降的条件下，经各种外力作用的堆积填平所形成的。其特点是地形开阔平缓，起伏不大，往往分布有很厚的松散堆积物。按外力作用的性质不同，又可分为河流冲积平原、山前洪积冲积平原、湖积平原、三角洲平原、风积平原和冰积平原，其中较为常见的是前4种。

1. 河流冲积平原

河流冲积平原是由河流改道及多条河流共同沉积所形成的。它大多分布于河流的中、下游地带。因为这些地带河床较宽，堆积作用很强，且地面平坦，排水不畅，每当雨季洪水溢出河床，其所携带的大量碎屑物质便堆积在河床两岸，形成天然堤。当河水继续向河床以外的广大地区淹没时，流速不断减小，堆积面积越来越大，堆积物的颗粒越来越小，久而久之，便形成广阔的冲积平原。

河流冲积平原地形开阔平坦，具有良好的工程建设条件，对公路选线十分有利。但其下伏基岩埋藏一般很深，第四纪堆积物很厚，细颗粒多，且地下水位浅，地基土的承载力较低。在冰冻潮湿地区，道路的冻胀翻浆问题比较突出。此外，还应注意，为避免洪水淹没，路线应设在地形较高处，而在淤泥层分布地段，还应注意淤泥对路基、桥基的强度和稳定性的影响。

2. 山前洪积冲积平原

山前区是山区和平原的过渡地带，一般是河流冲刷和沉积都很活跃的地带。汛期来时，洪水冲刷，在山前堆积了大量的洪积物，形成洪积扇。不同的洪积扇连在一起，就形成了规模巨大的洪积平原。

3. 湖积平原

湖积平原是河流注入湖时，将所挟带的泥砂堆积在湖底使湖底逐渐淤高，干涸后沉积层露出地面所形成的。在各种平原中，湖积平原的地形最为平坦。湖积平原中的堆积物，由于是在静水条件下形成的，故淤泥和泥炭的含量较多，其总厚度一般也较大，其中往往夹有多层呈水平层理的薄层细砂或黏土，很少见到圆砾或卵石，且土颗粒由湖岸向湖心逐渐由粗变细。湖积平原地下水一般埋藏较浅，其沉积物由于富含淤泥和泥炭，常具可塑性和流动性，孔隙度大，压塑性高，故承载力低。

4. 三角洲平原

河流流入海的地方叫河口，河口是河流的主要沉积场所。一方面由于河流流入河口处水域骤然变宽，河水散开成为许多岔流，加之河水被海水阻挡，流速大减，机械搬运物便大量堆积下来，河流机械搬运物的一半以上沉积于此；另一方面，河水中呈溶运的胶溶体的胶体粒子所带电荷被海水电解质中和后也会迅速沉淀。大量物质在河口沉积下来，从平面上看，外形像三角形或鸡爪形，所以叫三角洲。长期的河口沉积就会形成规模庞大的三角洲平原。

3.4　河谷地貌

3.4.1　河谷地貌的形态要素

河谷地貌是在流域地质构造的基础上经河流的长期侵蚀、搬运及堆积作用逐渐形成和发展起来的一种地貌。路线沿河流布设，可具有线形舒顺、纵坡平缓、工程量小等优点，所以河谷通常是山区公路争取利用的一种好的地貌类型。

受基岩性质、地质构造和河流地质作用等因素的控制，河谷的形态是多种多样的。在平原地区，由于水流缓慢，多以沉积作用为主，河谷纵横断面均较平缓，河流在其自身沉积的松散沉积层上发育成曲流和岔道，河谷形态与基岩性质和地质构造等关系不大；在山区，由于复杂的地质构造和软硬岩石性质的影响，河谷形态不单纯由水流状态和泥沙因素所控制，地质因素起着更重要的作用，因此河谷纵横断面均比较复杂，具有波状与阶梯状的特点。

河流所流经的槽状地形称为河谷。典型的河谷地貌，一般都具有如图 3-9 所示的几个形态部分。

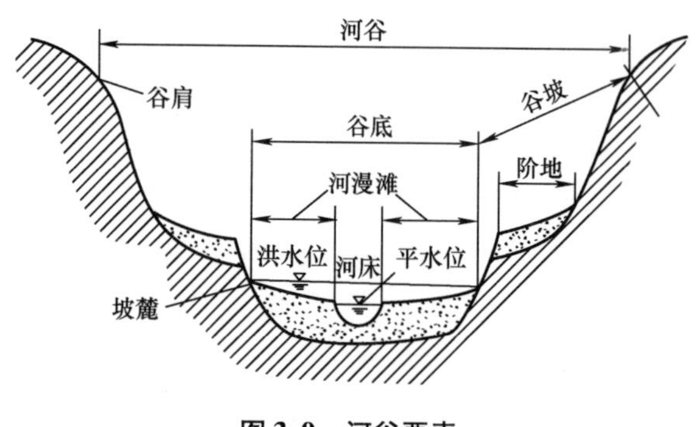

图 3-9 河谷要素

1. 谷底

谷底是河谷地貌的最低部分，地势一般比较平坦，其宽度为两侧谷坡坡麓之间的距离，谷底上分布有河床及河漫滩。河床是在平水期间为河水所占据的部分，称为河槽；河漫滩是在洪水期间为河水淹没的河床以外的平坦地带，其中每年都能被洪水淹没的部分称为低河漫滩，仅为周期性多年一遇的最高洪水所淹没的部分称为高河漫滩。

2. 谷坡

谷坡是高出于谷底的河谷两侧的坡地，谷坡上部的转折处称为谷缘，下部的转折处称为坡麓或坡脚。

3. 阶地

阶地是在地壳反复升降和河流沉积、冲蚀作用交替进行过程中形成的，位于河床两侧的台阶状高地，沿着谷坡走向呈条带状分布或断断续续分布的阶梯状平台，如图 3-10 所示。

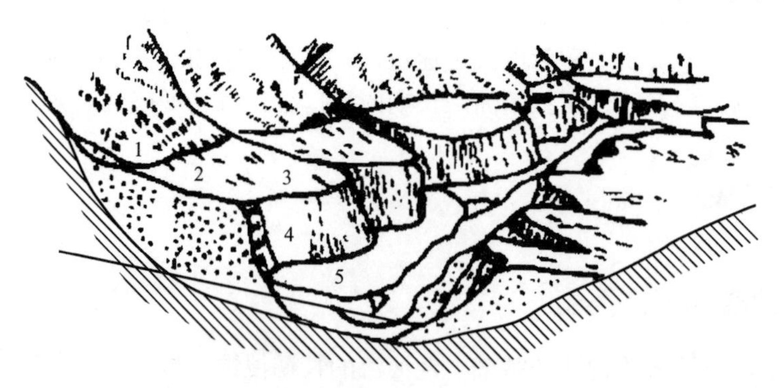

图 3-10 河流阶地要素

1—阶地前缘 2—阶地面 3—阶地后缘 4—阶地斜坡 5—阶地坡脚

阶地可能有多级，此时，从河漫滩向上依次称为一级阶地、二级阶地、三级阶地等。每一级阶地都有阶地前缘、阶地面、阶地后缘、阶地斜坡和阶地坡脚等要素。阶地面就是阶地平台的表面，它实际上是原来老河谷的谷底，大多向河谷轴部和河流下游微倾斜。阶地面并不十分平整，因为在它的上面，特别是在它的后缘，常常由于崩塌物、坡积物、洪积物的堆积而呈波状起伏。此外，地表径流对阶地面起着切割破坏作用。阶地斜坡是指阶地面以下的坡地，系河流向下深切后所造成。阶地斜坡倾向河谷轴部，并也常为地表径流所切割破坏。阶地一般不被洪水淹没。

通常情况下，阶地面有利于布设路线，但并不是所有的河流或河段都有阶地，由于河流的发展阶段以及河谷所处的具体条件不同，有的河流或河段并不存在阶地。

3.4.2　河谷地貌的类型

1. 按发展阶段分类

河谷的形态多种多样，按其发展阶段可分为未成形河谷、河漫滩河谷和成形河谷3种类型，如图3-11所示。

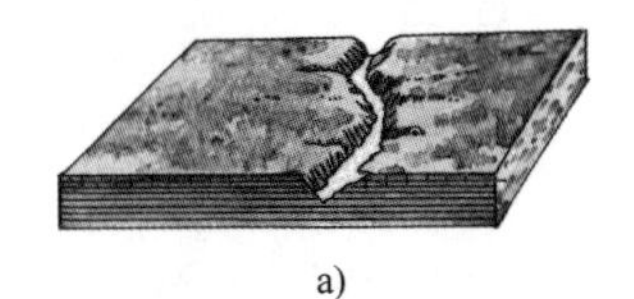
a)

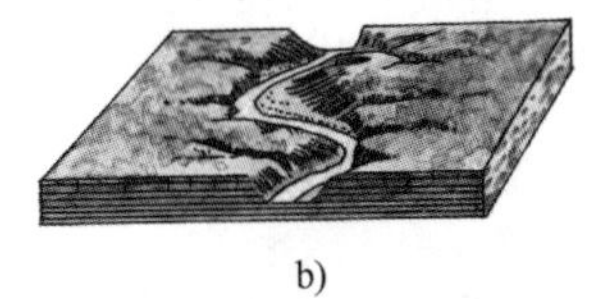
b)

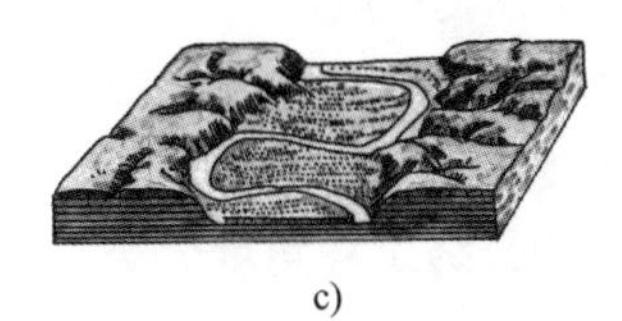
c)

图3-11　河谷形态发展阶段

a）未成形河谷　b）河漫滩河谷　c）成形河谷

（1）未成形河谷　如图3-11a所示，在山区河谷发育的初期，河流处于以垂直侵蚀为主的阶段，由于河流下切很深，多形成断面呈V形的深切河谷，因此也称V形河谷。其特点是两岸谷坡陡峻甚至直立，基岩直接出露，谷底较窄，常为河水充满，谷底基岩上缺乏河流冲积物。

（2）河漫滩河谷　如图3-11b所示，河谷进一步发育，河流的下蚀作用减弱而侧向侵蚀加强，使谷底拓宽，并伴有一定程度的沉积作用，因而河谷多发展为谷底平缓、谷坡较陡的U形河谷，在河床的一侧或两侧形成河漫滩，河床只占据谷底的最低部分。

（3）成形河谷　如图3-11c所示，河流经历了比较漫长的地质时期，侵蚀作用几乎停止，沉积作用显著，河谷宽阔，并形成完整的阶地。

2. 按河谷走向与地质构造的关系分类（图3-12）

按河谷走向与地质构造的关系，可以将河谷分为以下几类。

（1）背斜谷　背斜谷是沿背斜轴伸展的河谷，是一种逆地形。背斜谷多系沿张裂隙发育而成，虽然两岸谷坡岩层反倾，但因纵向构造裂隙发育，谷坡陡峻，故岩体稳定性差，容易产生崩塌。

（2）向斜谷　向斜谷是沿向斜轴伸展的河谷，是一种顺地形。向斜谷的两岸谷坡岩层均属顺倾，在不良的岩性和倾角较大的条件下，容易发生顺层滑坡等病害。但向斜谷一般都比较开阔，使路线位置的选择有较大的回旋余地，应选择有利地形和抗风化能力较强的岩层修筑路基。

（3）单斜谷　单斜谷是沿单斜岩层走向伸展的河谷。单斜谷在形态上通常具有明显的不对称性，岩层反倾的一侧谷坡较陡，不利于公路布线；顺倾的一侧谷坡较缓，但应注意采取可靠的防护措施，防止坡面顺层坍滑。

（4）断层谷　断层谷是沿断层定向延伸的河谷。河谷两岸常有构造破碎带存在，岸坡岩体的稳定性取决于构造破碎带岩体的破碎程度。

（5）横谷与斜谷　上述4种构造谷的共同点，是河谷的走向与构造线的走向一致，所以把它们称为纵谷。横谷与斜谷就是河谷的走向与构造线的走向大体垂直或斜交，它们一般是在横切或斜切岩层走向的横向或斜向断裂构造的基础上，经河流的冲刷侵蚀逐渐发展而成的，就岩层的产状条件来说，它们对谷坡的稳定性是有利的，但谷坡一般比较陡峻，在坚硬岩层分布地段，多呈峭壁悬崖地形。例如，四川北碚附近的嘉陵江河段，横切三个背斜，形成了著名的小三峡。

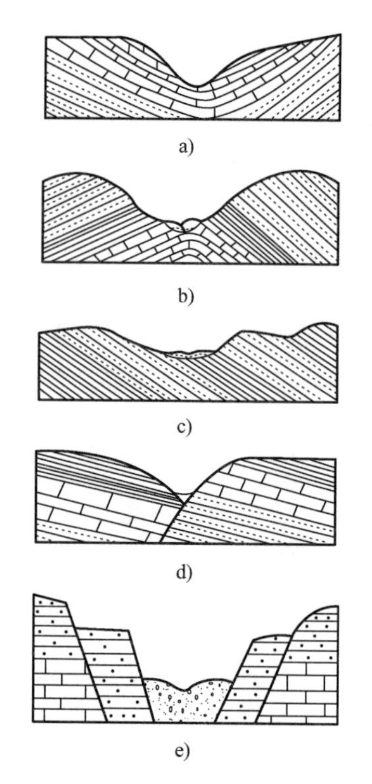

图3-12　河谷发育与地质构造的关系

a）向斜谷　b）背斜谷　c）单斜谷　d）断层谷　e）地堑谷

3. 按公路工程角度分类

（1）宽谷与峡谷　山区河流常是宽谷与峡谷交替分布。在岩石性质比较坚硬的河段常形成峡谷，峡谷的横断面明显呈V形，谷坡陡峭，谷内的河漫滩和阶地均不发育；在岩石性质比较软弱的河段，则常形成开阔的宽谷，其横断面为梯形，谷内有河漫滩或阶地分布。

在地壳上升强烈地区，河流的下蚀作用强烈，也常常形成峡谷。举世闻名的长江三峡地区，其上升的幅度和速度都比其上、下游地区大得多。

（2）对称谷与不对称谷　流经块状岩层和厚层状岩层地区的河流，由于岩层岩性比较均一，河流侧向侵蚀的差异性小，因而形成两岸谷坡坡角大致相等的对称河谷，特别是在直流段。如果河谷两侧岩层较薄，岩性软硬不一，则河谷易向软弱岩层一岸冲刷，从而形成一岸边陡、另一岸坡缓的不对称河谷。

顺着直立向斜和背斜轴部以及地堑等发育的河流，由于具有大体对称的地质构造条件，相应形成的向斜谷、背斜谷和地堑谷常是对称河谷。反之，则多为不对称河谷，如河流沿着断层或单斜构造岩层的走向发育时，相应形成了断层谷和单斜谷。断层谷下降盘一侧常形成缓坡，上升盘一侧形成陡坡；单斜谷一般顺岩层倾向的一侧形成缓坡，反岩层倾向的一侧形成陡坡，使河谷形态不对称。长江在四川省东部的不对称河谷，主要是由于单斜构造而形成的。

另外，在层状岩层地区，根据河谷延伸方向与构造线走向的关系，可将河谷划分为纵向谷、横向谷和斜向谷三种。图3-12中所示各类河谷因与构造线方向一致，均属纵向谷。纵、横、斜三类河谷，结合岩石性质和地质构造条件，便组合成了各种具有不同地质结构类型的河谷，从而具有不同的工程地质特征，对公路工程有着不同的影响。

3.4.3　河流阶地

1. 阶地的成因

河流阶地是在地壳的构造运动与河流的侵蚀、堆积作用的综合作用下形成的。当河漫滩河谷形成之后，由于地壳上升或侵蚀基准面相对下降，原来的河床或河漫滩便受到下切，没有受到下切的部分就高出于洪水位之上，变成阶地，于是河流又在新的水平面上开辟谷地。此后，当地壳构造运动处于相对稳定期或下降期时，河流纵剖面坡度变小，流水动能减弱，河流垂直侵蚀作用变弱或停止，侧向侵蚀和沉积作用增强，于是又重新拓宽河谷，塑造新的河漫滩。在长期的地质历史过程中，若地壳发生多次升降运动，则引起河流侵蚀与堆积作用交替发生，从而在河谷中形成多级阶地。紧邻河漫滩的一级阶地形成的时代最晚，一般保存较好；依次向上，阶地的形成时代越老，其形态相对保存越差。

2. 阶地的类型

由于构造运动和河流地质过程的复杂性，河流阶地的类型是多种多样的，分为下列 3 种主要类型，如图 3-13 所示。

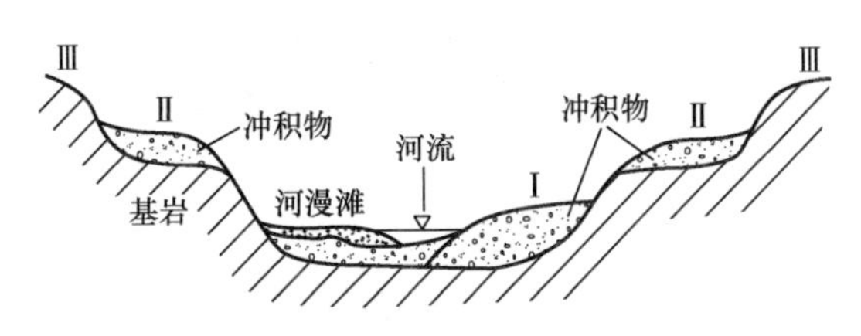

图 3-13　河流阶地类型

Ⅰ—堆积阶地　Ⅱ—基座阶地　Ⅲ—侵蚀阶地

（1）侵蚀阶地　主要由河流侵蚀作用形成。多由基岩构成，没有或很少有冲积物覆盖，阶地崖较高，又称石质阶地。多发育在山区河谷中，由于当时水流流速大，侵蚀力强，是河流长期侵蚀而成的切平构造面。

（2）基座阶地　这种阶地上部的组成物质是河流的冲积物，下部是基岩，通常基岩上部冲积物覆盖厚度不大，整个阶地主要由基岩组成。它是由于后期河流的下蚀深度超过原有河谷谷底的冲积物厚度，切入基岩内部而形成的，分布于地壳经历了相对稳定、下降及后期显著上升的山区。

（3）堆积阶地　堆积阶地是全部由河流的冲积物组成的，无基岩露出，所以又叫冲积阶地或沉积阶地。当河流侧向侵蚀拓宽河谷后，由于地壳下降，逐渐有大量的冲积物发生堆积，待地壳上升，河流在堆积物中下切，形成堆积阶地。堆积阶地在河流的中、下游最为常见。

第四纪以来形成的堆积阶地，除下更新统的冲积物具有较弱的胶结作用外，冲积物都呈松散状态，容易遭受河水冲刷，影响阶地稳定。

堆积阶地根据形成方式可分为以下两种。

1）上叠阶地：河流在切割河床堆积物时，切割的深度逐渐减小。侧向侵蚀也不能达到它原有的范围，新阶地的堆积物完全叠置在老阶地的堆积物上，这种形式的堆积阶地称为上叠阶地，如图 3-14a 所示。

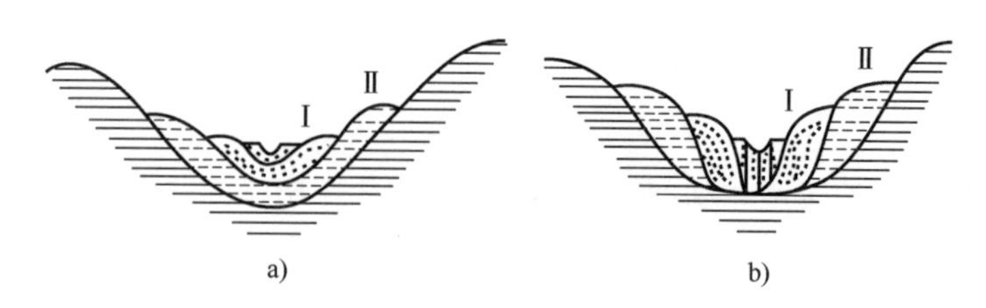

图 3-14 堆积阶地

Ⅰ—1 级阶地 Ⅱ—2 级阶地

2）内叠阶地：河流切割河床堆积物时，每次下切的深度大致相同，而堆积作用逐次减弱，每次河流堆积物分布的范围均比前次小，新的阶地套在老的阶地之内，这种形式的堆积阶地称为内叠阶地，如图 3-14b 所示。

从上述情况可以看出，河谷地貌是山岭地区向分水岭两侧的平原作缓慢倾斜的带状谷地，由于河流的长期侵蚀和堆积，成形的河谷一般都有不同规模的阶地存在，它一方面缓和了山谷坡脚地形的平面曲折和纵向起伏，有利于路线平纵面设计和减少工程量，另一方面又不易遭受山坡变形和洪水淹没的威胁，容易保证路基稳定。所以阶地在通常情况下，是河谷地貌中敷设路线的理想地貌部位。当有几级阶地时，除考虑过岭标高外，一般以利用一、二级阶地敷设路线为好。

3.5 冻土地貌

由于温度的周期性变化引起的冻土反复融化和冻结，从而导致的对土体岩体的破坏、扰动、变形甚至移动，称为融冻作用。它是高寒地区主要的地貌，塑造营力表现为三种形式：冰冻风化、冰冻扰动和融冻泥流。

3.5.1 石海、石河

1）石海：基岩经剧烈的冻融风化破坏产生大量的巨石、角砾，它们就地堆积在平坦的地面上所形成的满布石块的地形。富有节理、硬度较大的块状基岩是形成石海的物质基础。严寒而温差较大是其形成的气候条件。

2）石河：山坡冻融崩解产生的大量碎屑充塞、滚落到沟谷中，由于厚度加大，在重力作用下沿湿润土层表面发生整体运动，这种运动的石块群体即称为石河。其运动速率较低。

3.5.2 构造土（冰冻结构土）

构造土是由松散沉积物组合成的地表因冻裂作用和冻融分选作用形成的网格形式的地貌形态。按其组成成分和作用性质的差异，可分为两类：泥质构造土和石质构造土。

1）形成过程：包括垂直分选作用、水平分选作用，一般形成于地势平坦地区。由于大小砾石抬升快慢不同，可形成大石环内有小石环的现象。

2）形成条件：有一定比例的细粒土、充足的水分。

3）形成时间：在大雪山的观测表明，砾土埋下 2cm，一个月即被抬出，侧向移动 2～5cm。

3.6　第四纪地质

3.6.1　第四纪地质概况

“第四纪（Quaternary）”一词是1829年法国地质学家德努埃（Desnoyers）所创，他把地球历史分为四个时期，第四纪是指地球发展历史最近的一个时期。1839年赖尔（C. Lyell）把含现生种属海相无脊椎动物化石达90%和含人类活动遗迹的地层划为第四纪，奠定了第四纪地层划分系统。但直到1881年第二届国际地质学会才正式使用“第四纪”一词。

第四纪的下限一般定为248万年。第四纪分为更新世和全新世，更新世又分为早、中、晚三个世，它们的划分及绝对年代见表3-2。

表3-2　第四纪地层划分和岩性特征

地层时代		极性世	年龄/10^4	气候期划分	
				气候	冰期划分
全新世（Q_4）	晚（Q_4^2）	布容正向极性世		温	冰后期
	早（Q_4^1）		1	寒温	
晚更新世（Q_3）	晚（Q_3^2）			冷夹暖	冰期
	早（Q_3^1）		12.984	暖	间冰期
中更新世（Q_2）	晚（Q_2^2）			冷夹暖	冰期
	早（Q_2^1）		73	暖	间冰期
早更新世（Q_1）	晚（Q_1^3）	松山反向极性世	97	冷	冰期
	中（Q_1^2）		187	暖	间冰期
	早（Q_1^1）		248	冷	冰期
上新世（N_2j）		高斯正向极性世		暖	冰期前

第四纪时期地壳有过强烈的活动，为了与第四纪以前的地壳运动相区别，把第四纪以来发生的地壳运动称为新构造运动。地球上巨大块体大规模的水平运动、火山喷发、地震等都是地壳运动的表现。第四纪气候多变，曾多次出现大规模冰川。一个地区新构造运动的特征，对于工程区域稳定性问题的评价是一个基本要素。

3.6.2　第四纪沉积物

第四纪沉积物是这一时期古环境信息的主要载体，是研究第四纪古环境的物质基础。第四纪沉积物的成因类型复杂多样，但根据沉积物形成的环境和作用应力，可以按成因把沉积物分为三大类（陆相、海陆过渡相和海相），共包含15个成因系列、18个成因组、44种成因类型，而44种成因类型又可进一步划分为若干亚类。其中常见的沉积物及其工程地质特性叙述如下。

1. 残积物

残积物指原岩表面经过风化作用而残留在原地的碎屑物。残积物主要分布在岩石出露地表及经受强烈风化作用的山区、丘陵地带与剥蚀平原。残积物组成物质为棱角状的碎石、角砾、砂粒和黏性土。残积物裂隙多、无层次、不均匀，如以残积物作为建筑物地基，应当注意不均匀沉降和土坡稳定问题。

2. 坡积物

山坡高处的风化碎屑物质，经过雨水或雪水搬运，堆积在斜坡或坡脚处，这种堆积物称为坡积物，其上部往往与残积物相接。坡积物搬运距离往往不远，物质主要来源于当地山坡上部，组成颗粒由坡积物坡顶向坡脚逐渐变细，坡积物表面的坡度越来越平缓。坡积物因厚薄不均、土质不均、孔隙大、压缩性高，如作为建筑物地基，应当注意不均匀沉降和稳定性。

3. 洪积物

由洪流搬运、沉积而形成的堆积物称为洪积物。洪积物一般分布在山谷中或山前平原上。在谷口附近洪积物多为粗颗粒碎屑物，远离谷口，颗粒逐渐变细，这是因为地势越来越开阔使得山洪的流速逐渐减缓。其地貌特征为：靠谷口处窄而陡；离谷后逐渐变为宽而缓，形如扇状，称为洪积扇。洪积物作为建筑物地基时，应注意不均匀沉降。

4. 冲积物

由河流搬运、沉积而形成的堆积物，称为冲积物。冲积物的特点是：山区河谷中只发育单层砾石结构的河床相沉积而山间盆地和宽谷中有河漫滩相沉积，其分选性较差，具透镜状或不规则的带状构造，有斜层理出现，厚度不大，一般不超过10～15m，多与崩塌堆积物交错混合。一般说来，平原河流具河床相、河漫滩相和牛轭湖相沉积。正常的河床相沉积结构是底部河槽被冲刷后，由厚度不大的块石、粗砾组成的沉积；中间是由粗砂、卵石土组成的透镜体；上面为分选较好的具斜层理与交错层理、由砂或砾石组成的滨河床浅滩沉积。河漫滩沉积的主要特征是上部的细砂和黏性土与下部河床相沉积组成二元结构，并具斜层理和交错层理构造。牛轭湖相沉积由淤泥质和少量黏性土组成，含有机质，呈暗灰色、黑色、灰蓝色并带有铁锈斑，具水平层理和斜层理构造。冲积物的工程地质性质视具体情况而定。河床相沉积物一般情况是颗粒粗，具有很大的透水性，是很好的建筑材料；但当其为细砂时，饱水后在开挖基坑时往往会发生流砂现象，应特别注意。河漫滩相沉积物一般为细碎屑土和黏性土，结构较为紧密，易形成阶地，大多分布在冲积平原的表层作为各种建筑物的地基，我国不少大城市如上海、天津、武汉等都位于河漫滩相沉积物之上。牛轭湖相沉积物因含多量的有机质，有的甚至形成泥炭，故压缩性大、承载力小，不宜作为建筑物的地基。

5. 淤积物

一般由湖沼沉积而形成的堆积物，称为淤积物。淤积物主要包括湖相沉积物和沼泽沉积物。湖相沉积物包括粗颗粒的湖边沉积物和细颗粒的湖心沉积物。湖心沉积物主要为黏土和淤泥，夹有粉细砂薄层和呈带状黏土，强度低，压缩性高。湖泊逐渐淤塞和陆地沼泽化则演变成沼泽。沼泽沉积物即沼泽土，主要为半腐烂的植物残余物一年年积累起来而形成的泥炭所组成，而泥炭的含水量极高、透水性很低、压缩性很大，因此不宜作为永久建筑物的地基。

6. 冰积物

凡是由于冰川作用形成的堆积物，均称为冰积物。由于沉积位置不同，冰碛的材料和形状也不同，其中停留在冰川底部的称底碛，停留在冰川两旁的称侧碛，停留在冰川前端的称前碛或终碛。不论是大陆冰川或山地冰川的沉积物，都是一些大小块石和泥沙混杂的疏松物质，只有在冰川长期压实的情况下，才可以成为较坚实的沉积层。冰积物中角砾、碎石、砂和黏性土等所占的相对比例及成分的变化随地而异，但它们都与冰川流动地区内基岩性质密切相关。冰积物无分选性和层理，漂石面上具有丁字形擦痕，沉积物常被挤压而呈现褶皱和断裂，工程地质较差。

在冰川的末端或者在冰川的边缘，当消融大于结冰的时候，冰川开始融化成冰水。以冰水作为主要应力而产生的沉积称冰水沉积，它分布于冰川附近的低洼地带，其成分以砂粒为主，夹有少量分选性差的砾石，具斜交层理，其工程性质较冰川堆积好。

7. 风积物

风积物是指经过风的搬运而沉积下来的堆积物。风积物主要以风积砂为主，其次为黄土。风积物成分由砂和粉粒组成，其岩性松散，一般分选性好、孔隙度高、活动性强，通常不具层理，只有在沉积条件发生变化时才发生层理和斜层理，工程性能较差。

8. 混合成因的沉积物

混合成因的沉积物保持原成因特征，常见的有残积坡积物、坡积洪积物和洪积冲积物等。

思考与练习

1. 试分析地貌形成和发展的动力、规律和影响因素。
2. 简述地貌类型的划分。
3. 分析各种山岭地貌与公路布线的关系。
4. 常见的垭口有哪几种类型？试从工程地质条件方面做出评价。
5. 山坡按纵向轮廓分为哪几种类型？各是怎样形成的？
6. 试分析各种形状的山坡与公路布线的关系。
7. 堆积平原有哪几种类型？公路布线在经过堆积平原时应注意什么问题？
8. 简述第四纪地质概况。
9. 第四纪沉积物的主要成因类型有哪几种？
10. 残积物、坡积物、洪积物和冲积物各有什么特征？

课题 4　认识水的地质作用

学习目标

1. 知道河谷的组成；
2. 知道河流地质作用及其类型；
3. 了解地壳运动、侵蚀基准面对河流地质作用的影响；

4. 知道河流阶地的成因及其类型；
5. 了解河谷发育与岩性、地质构造的关系；
6. 掌握潜水、上层滞水、承压水的形成条件及主要工程特征；
7. 了解裂隙水、孔隙水、岩溶水的形成条件及特征；
8. 理解地下水与工程的关系；
9. 了解地下水运动的基本规律。

河流地质作用及其类型；河流阶地及其类型；河谷地貌类型；潜水、上层滞水、承压水的形成条件及特征；裂隙水、岩溶水特征；达西定律；裘布依公式；地下水与工程的关系。

河流地质作用；地壳运动、侵蚀基准面对河流地质作用的影响；河流阶地成因；潜水、承压水的形成条件及特征；地下水运动的基本规律。

4.1 地表流水的地质作用

地表流水来源主要有雨水（黄河之水天上来）、冰雪融水、泉水等。地表流水流动方式分为坡流、洪流等暂时性流水和永久性流水（河流）。

河流所流经的槽状地形称为河谷（图4-1）。河谷是由谷底和谷坡两大部分组成的。谷底包括河床及河漫滩。河床是指平水期水占据的谷底，或称河槽；河漫滩是河床两侧洪水时才能淹没的谷底部分，而枯水时则露出水面。谷坡是河谷两侧的岸坡。谷坡上部常年洪水不能淹没并具有陡坎的沿河平台叫阶地，但并不是所有的河段均有。

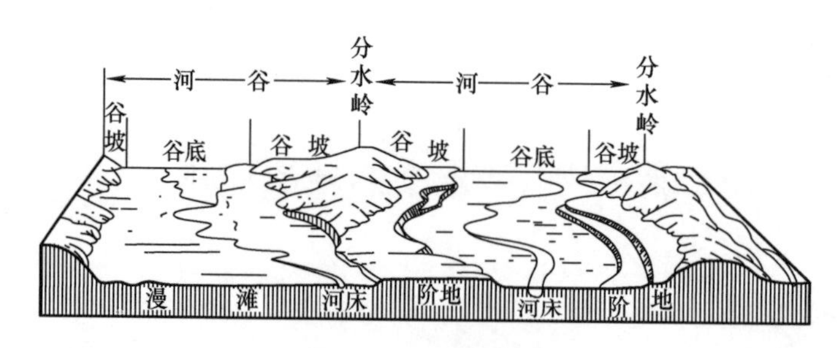

图4-1 河谷要素图

4.1.1 河流的地质作用

河水流动时，对河床进行冲刷破坏，并将所侵蚀的物质带到适当的地方沉积下来的过程，称为河流地质作用。河流地质作用可分为侵蚀作用、搬运作用和沉积作用。河流的侵蚀作用、搬运作用和沉积作用在整条河流上同时进行，相互影响。在河流的不同段落上，三种作用进行的强度并不相同，常以某一种作用为主。

1. 侵蚀作用

河流以河水及其所携带的碎屑物质，在河水流动过程中，不断冲刷破坏河谷、加深河床的作用，称为河流的侵蚀作用。河流侵蚀作用的方式，包括机械侵蚀和化学溶蚀两种。前者是河流侵蚀作用的主要方式，后者只在可溶岩类地区的河流才表现得比较明显。按照河流侵蚀作用的方向，分垂直侵蚀、侧方侵蚀和向源侵蚀三种。

（1）垂直侵蚀作用　河水及其挟带的沙砾，在从高处不断向低处流动的过程中，不断撞击、冲刷、磨削和溶解河床岩石、降低河床、加深河谷的作用，称为河流的垂直侵蚀作用，简称下蚀作用。这种作用的结果是使河谷变深、谷坡变陡。

河流的下蚀作用并非无止境的，下蚀作用的极限平面称为侵蚀基准面。如海平面（终极）、湖面（局部）。下蚀作用可使跨河建筑物（桥墩）的地基遭受破坏，应使这些建筑物基础砌置深度大于下蚀作用的深度，并对基础采取保护措施。

（2）侧方侵蚀作用　又称旁蚀或侧蚀，是指河水对河流两岸的冲刷破坏，使河床左右摆动，谷坡后退，不断拓宽河谷的过程。侧蚀作用的结果是加宽河床、谷底，使河谷形态复杂化，形成河曲、凸岸、古河床和牛轭湖。旁蚀作用主要发生于河流的中、下游地区。自然界的河流都是蜿蜒曲折的，河水也不是直线流动的，而是呈螺旋状的曲线流动的。河水开始进入弯道时，主流线则偏向弯道的凸岸。进入弯道后，主流线便明显地逐渐向凹岸转移，至河弯顶部，主流线则紧靠凹岸。在河弯处，水流因受离心力的作用，形成表流偏向凹岸而底流则流向凸岸的离心横向环流。

河床在宽阔的谷底中犹如长蛇爬行般地迂回曲折、左右摆动。这种极度弯曲的河床，称为蛇曲。蛇曲进一步发展，使同侧相邻的两个河弯的凹岸逐渐靠拢，当洪水切开两个相邻河弯的狭窄地段时，河水便从上游河弯直接流入下游相邻的河弯，形成河流的自然截弯取直。中间被废弃的弯曲河道，逐渐淤塞断流，变为湖泊，称作牛轭湖（图4-2）。

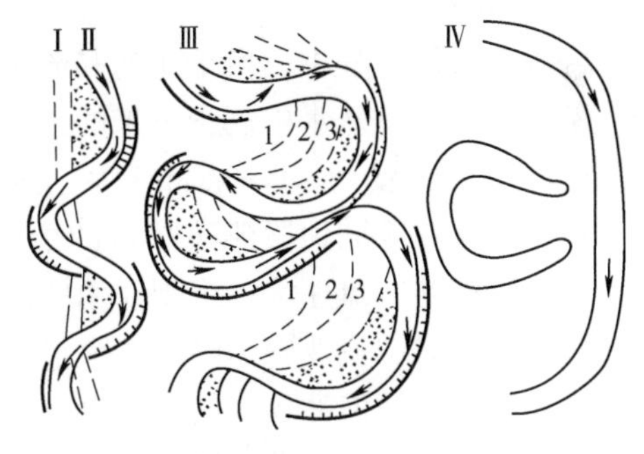

图4-2　河曲及牛轭湖示意图

Ⅰ—原始河道　Ⅱ—雏形弯曲河道　Ⅲ—蛇曲河道
Ⅳ—截弯取直后的河道及牛轭湖
1、2、3—河道演变过程

（3）向源侵蚀作用　又称溯源侵蚀作用，是指由于河流下切的侵蚀作用而引起的河流源头向河间分水岭不断扩展伸长的现象。向源侵蚀的结果是使河流加长，扩大河流的流域面积、改造河间分水岭的地形和发生河流袭夺。

2. 搬运作用

河流的搬运作用是指河流将自身侵蚀河床的产物，以及上游各种暂时性水流带入的泥砂和其他外力作用送入河流中的物质转移到其他地方的过程。河流的侵蚀和堆积作用，在一定意义上都是通过搬运过程来进行的。河水搬运能量的大小，决定于河水的流量和流速，在一定的流量条件下，流速是影响搬运能量的主要因素。

河流搬运的方式可分为物理搬运和化学搬运两大类。

（1）物理搬运　指河流对碎屑物质的搬运，又称为机械搬运。根据流速、流量和被搬运碎屑物质的不同，可分为悬浮式、跳跃式和滚动式三种方式。悬浮式搬运是指颗粒细小的砂和黏性土悬浮于水中或水面，顺流而下。跳跃式搬运的物质一般为块石、卵石和粗砂，它们有时被急流、涡流卷入水中向前搬运，有时则被缓流推着沿河底滚动。滚动式搬运的主要是巨大的块石、砾石，它们只能在水流强烈冲击下，沿河床底部缓慢向下游滚动。

物理搬运是河流最主要的搬运方式，其搬运能力的大小和碎屑颗粒大小、水动力强弱有关。流速、流量增加，物理搬运量也增加，搬运的碎屑颗粒粒径也增大。按埃里定律，搬运物质重量与流速的六次方成正比，即流速增加一倍，搬运能力增加64倍。河流的物理搬运量是非常巨大的，据测算，全世界河流每年输入海洋的泥沙量约200亿t，我国黄河每年输入渤海的泥沙量约18亿t，长江每年也有约5亿t的泥沙输入黄海。全世界河流每年输入海洋的泥沙总量约200亿t。

河流在搬运过程中，把原来颗粒大小不同、轻重混杂的碎屑物质按相对密度和粒径的不同分别集中在一起，这就是河流的分选作用。此外，被搬运物质与河床之间、被搬运物质互相之间，都不断发生摩擦、碰撞，使其逐渐变圆、变细，称为河流的磨蚀作用。良好的分选性和磨圆度是河流沉积物区别于其他成因沉积物的重要特征。

（2）化学搬运　指河流对可溶解的盐类或胶体物质的搬运。其搬运能力的大小取决于河流流量及河水的化学性质，与流速关系较小。一般情况下，流动河水的溶解量远远没有饱和，因此，不管流速发生多大的变化，也难使可溶性物质发生沉淀现象，多被搬运到湖、海盆地中，当条件适当时在湖、海盆地中产生沉积。

3. 沉积作用

河水在搬运过程中，由于流速和流量的减小，搬运能力也随之降低，而使河水在搬运中的一部分碎屑物质从水中沉积下来的过程，称为河流的沉积作用。由此形成的堆积物，称为河流的冲积物（层），其一般特征为：磨圆度良好、分选性好、层理清晰。

由于河流在不同地段流速降低的情况不同，各处形成的沉积层就具有不同特点。在山区，河流底坡陡、流速大，沉积作用较弱，河床中冲积层多为巨砾、卵石和粗砂。当河流由山区进入平原时，流速骤然降低，大量物质沉积下来，形成冲积扇。冲积扇的形状和特征与前述洪积扇相似，但冲积扇规模较大，冲积层的分选性及磨圆度更高。冲积扇常分布在大山的山麓地带。在河流下游，则由细小颗粒的沉积物组成广大的冲积平原。

在河流入海的河口处，流速几乎降到零，河流携带的泥沙绝大部分都要沉积下来。若河流沉积下来的泥沙量被海流卷走，或河口处地壳下降的速度超过河流泥沙量的沉积速度，则这些沉积物不能保留在河口或不能露出水面，这种河口则形成港湾。更多的情况是大河河口都能逐渐积累冲积层，它们在水面以下呈扇形分布，扇顶位于河口，扇缘则伸入海中，冲积层露出水面的部分形如一个其顶角指向河口的倒三角形，故称河口冲积层为三角洲（图4-3）。

4.1.2　流水地貌特点

在一定地区内的地面径流，通过若干支流汇入一条主干河流，这一广阔的集水区域，称为该主干河流的流域（如黄河流经9省区，顺流而下：青、川、甘、宁、内蒙古、晋、陕过后入豫、鲁；长江流经11省市区，溯源而上：沪、苏、皖、赣、湘、鄂、渝、川、云、藏、青至源地)。流域的范围是以四周的地面分水岭圈定的，即主干河流能够获得水量补给的集水区。流域地貌是指在集水范围内，由地面径流的侵蚀、搬运和堆积作用塑造形成的各类地貌形态的总称。

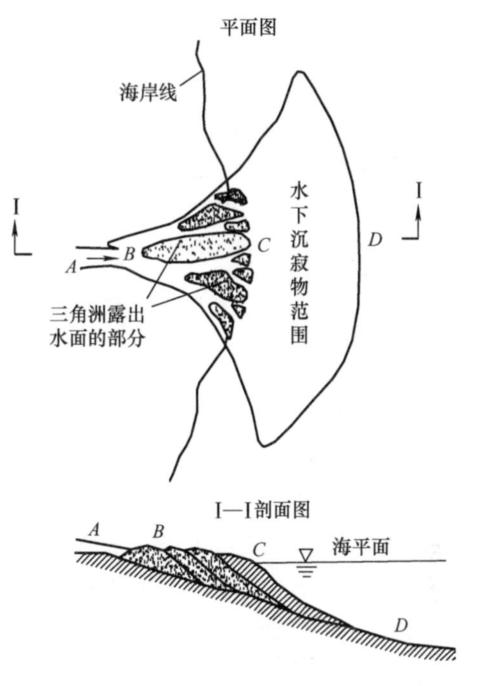

图4-3 三角洲示意图

1. 河流各发育阶段中的地貌特征

陆地上的任何一条河流，都经历了很长时期的发展演变。大体可分为幼年期、壮年期和老年期三个阶段。在不同的发展阶段中，具有不同的地貌特征。

(1) 幼年期河流的地貌特征 在河流发育的早期阶段，由于地壳的迅速上升，河流深切侵蚀作用剧烈，大多形成狭窄的V形河谷。谷坡陡峭，河流纵剖面陡而倾斜，起伏不匀，谷底几乎全被河床所占据。

(2) 壮年期河流的地貌特征 河流进入壮年期阶段后，水流均匀且平静，基本上无急流瀑布，河流纵剖面上的明显起伏也已消失。随着河流侧蚀作用的加强，河谷逐渐拓宽，谷坡平缓，山脊浑圆，地势起伏缓和，由原来的坡峰深谷演变为低丘宽谷。

(3) 老年期河流的地貌特征 河流发展到老年阶段后，地质作用以侧向侵蚀和堆积作用为主，下蚀作用已很微弱，河水流速缓慢，堆积作用旺盛，形成宽广的河漫滩，使河床深度逐渐淤浅，滩上湖泊、沼泽密布，汊河发育，河流在自身的堆积物上迂回摆动，形成河曲。

2. 分水岭

分水岭是指相邻两个流域之间的山岭或高地。在分水岭地区，由大气降水形成的地表径流，分别流入山岭或高地两侧的河流。

由于分水岭两侧的坡度常常是不对称的，因而直接影响着两侧河流向源侵蚀的速度。向源侵蚀速度快的一侧，河流源头便较快地向分水岭伸展，使分水岭不断降低，并向坡度较缓的一侧移动，最终切穿分水岭。于是河床高程较低而侵蚀能力强的河流把另一侧河床高程较高而侵蚀能力弱的河流上游河段抢夺过来，使原来流入其他流域的部分河流改为流入切过分水岭的河流，造成抢水，又称河流袭夺。若分水岭两侧坡度比较一致，两侧河流向源侵蚀的速度也大体相同，则不会发生抢水，只是均匀地降低分水岭高度。

3. 水系

在流域范围内，主干河流源远流长，拥有众多大小不同的各级支流，形成复杂的同一系统、脉络相通的地表水体，总称为水系。水系中干流与各级支流的组合形式，称为水系模式。它是各种内、外地质营力作用的产物，受流域内原始地形坡度、岩石性质、地质构造、新构造运动和自然环境等因素的控制，在平面上表现为有规律的排列组合。通过对水系模式的分析研究，可以推测流域内地质构造和地壳新构造运动的大致情况。常见的有下列几种水系模式。

（1）树枝状水系　树枝状水系是指支流较多而不规则，支流与主流及支流与支流之间均以锐角相交，排列形式似树枝状的水系模式。主要发育在地质构造简单、岩性均一、地势平缓的地区。

（2）格状水系　格状水系是指支流与主流及支流与支流之间均以直角或近似直角相交，排列形式似方格状的水系模式。

（3）平行状水系　平行状水系是指各支流相互平行或大致平行排列，形成平行岭谷地貌的水系模式。常发育于受较大的地质构造控制的平行岭谷地区和平缓的单斜岩层或倾斜式构造上升的地区。例如，我国横断山脉中的水系是典型的平行状水系。

（4）辐合水系　辐合水系是指发育在盆地中或构造沉陷地区的河流，形成由四周山岭向盆地或构造沉陷区中心汇集的水系模式。例如我国塔里木盆地、四川盆地等地区的水系为辐合水系。

（5）放射状和环状水系　放射状和环状水系是指发育在穹窿构造或火山锥上的河流，形成顺坡向四周呈放射状外流的水系模式。如果穹窿构造的地层岩性软硬相间，河流侵蚀破坏穹窿山，其支流沿出露的软岩走向发育，注入环形主流，放射状水系即转化为环状水系。

（6）羽毛状水系　羽毛状水系是指支流短小而密集，与主流呈直角相交的水系模式。它多发育在断陷谷中或断层崖的一侧，或是线状褶皱地区。例如流经甘肃、陕西的渭河及其支流是较典型的羽毛状水系。

（7）网状水系　网状水系是指河道纵横交错、无规律可循、呈网状分布的水系模式。大多发育在沿海平原或河口三角洲地区。

4.2　地下水的地质作用

4.2.1　地下水概述

在地球上，水的数量是巨大的，据估计水的总体积有 $1.36 \times 10^8 km^3$。其中，有97.2%的水分布在海洋里，陆地上的水只占2.8%。淡水的具体分布情况见表4-1。

表4-1　地球水圈中淡水的分布

在水圈中的位置	淡水的体积/km^3	占淡水总体积（%）
薄冰层和冰川中的水	24000000	84.945
地下水	4000000	14.158
湖泊和水库中的水	155000	0.549
土壤含水	83000	0.294
大气中的水蒸气	14000	0.050
河流溪流中的水	1200	0.004
合计	28253200	100.000

地下水是埋藏在地面以下土壤的孔隙、岩石的裂隙和溶隙中的各种状态的水。它可以呈

各种物理状态存在，但大多呈液态。

1. 地下水的来源

地下水有4种来源：渗透水、凝结水、原生水和封存水。

1）渗透水是大气降水、冰雪消融水、各种地表水通过土、岩的孔隙和裂隙向下渗透而形成的。大气降水是地下水的主要补给源，年降水量是影响降水补给地下水的决定因素之一。年降水量越大，则入渗补给含水层的比值越大，降雨强度、降雨时间、地形、植被发育情况等亦影响大气降水对含水层的补给量。地表水也是地下水的主要来源，河水补给量的大小与河床透水性、河水位与地下水位的高差等有关。

2）凝结水是大气中的水蒸气在土或岩石孔隙中遇冷凝结成水滴渗入地下而成的，它是干旱或半干旱地区地下水的主要来源。

3）原生水，即岩浆逸出水，是从岩浆中分离出来的气体化合而成的地下水。这种水数量很少。

4）封存水是古代湖泊被沉积物充填、覆盖而封闭在岩层中的“埋藏水”，数量也很少。

2. 地下水的形成条件

地下水是在一定自然条件下形成的，它的形成与岩石、地质构造、地貌、气候、人为因素等有关。

（1）地质条件　地下水的形成，必须具有一定的岩石性质和地质构造条件。

岩石的孔隙性是形成地下水的先决条件，它主要指岩土中的孔隙和裂隙的大小、数量及连通情况。按照岩土透水性不同分为隔水层和透水层。一般把在常规水力梯度下，有一定给水度并具有透水性的饱水岩土层（体）称为含水层，如砂岩层、砾岩层、石灰岩层等。在常规水力梯度下渗透性极差、给水度极小的岩土层称为隔水层或不透水层，如黏土层、页岩层、泥岩层等。能使水通过的岩层称为透水层。如图4-4所示，在含水层中，地下水能形成一定的统一的水面，称为地下水面，地下水面的高程称为地下水位。地面至地下水面以上，土和岩石的孔隙未被水充满，而含有相当数量的气体的地带，称为包气带。地下水面以下，土层或岩层的孔隙全部被水充满的地带，称为饱水带。在包气带与饱水带之间，有一个毛细水带，是二者的过渡带。

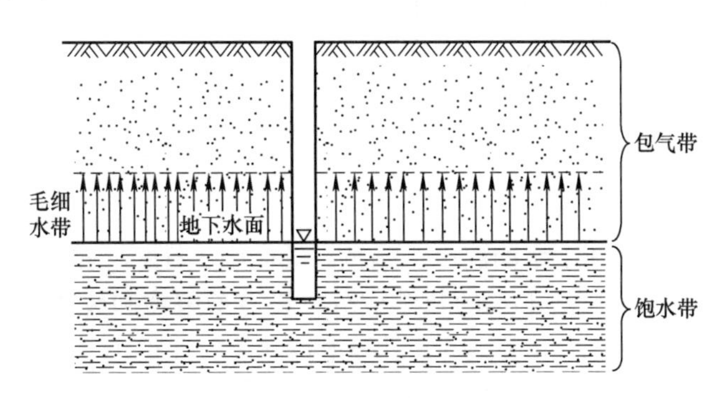

图4-4　地下水的垂直分带

地质构造对岩层的裂隙发育起着控制作用，因而也影响着岩石的透水性。地质构造发育地带，岩层透水性增强，常形成良好的蓄水空间，如致密的不透水层，当其位于褶曲轴附近时可因裂隙发育而强烈透水，断层破碎带是地下水流动的通道。地质构造同时还影响着透水层与隔水层的不同组合。

（2）气候条件　气候条件对地下水的形成有着重要的影响，如大气降水、地表径流、蒸发等方面的变化将影响到地下水的水量。

（3）地貌条件　不同的地貌部位对地下水的形成关系密切。一般在平原、山前区易于储存地下水，形成良好的含水层；在山区一般很难储存大量的地下水。

（4）人为因素　大量抽取地下水，会引起地下水位大幅下降；修建水库，可促使地下水位上升。

3. 地下水循环

按照水循环的范围不同，水的循环可分为大循环和小循环。大循环是指在全球范围内水分从海洋表面蒸发，上升的水汽随气流运移到陆地上空，凝结成雨点降落到陆地表面，又以地表或地下径流的形式，最终流归海洋，再度受到蒸发。小循环是指从海洋表面蒸发，遇冷后又降落到海洋表面，或者水从陆地上的湖泊与河流表面、地面及植物叶面蒸发，遇冷又降落到原地。因此，地下水是整个自然界不断循环着的水的一部分。在降水量很小的干旱地区，空气中的水蒸气进入岩土的孔隙和裂隙中凝结成水滴，水滴在重力作用下向下流动，也可聚积成地下水。

4. 地下水与工程建设的关系

地下水在地壳中分布十分普遍，储藏量很大。因此，地下水无论是对人民生活还是对工程建设都有着重要的意义。尤其，在公路工程的设计和施工中，当考虑路基和隧道围岩的强度与稳定性、桥梁基础的砌置深度和基坑开挖深度及隧道的涌水等问题时，都必须研究有关地下水的问题。如地基土中的水能降低土的承载力；基坑涌水不利于工程施工；地下水常常是滑坡、地面沉降和地面塌陷发生的主要原因，一些地下水含有不少侵蚀性物质，对混凝土产生化学侵蚀作用，使其结构破坏。工程上把与地下水有关的问题称为水文地质问题，把与地下水有关的地质条件称为水文地质条件。

总之，地下水对工程建设有很大的影响，为了充分合理地利用地下水和有效地防治地下水的不良影响，就必须对地下水的成分、性质、埋藏和运动规律等进行充分的研究。

4.2.2 地下水的物理性质和化学成分

地下水在由地表渗入地下的过程中，就聚集了一些盐类和气体，形成以后，又不断地在岩石孔隙中运动，经常与各种岩石相互作用，溶解和溶滤了岩石中的某些成分，如各种可溶盐类和细小颗粒，从而形成了一种成分复杂的动力溶液，并随着时间和空间的变化而变化。

1. 地下水的物理性质

地下水的物理性质是指地下水的温度、颜色、透明度、气味、味道、导电性及放射性等的总和。这些性质常常反映出地下水的化学成分。没有溶解物和胶体的纯净地下水应是透明、无味、无嗅、无色的，相对密度为1，其导电性和放射性很小，可作各种用水。当含有某些化学成分和悬浮物时就会改变其物理性质。

（1）密度　地下水的密度取决于地下水中的其他物质成分含量。纯净时，密度为1g/cm^3，而当溶有其他化学物质时，密度达1.2～1.3g/cm^3。

（2）温度　地下水的温度受气温、地热控制，随深度增加而逐渐升高。在高寒地区，地表附近的地下水常年温度都在0℃以下。在西藏的羊八井地区，地下48m深处水温高达150℃左右。

（3）颜色　取决于地下水中的化学成分。一般情况下，地下水是无色的。当含硫化氢时呈翠绿色，并带臭鸡蛋气味；含 Fe_2O_3 的地下水呈褐红色；含氧化亚铁时呈浅蓝绿色；含腐殖质时呈带有荧光的浅黄色，具甜味。

（4）透明度　分为透明、微混浊、混浊、极混浊，常见的是无色透明的，当含有一定量的固体物质或悬浮杂质时，透明度变差。

（5）气味和口味　气味取决于地下水中所含的挥发性物质（气体）与有机质，口味取决于水中所含的盐分和气体，如含有 NaCl 时有咸味，含有 $MgCl_2$、$MgSO_4$ 时有苦味，含有 CO_2 时清凉可口，含铁带铁腥味，含有机质时具甜味，含有 H_2S 具有臭鸡蛋味等。

（6）放射性　一般情况下地下水的放射性极其微弱，不足以对人体构成危害。但个别区域的地下水会因放射性元素含量高、放射性强而对人体健康构成威胁，如主要存在于放射性矿床和酸性火成岩中的地下水。含镭等放射性成分越多时放射性越强。

（7）导电性　取决于所含电解质的种类和数量，含的电解质越多时导电性越强。

地下水含的杂质越多时，相对密度越大，具有各种颜色、味和嗅的水以及相对密度和放射性大的水，一般不宜饮用。

2. 地下水的化学成分及化学性质

地下水的化学成分是指地下水中的气体成分、阴阳离子、胶体和有机质等。地下水的化学成分可呈离子、分子、化合物和气体状态，而以离子状态者为最多。常见的离子有 Cl^-、SO_4^{2-}、HCO^-、K^+、Na^+、Ca^+、Mg^{2+} 七种。化合物有：Fe_2O_3、Al_2O_3、H_2SiO_3 等；气体有：O_2、N_2、CO_2、CH_4、H_2S 等；还含有有机质和细菌成分。

在工程建设中进行地下水的水质评价时，下列成分及化学性质具有最重要的意义：

（1）地下水的钙镁离子浓度（硬度）　地下水的钙镁离子浓度（硬度）是指水中 Ca^{2+}、Mg^{2+} 的含量。“硬度”是过去习惯沿用的名称，现已废除。现行法定名称为钙镁离子浓度（$c = Ca^{2+} + Mg^{2+}$）。根据钙镁离子浓度，可将地下水分为5类，见表4-2。

表4-2　地下水硬度分类

水的类型	极软水	软水	微硬水	硬水	极硬水
钙镁离子浓度（c，毫克当量）	$c<1.5$	$c=1.5\sim3.0$	$c=3.0\sim6.0$	$c=6.0\sim9.0$	$c>9.0$

蔬菜和肉类在硬水中很难煮烂，硬水不易使肥皂起泡，硬水在锅炉中会形成锅垢而影响锅炉的正常工作。

（2）地下水的侵蚀性　地下水的侵蚀性是指地下水中的一些化学成分与混凝土结构物中的某些化学物质发生化学反应，在混凝土内形成新的化合物，使混凝土体积膨胀、开裂破坏，或者溶解混凝土中的某些物质，使其结构破坏、强度降低的现象。

常见的地下水侵蚀作用有以下几种。

1）氧化、水化侵蚀。当地下水中含有较多氧气时，会对混凝土结构物中的钢筋等铁金属材料进行腐蚀。化学反应如下。

$$2Fe + 3O_2 = 2Fe_2O_3$$

$$Fe_2O_3 + 3H_2O = 2Fe(OH)_3$$ （胶体状态）

2）酸性侵蚀。H^+的含量决定了地下水的酸碱反应和酸碱程度。一般以 pH 值表示 H^+的含量。pH 值乃是以 10 为底的 H^+浓度的负对数，即 $pH = -1g[H^+]$。当 $pH = 7$ 时，地下水为中性；$pH > 7$ 时为碱性；$pH < 7$ 时为酸性。当地下水呈酸性时，氢离子会对混凝土表面的碳酸钙硬层产生溶蚀，即

$$CaCO_3 + H^+ = Ca^{2+} + HCO_3$$

3）碳酸类侵蚀。CO_2 在地下水中可呈三种状态存在，即游离状态（气体），重碳酸状态（HCO_3^-），碳酸状态（CO_3^-）。当水中富含 CO_2 时，会对混凝土中的氢氧化钙产生溶蚀，即

$$Ca(OH)_2 + CO_2 = CaCO_3 \downarrow + H_2O$$

$$CaCO_3 + CO_2 + H_2O = Ca^+ + 2HCO_3^{2-}$$

这是一个可逆反应。当反应达到平衡时，水中的游离 CO_2 称为平衡 CO_2；当水中游离 CO_2 的含量大于平衡时，反应向右进行，此时 $CaCO_3$ 将被溶解而遭受侵蚀。这部分具有侵蚀性的 CO_2 称为侵蚀性 CO_2。但一般认为当水中侵蚀性 CO_2 含量小于 15mg/L 时，实际上无侵蚀性；而当水的暂时硬度小于 1.5 度，且含 HCO_3^- 时，或游离 CO_2 的含量小于 0.6mg/L 时（相当于大气中的含量），部分混凝土也会被侵蚀破坏。当暂时硬度 >2.4 度，$pH < 6.7$ 时，石灰岩便被溶解。

4）硫酸类侵蚀。当地下水中含有 SO_4^{2-} 超过规定值，侵入到混凝土的裂缝中时，SO_4^{2-} 将与混凝土中的 Ca^{2+} 发生作用，生成 $CaSO_4$ 盐，再结晶成石膏（$CaSO_4 \cdot 2H_2O$）。结晶时其体积膨胀 1～2 倍，可使混凝土（结构）破坏。这称为地下的硫酸盐侵蚀性（或结晶性侵蚀）。一般认为，当地下水中 SO_4^{2-} 的含量大于 300mg/L 时即具有硫酸盐侵蚀性。

5）镁盐侵蚀。富含 $MgCl_2$ 的地下水与混凝土接触时会和混凝土中的 $Ca(OH)_2$ 反应，生成 $Mg(OH)_2$ 和溶于水的 $CaCl_2$，使混凝土中的钙质流失，结构破坏，强度降低。

（3）矿化度　地下水中所含各种离子、分子或化合物的总量，称为总矿化度，以 g/L 表示。它说明地下水中含盐量的多少，即水的矿化程度，简称矿化度。通常根据在 105～110℃时将水蒸发干后所得的干涸残余物质质量来确定。矿化度以克/升（g/L）表示。根据总矿化度（M）的大小，水可分为 5 类：淡水（$M < 1$g/L）、微咸水（$M = 1 \sim 3$g/L）、碱水（$M = 3 \sim 10$g/L）、盐水（$M = 10 \sim 50$g/L）和卤水（$M > 50$g/L）。

水的矿化度与水的化学成分有着密切的关系。淡水和微咸水常以 Ca^{2+}、Mg^{2+}、HCO^- 为主要成分，称重碳酸盐型水；咸水常以 Na^+、Ca^{2+}、SO_4^{2-} 为主要成分，称硫酸盐型水；盐水和卤水则以 Na^+、Cl^- 为主要成分，称氯化物型水。一般饮用水的总矿化度不宜超过 10g/L，灌溉用水的总矿化度不宜超过 17g/L。

3. 地下水的化学成分分析表示方法

在工程地质勘察中一般均需采取地下水样，进行水化学分析，以确定其是否具有侵蚀性。当拟利用地下水做饮用水或技术用水时，则须进行专门的水质分析和评价。

水质分析分为简易分析和全分析两种。简易分析法精度较低但可以快速地在现场试验求得；全分析法则需要在实验室进行，一般是在简易分析的基础上进行的。

水质分析成果主要用以下两种方法表示：

（1）离子毫克当量数表示法　以每升水中的当量数（毫克当量/ L）表示水的化学成分，离子当量和毫克当量数用下式表示

离子当量＝离子量（原子量）/离子价

离子的毫克当量数＝离子的毫克数/离子当量

（2）库尔洛夫表示法　以数学分式的形式表示化学成分，用下式表示

$$H^2SiO^3_{0.7}H^2S_{0.021}CO^2_{0.031}M_{3.21}\frac{Cl_{84.76}SO^4_{14.74}}{Na_{71.63}Ca_{27.78}}t^0_{52}$$

在分子位置上表示各阴离子及其毫克当量的百分数，而在分母位置上表示各阳离子及其毫克当量的百分数，都是按其值的递减顺序排列。含量小于10%的则不表示。横线前表示矿化度（M）、气体成分和特殊成分（H_2S 等）及含量。横线后为水温（t）。公式中的总矿化度、气体成分和特殊成分的单位均为 g/L。各离子的原子数标于上角，各种成分的含量一律标于成分符号的右下角。

利用此公式表示水的化学成分比较简明，能反映地下水的基本特征，并且可以直接确定地下水的化学类型。

4.2.3　地下水的基本类型

1. 地下水分类

由于地下水本身非常复杂及影响因素的多种多样，所以地下水的分类方法很多，但归纳起来有两种分类法：一是按地下水的某一特征进行分类，如按硬度的分类，按矿化度的分类等；二是综合考虑地下水的若干个特征进行分类，如表4-3所列按埋藏条件和含水层孔隙性质的分类法（图4-5），这是目前采用比较普遍的分类法。首先按埋藏条件可将地下水分为包气带水、潜水、承压水，其中根据含水层孔隙的性质又可分为孔隙水、裂隙水、岩溶水。

表4-3　地下水分类

空隙类型 / 埋藏条件	孔　隙　水	裂　隙　水	岩　溶　水
上层滞水	局部黏性土隔水层上季节性存在的重力水（上层滞水）	裂隙岩层浅部季节性存在的重力水及毛细水	裸露的岩溶化岩层上部岩溶通道中季节性存在的重力水
潜水	各类松散堆积物浅部的水	裸露于地表的各类裂隙岩层中的水	裸露于地表的岩溶化岩层中的水
承压水	山间盆地及平原松散堆积物深部的水，向斜构造的碎屑岩孔隙中的水	组成构造盆地、向斜构造或单斜断块的被掩覆的各类裂隙岩层中的水	组成构造盆地、向斜构造或单斜断块的被掩覆的岩溶化岩层中的水

2. 各类地下水特征

（1）包气带水

1）土壤水。埋藏在包气带土层中的水。主要以结合水和毛管水形式存在。靠大气降水的渗入、水汽的凝结及潜水由下而上的毛细作用的补给。大气降水或灌溉水向下渗入必须通

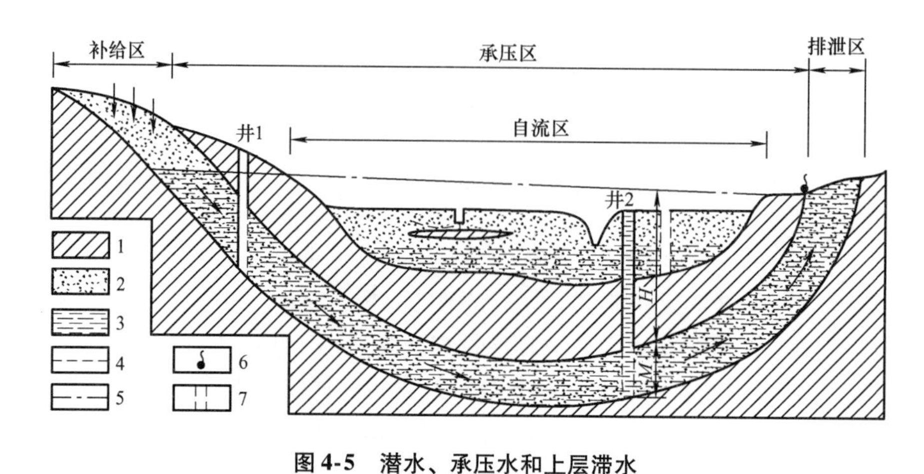

图 4-5　潜水、承压水和上层滞水

1—隔水层　2—透水层　3—饱水部分　4—潜水位　5—承压水侧压水位　6—上升泉　7—水井
H—承压水头　*M*—含水层厚度　井 1—承压井　井 2—自流井

过土壤层，这时渗入水的一部分保持在土壤层中，成为所谓的田间持水量（实际就是土壤层中最大悬挂毛管水量），多余部分呈重力水下渗补给潜水。土壤水主要消耗于蒸发，水分变化相当剧烈，受大气条件的制约。当土壤层透水性很差，气候又潮湿多雨或地下水位接近地表时，易形成沼泽，称沼泽水。当地下水面埋藏不深，毛细水带可达到地表时，由于土壤水分强烈蒸发，盐分不断积累于土壤表层，则形成土壤盐渍化。

2）上层滞水。上层滞水是存在于包气带中，局部隔水层之上的重力水。

上层滞水的特点是：分布范围有限，补给区与分布区一致；直接接受当地的大气降水或地表水补给，以蒸发或逐渐向下渗透的形式排泄；水量不大且随季节变化显著，雨季出现，旱季消失，极不稳定；水质变化亦大，一般较易污染。

上层滞水由于水量小且极不稳定，只能做临时性的水源。

在建筑工程中，上层滞水的存在乃是不利的因素。基坑开挖工程中经常遇到这种水，这种水可能突然涌入基坑，妨碍施工，应注意排除；但由于水量不大，易于处理。

（2）潜水

1）潜水的概念。饱水带中第一个稳定隔水层之上、具有自由水面的含水层中的重力水，称为潜水。一般多储存在第四纪松散沉积物中，也可形成于裂隙性或可溶性基岩中，其基本特点是与大气圈和地表水联系密切，积极参与水循环。

潜水的自由表面称为潜水面，潜水面是一个大体与地形一致的曲面，潜水面上任意一点的标高称为潜水位。潜水面到地表的铅直距离称为潜水埋藏深度。潜水面到隔水底板的铅直距离称为潜水含水层厚度。当大面积不透水底板向下凹陷，潜水面坡度近于零，潜水几乎静止不动时，称为潜水湖；潜水在重力作用下从高处向低处流动时，称为潜水流；在潜水流的渗透途径上，任意两点的水位差与该两点之间的水平距离之比，称为潜水流在该段的水力坡度。

2）潜水的主要特征。

① 潜水具有自由水面，为无压水。在重力作用下可以由水位高处向水位低处渗流，形成潜水径流。

② 潜水的分布区和补给区基本是一致的。在一般情况下，大气降水、地表水可通过包

气带入渗直接补给潜水。

③ 潜水的动态（如水位、水量、水温、水质等随时间的变化）随季节不同而有明显变化。如雨季降水多，潜水补给充沛，使潜水面上升，含水层厚度增大，水量增加，埋藏深度变浅，而在枯水季相反。

④ 在潜水含水层之上因无连续隔水层覆盖，一般埋藏较浅，因此容易受到污染。

3）潜水等水位线图。潜水面的形状可以用潜水等水位线图表示。潜水等水位线图就是潜水面的等高线图（图4-6），其作图方法和地表地形等高线图作法相似，而且是在地形等高线图的基础上作出来的。由于潜水面是随时间变化的，在编图时必须在同一时间或较短时间内对测区内潜水水位进行观测，把每个观测点的地面位置准确地绘制在地形图上，并标注该点测得的潜水埋藏深度及算得的该点潜水水位标高，根据各测点的水位标高画出潜水等水位线图。可以把水井、泉等潜水出露点选作观测点，也可根据需要进行人工钻孔或挖试坑到潜水面，以保证测点有足够的数量和合理的分布。每张潜水等水位线图均应注明观测时间，不同时间可测得同一地，表明该地区潜水面随时间变化的情况。

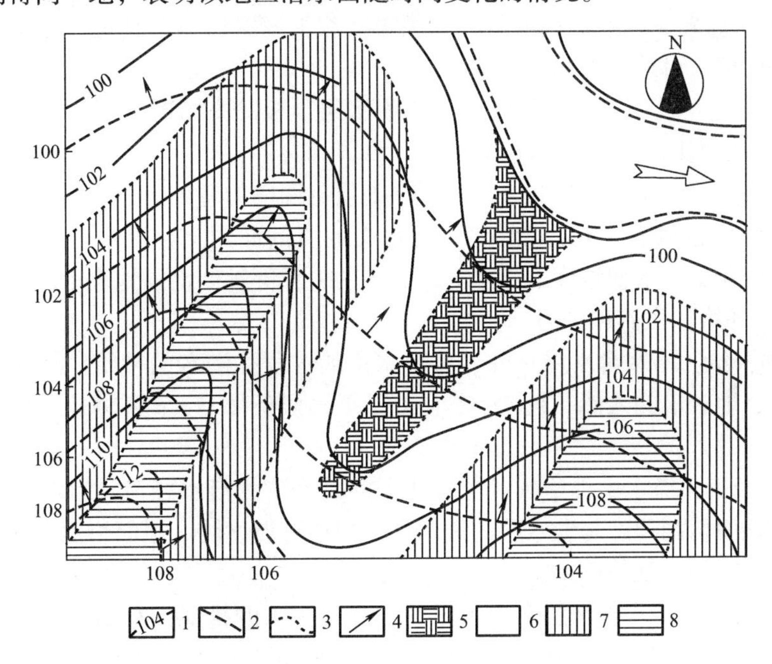

图4-6 潜水等水位线及埋藏深度图

1—地形等高线 2—等水位线 3—等埋深线 4—潜水流向 5—埋深为0m区（沼泽地）
6—埋深为0～2m区 7—埋深为2～4m区 8—埋深大于4m区

根据等水位线图可以了解以下情况：

① 确定潜水的流向及水力坡度。垂直于等水位线且自高等水位线指向低等水位线的方向，即为流向。图4-7中箭头方向即为潜水流向。在流动方向上，取任意两点的水位高差，除以两点间在平面上的实际距离，即此两点间的平均水力坡度。

② 确定潜水与河水的相互关系。潜水与河水一般有如下三种关系：河岸两侧的等水位线与河流斜交，锐角都指向河流的上游，表明潜水补给河水（图4-7a），这种情况多见于河流的中、上游山区；等水位线与河流交的锐角在两岸都指向河流下游，表明河水补给两岸的

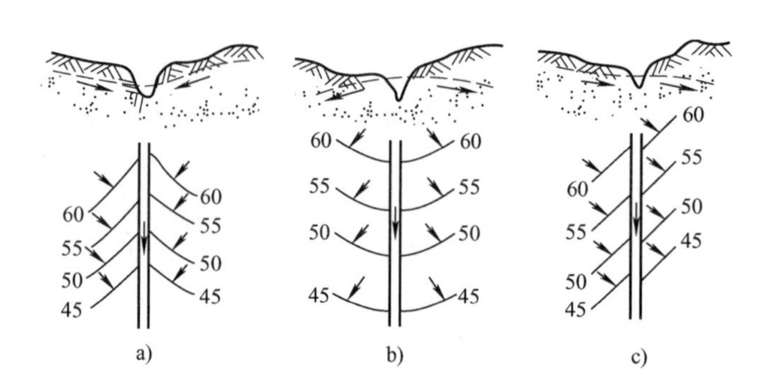

图 4-7 潜水与河水补给关系图

a）潜水补给河水 b）河水补给潜水 c）河水与潜水互补

潜水（图 4-7b），这种情况多见于河流的下游；等水位线与河流斜交，表明一岸潜水补给河水，另一岸则相反（图 4-7c），一般在山前地区的河流有这种情况。

③ 确定潜水面埋藏深度。潜水面的埋藏深度等于该点的地形高程与潜水位之差。根据各点的埋藏深度值，可绘出潜水等埋深线。

④ 确定含水层厚度。当等水位线图上有隔水层顶板等高线时，同一测点的潜水水位与隔水层顶板高程之差即为含水层厚度。

另一种方法是以剖面图的形式表示，即在地质剖面图的基础上，绘制出有关水文地质特征的资料（如潜水位和含水层厚度等）。在水文地质剖面图上，潜水埋藏深度、含水层厚度、岩性及其变化、潜水面坡度、潜水与地表水的关系等都能清晰地表示出来。

4）潜水的补给、径流和排泄。

① 潜水的补给。潜水含水层自外界获得水量的过程称潜水的补给。其补给来源有：大气降水的入渗、地表水的入渗、越流补给。在干旱气候条件下，凝结水也是潜水的重要补给来源。

② 潜水的径流。潜水由补给区流向排泄区的过程称为潜水径流。影响径流的因素主要是地形坡度、地面切割程度与含水层的透水性，如地形坡度陡、地面切割强烈、含水层透水性强，径流条件就好，反之则差。

③ 潜水的排泄。潜水含水层失去水量的过程称为水的排泄。在山区、丘陵区及山前地带潜水以泉或散流形式排泄于沟谷或溢出地表，这种排泄方式称为水平排泄；在平原地区，潜水排泄主要消耗于蒸发，称为垂直排泄。垂直排泄只排泄水分，不排泄盐分，结果使潜水含盐量增加，矿化度升高，水质变差。

潜水补给、径流和排泄的无限往复，组成了潜水的循环。潜水在循环过程中，其水量、水质都不同程度地得到更新置换，这种更新置换称为水交替。水交替的强弱，取决于含水层透水性的强弱、地形陡缓和切割程度以及补给量的多少等。随着深度的增加，水交替也逐渐减弱。总之，潜水分布广泛，埋藏较浅，水量消耗容易得到补充、恢复，所以常是生活和工农业供水的重要水源。

（3）承压水

1）承压水及其特征。充满于两个稳定隔水层之间，含水层中具有水头压力的地下水，称为承压水。隔水层顶、底板之间的距离为含水层厚度，承压性是承压水的一个重要特征，承压水如果受地质构造影响或钻孔穿透隔水层时，地下水就会受到水头压力而自动上升，甚至喷出地表形成自流水。

承压水的上部由于有连续隔水层的覆盖，大气降水和地表水不能直接补给整个含水层，只有在含水层直接出露的补给区，才能接受大气降水或地表水的补给，所以承压水的分布区和补给区是不一致的，一般补给区远小于分布区。

承压水由于具有水头压力，所以它的排泄可以由补给区流向地势较低处，或者由地势较低处向上流至排泄区，以泉的形式出露地表，或者通过补给该区的潜水或地表水而排泄。

承压水比较稳定，水量变化不大，主要原因是承压水受隔水层的覆盖，所以它受气候及其他水文因素的影响较小，故其水质较好。而潜水的水质变化较大，且易受污染，对潜水的水源更应注意卫生保护。

承压区中地下水承受静水压力，当钻孔打穿隔水顶板时所见的水位，称为初见水位。随后，地下水上升到含水层顶板以上某一高度稳定不变，这时的水位（即稳定水面的高程）称为承压水位或测压水位。承压水位如高出地面，则地下水可以溢出或喷出地表，如图4-5中井2位置，所以通常又称承压水为自流水。承压水位与隔水层顶板的距离称为水头，水头高出地面者称为正水头，低于地面者称为负水头。承压水与潜水相比具有以下特征：

① 承压水具有静水压力，承压水面（实际并不存在）是一个势面（水压面的深度不能反映承压水的埋藏深度）。

② 承压水的补给区和承压区不一致。

③ 承压水的水位、水量、水质及水温等，受气象水文因素的影响较小。

④ 承压含水层的厚度稳定不变，不受季节变化的影响。

⑤ 水质不易受污染。

基岩地区承压水的埋藏类型，主要决定于地质构造，即在适宜的地质构造条件下，孔隙水、裂隙水和岩溶水均可形成承压水。最适宜形成承压水的地质构造，有向斜构造和单斜构造两类。

向斜储水构造又称为承压盆地，其规模差异很大，四川盆地是典型的承压盆地，小型的承压盆地一般面积只有几平方公里，它由明显的补给区、承压区和排泄区组成（图4-5）。

单斜储水构造又称为承压斜地，它的形成原因可以是含水层岩性发生相变或尖灭，也可以是含水层被断层所切（图4-8）。

2）等水压线图。等水压线图就是承压水面的等高线图（图4-9），这是根据相近时间测定的各井孔的承压水位资料绘制的。如果在图中同时绘出含水层顶板及底板等高线，这样就和等水位线图一样，可以确定承压水的流向、计算水力坡度、确定承压水位和承压水含水层的埋深、明确水头的大小以及含水层的厚度等。

例如，根据图4-9可确定地面绝对高程、承压水位、含水层顶板绝对高程、含水层距地表深度（地面绝对高程－含水层顶板绝对高程）、稳定水位距地表深度（m）（地面绝对高程－承压水位）、水头（m）（承压水位－含水层顶板绝对高程）。

3）承压水的补给、径流和排泄。承压水的补给方式一般为：当承压水补给区直接出露于地表时，大气降水是主要的补给来源；当补给区位于河床或湖沼地带，地表水可以补给承

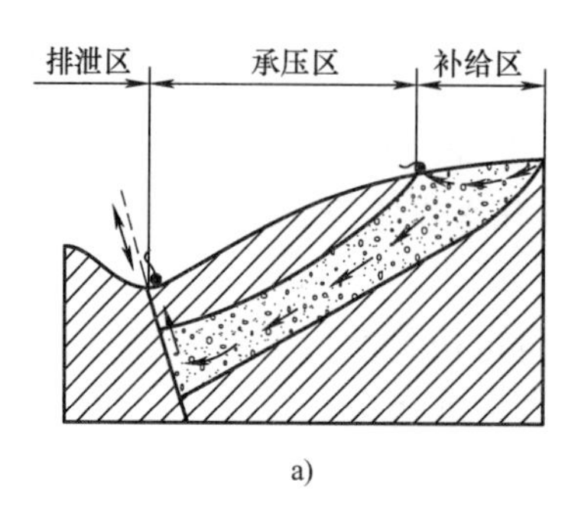

a)

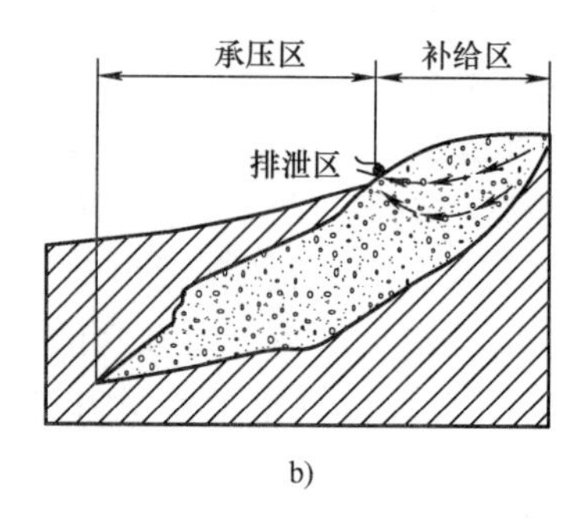

b)

图 4-8　承压斜地

a）断层斜地　b）含水层尖灭构造斜地

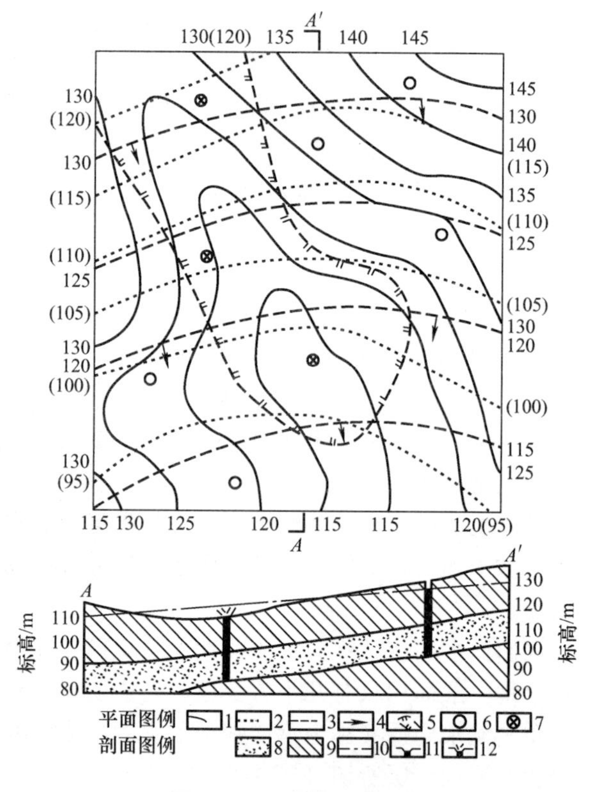

图 4-9　承压等水压线图

1—地形等高线　2—含水层顶板等高线　3—等水压线　4—地下水流向　5—承压水自溢区　6—钻孔　7—自喷钻孔　8—含水层　9—隔水层　10—承压水位线　11—钻孔　12—自钻孔

压水；当补给区位于潜水含水层之下，潜水便直接排泄到承压含水层中。此外，在适宜的地形和地质构造条件下，承压水之间还可以互相补给。

承压水的排泄有如下形式：承压含水层排泄区裸露于地表时，承压水以泉的形式排泄并可能补给地表水；承压水位高于潜水位时，承压水排泄于潜水并成为潜水补给源；在某些地形或负地形条件下，承压水也可以形成向上或向下的排泄。

承压水的径流条件决定于地形、含水层透水性、地质构造及补给区与排泄区的承压水位差。承压含水层的富水性则同承压含水层的分布范围、深度、厚度、空隙率、补给来源等因素密切相关。一般情况下，若承压水分布广、埋藏浅、厚度大、空隙率高，水量就较丰富且稳定。

承压水径流条件的好坏及水交替的强弱，决定了水质的优劣及其开发利用的价值。

（4）孔隙水　孔隙水主要储存于松散沉积物孔隙中，由于颗粒间孔隙分布均匀密集、相互连通，因此，其基本特征是分布均匀连续，多呈层状，具有统一水力联系的含水层。

1）冲积层中的地下水。冲积物（层）是经常性流水形成的沉积物，它分选性好，层理清晰。在河流上、中、下游或河漫滩、阶地的岩性结构、厚度各不相同，就决定了其中孔隙水的特征和差异。

① 河流中、上游冲积层中的地下水。河流上游峡谷内冲积砂砾、卵石层分布范围狭窄，但透水性强、富水性好、水质优良，是良好的含水层。冲积层中的地下水位和水量随河水与季节的变化而变化。河流中游河谷两侧的低阶地，尤其是一级阶地与河漫滩，是富水区。

② 河流下游平原冲积层中的地下水。冲积平原上，常埋藏有由颗粒较粗的冲积砂组成的古河道，其中储存有水量丰富、水质良好且易于开采的浅层淡水。

河流下游平原的冲积层，常与不同时期和成因的其他砂砾石沉积组合成统一的、巨厚的砂砾——砂质含水岩系，构成规模大、水量多的地下水盆地，且具良好的水质，常成为不可多得的灌溉或供水水源地。

2）洪积层中的地下水。广泛分布于山间盆地和山前的平原地带，常呈扇状地形，故又称洪积扇。根据地下水埋深、径流条件及化学特征，可将洪积扇中的地下水大致分为三带（图4-10）。

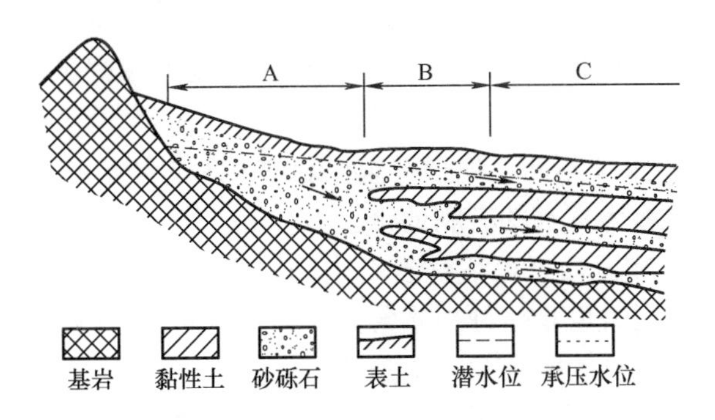

图4-10　山前洪积扇地下水分带

A—只有潜水位区　B—潜水位与承压水位重合区　C—承压水位高于潜水位区

① 深埋带。又称径流带，在顶部靠近山区，地形坡度较陡。粗砂砾石层堆积，有良好的渗透性和径流条件，矿化度低，小于1g/L，为重碳酸盐性水，故又称地下水盐分溶滤带，埋深十几至几十米以上。

② 溢出带。地形变缓，细砂、亚砂、亚黏土等交错沉积，渗透性变弱，径流受阻，形成壅水，出露成泉，矿化度增高，为重碳酸—硫酸盐型，故又称盐分过路带。

③ 下沉带。由黏土和粉砂夹层组成，岩层渗透性极弱、径流很缓慢，蒸发强烈，以垂直交替为主，由于河流排泄作用，地下水埋深比溢出带稍有加强，又称潜水下沉带。因地下水埋深仍很浅，在干旱、半干旱条件下，蒸发强烈进行，水的矿化度急剧增加（大于3g/L）为硫酸—氯化物或氯化物型水，地表形成盐渍化，又称盐分堆积带。

上述洪积层中的地下水分带规律，在我国北方，具有典型性。而南方多雨，缺少水质的明显分带性，多为低矿化度的重碳酸盐性水。

（5）裂隙水　裂隙水是指储存于基岩裂隙中的地下水。岩石中的裂隙的发育程度和力学性质影响着地下水的分布和富集。在裂隙发育地区，含水丰富；反之，含水甚少。所以在同一构造单元或同一地段内，富水性有很大变化，因而形成了裂隙水分布的不均一性。上述特征的存在，常使相距很近的钻孔，水量一方较另一方大数十倍，如福建漳州市，两钻孔相距仅20m，水量一方较另一方大65倍。

1）裂隙水的划分。裂隙水按其埋藏分布特征，可划分为面状裂隙水、层状裂隙水和脉状裂隙水。面状裂隙水又称风化裂隙水，储存于山区或丘陵区的基岩风化带中，一般在浅部发育。层状裂隙水系储存于成层的脆性岩层（如砂岩、硅质岩及玄武岩等）中。原生裂隙和构造裂隙构成的层状裂隙中的水，一般是承压水（玄武岩台地中的层状裂隙水是潜水）。脉状裂隙水亦称构造裂隙水，它储存于断裂破碎带和火成岩体的侵入接触带中。岩脉的节理之中，脉状裂隙水具承压水的特点，含水一般均匀。

2）裂隙水富集特点。裂隙水的富集受诸多地质因素的影响，具体如下：

① 不同岩性的富水性不同。岩石（软、硬等）性质不同，影响着裂隙的发育程度，导致地下径流强弱差别和分布的贫富不均。

② 不同力学性质的结构面富水性不同，一般情况是，张性结构面富水性强，压性结构面富水性弱，扭性结构面居中。

③ 不同构造部位的富水性不同。通常在背斜或向斜轴部、岩层挠曲部位、穹窿顶部等处的裂隙较其他部位发育且具张性的，往往是富水地段。此外，断裂多次活动部位，由于多次作用的叠加，岩石破碎，裂隙发育，有利裂隙水的富集和储存。断裂构造新近活动的地方，也宜于地下水富集。

④ 不同地貌部位的富水性不同。地形地貌控制地下水的补给和汇水条件。洼地、盆地、沟谷低地汇水条件好，往往为富水的有利地带。

（6）喀斯特水　储存和运动于可溶性岩石中的地下水称为岩溶水。岩溶水不仅是一种具有独特性质的地下水，同时也是一种地质营力。它在运动过程中，不断地与可溶性岩石发生作用，从而不断改变着自己的赋存和运动条件。

岩溶水可以是潜水，也可以是承压水。当岩溶含水层裸露于地表时，常形成潜水或局部具有承压性能；当岩溶含水层被不透水层覆盖，就可形成承压水。岩溶水的埋藏深度，在岩溶含水层下距地表不深处有隔水层时，则埋藏较浅；当隔水层埋藏很深时，岩溶水的埋藏深度受区域排水基准面和地质构造的控制，往往埋藏较深，地面常呈现严重缺水现象。

岩溶水与裂隙水的差别很大，其主要原因是它们的含水空间不同。岩溶水的特点，主要表现在以下三个方面。

1）富水性在水平和垂直方向的变化显著。在岩溶体内存在着含水和不含水体、强含水体和弱含水体、均匀含水体和集中渗流通道共存的特点。之所以形成这些特点与岩溶发育程度、各种形态岩溶通道的方向性以及连通情况在不同方向上的差异有关。因此，在生产实践中，常常可以见到不同的地段，岩溶的富水差别很大，即使是同一地段，相距很近的两个钻孔，或者是同一钻孔不同的深度，富水性差别也很显著。

2）水力联系的各向异性。当岩层的某一个方向岩溶发育比较强烈，通道系统发育比较完善，水力联系好时，这个方向就成为岩溶水运动的主要方向；在另一些方向上，由于岩溶裂隙微小，或因通道系统被其他物质所堵塞，致使水流不畅，水力联系差，因此，在岩溶含水层不同的方向上，透水性能差别很大，出现水力联系各向异性的特点。

3）动态变化显著。岩溶水的动态变化非常显著，尤其是岩溶潜水。其动态最显著的特点之一是变化幅度大，例如水位的年变化幅度，一般可达数十米，流量的变化幅度可达数十倍，甚至数百倍。动态的特点之二是对大气的反应灵敏，有的在雨后一昼夜甚至几小时就出现峰值。

4.2.4　地下水运动

1. 地下水运动的基本形式

地下水在岩石的空隙中运动称为渗透。对于地下水流，假想其充满岩石颗粒骨架的全部体积。我们把这种假想水流称为渗透水流，简称为渗流，其特点是水流通道曲折多变，流速缓慢。

地下水在岩石空隙中运动，按其形态可分为层流和紊流两种运动形式。所谓层流运动是指水质点呈相互平行的流线运动；紊流的水质点运动则是杂乱无章的［只有在基岩宽大洞隙及卵砾石层的大孔隙中或在水力坡度很大的情况下（如抽水井附近）才会出现。具有紊流和层流共同特点的水流称混合流］。

根据地下水的运动要素（如水位、流速、流向）随时间变化与否，又可将其分为稳定流与非稳定流两类运动。稳定流运动各运动要素不随时间改变；运动要素随时间变化的水流运动则称为非稳定运动。严格地讲，自然界中的地下水流均属非稳定流。但为了计算简便，也可以将某些运动要素变化微小的渗流，近似地看作稳定流。

此外，如果地下水的流速大小和方向沿着流程保持不变，这样的流动称为均匀流；反之，则为非均匀流。

2. 地下水运动的基本规律

（1）达西线性渗透定律　1852—1856年间，法国水力学家达西（Henri Darcy）通过大量试验发现了地下水运动的线性渗透定律，故称达西定律，其试验装置如图4-11所示。

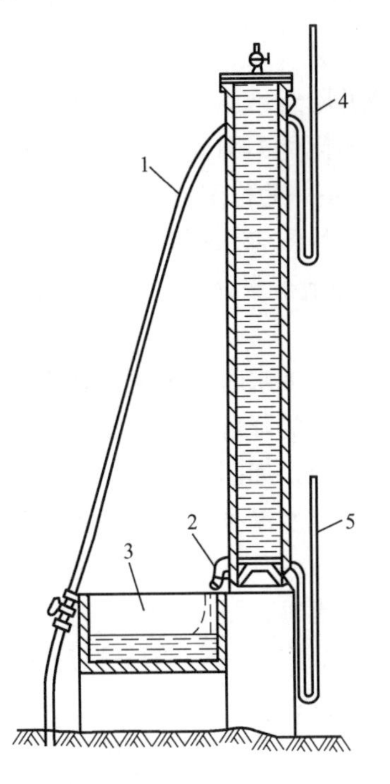

图4-11　达西试验装置

1、2—导管　3—量杯　4、5—测压管

在用粒径为0.1～3mm的砂做了大量试验后，获得如下结论：单位时间内通过筒中砂的水流量 Q 与渗透长度 L 成反比，而与圆筒的过水断面面积 A、上下两测压管的水头 Δh 成正比，即

$$Q = Ak(\Delta h/L) \tag{4-1}$$

式中 Q——渗透流量（m^3/d）；

A——过水断面面积（圆筒横断面面积，m^2）；

Δh——水头损失（测压管的水头差，m）；

k——渗透系数（m/d）。

令比值 $\Delta h/L = J$，称水力坡度，也就是渗透路程中单位长度上的水头损失。又因 $v = Q/A$，则式（4-1）可写为

$$v = kJ \tag{4-2}$$

式（4-2）表明，渗透流速 v 与水力坡度的一次方成正比，故达西定律又称线性渗透定律。当 $J = 1$ 时，$v = k$，说明渗透系数值等于单位水头梯度时的渗透流速。

试验表明，不是所有地下水的层流运动都服从达西定律，只有当雷诺数 $Re < 1$ 时才符合达西定律。在自然界中，由于绝大多数地下水流动比较缓慢，其雷诺数一般都小于1，因此达西定律是地下水运动的基本定律。

（2）地下水流向集水建筑物的运动

1）概述。水井是开采地下水的最基本形式之一，我们称之为集水建筑物（用以开采和疏干地下水的各种工程设施）。当水井穿过整个含水层而达到隔水底板时，称为完整井。如果仅穿入含水层部分厚度，则称为非完整井。开采潜水含水层的井称为潜水井，开采承压含水层的井称为承压水井（或自流井）。当承压水井内水位降深很大，以致动水位下降到含水层顶板以下，造成井附近承压水转化为非承压水时，则称为承压—潜水井。流向不同集水建筑物的水流形态是不同的，因此必须建立不同的计算公式。

2）地下水向完整井的稳定流运动。1863年法国水力学家裘布依（J. Dupuit）首先应用线性渗透定律研究了均质含水层在等厚、广泛分布、隔水底板水平、天然的（抽水前）潜水面（亦为水平）即地下水处于稳定流的条件下，呈层流运动的缓变流流向完整井的流量方程式。

由抽水试验得知，抽水时潜水完整井周围潜水位逐渐下降，将形成一个以井孔为中心的漏斗状潜水面，即所谓的降落漏斗（图4-12）。

潜水向水井的渗流，如图4-12所示，从平面上看，流向沿半径指向井轴，呈同心圆状。为此，围绕井轴取一过水断面，该断面距井的距离为 x，该处过水断面的高度为 y，这样，过水断面面积为 $A = 2\pi xy$，平面径向流的水力坡度为 $J = dy/dx$。

当地下水流为层流时，服从线性渗透定律，该断面的过流量应为

$$Q = kAJ = k2\pi xy(dy/dx)$$

分离变量并积分得：

$$Q(dx/x) = 2\pi k\, y\, dy$$

$$Q = \pi k[(H^2 - h^2)/(\ln R - \ln r)] \tag{4-3}$$

式中 Q——井的出水量（m^3/d）；

k——渗透系数（m/d）；

H——含水层厚度（m）；

h——动水位（m）；

r——井的半径（m）；

R——影响半径（m）。

式（4-3）即为潜水完整井出水量公式，又称裘布依公式。

当进行抽水试验时，有时设有一个或两个观测孔，它们的流量公式，根据相应的积分上下限，整理后可得如下公式：

一个观测孔的流量公式为

$$Q = \pi k(h_1^2 - h^2)/(\ln r_1 - \ln r) \qquad (4\text{-}4)$$

两个观测孔的流量公式为

$$Q = \pi k(h_2^2 - h_1^2)/(\ln r_2 - \ln r_1) \qquad (4\text{-}5)$$

上两式中，h_1、r_1 为1号观测井和该井距主井的距离；h_2、r_2 为2号观测井和该井距主井的距离。

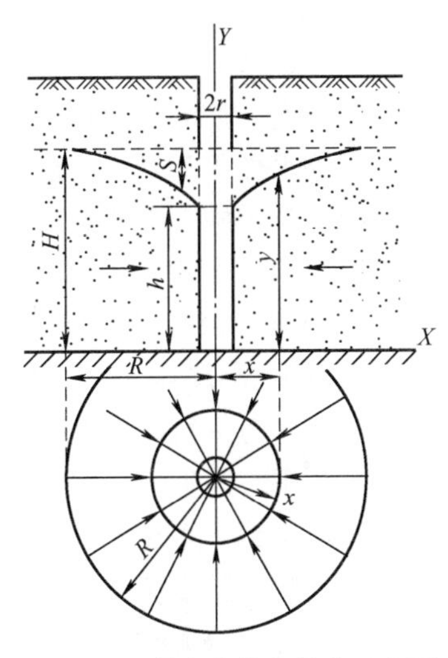

图4-12　潜水完整井抽水示意图

4.2.5　施工中地下水对工程的不良影响

地下水的存在，对工程建设有着不可忽视的影响。

1. 地下水位的变化

如地下水位上升，可引起浅基础地基承载力降低，在有地震砂土液化的地区会引起液化的加剧，同时易引起建筑物震陷加剧，岩土体产生变形、滑移、崩塌失稳等不良地质作用。另外，在寒冷地区会有地下水的冻胀影响。

就建筑物本身而言，若地下水位在基础底面以下压缩层内发生上升变化，水浸湿和软化岩土，从而使地基土的强度降低，压缩性增大，建筑物会产生过大沉降，导致严重变形。尤其是对结构不稳定的土（如湿陷性黄土、膨胀土等），这种现象更为严重，对设有地下室的建筑的防潮和防湿也均不利。

地下水位下降，往往会引起地表塌陷、地面沉降等。对建筑物本身而言，当地下水位在基础底面以下压缩层内下降时，岩土的自重压力增加，可能引起地基基础的附加沉降。如果土质不均匀或地下水位突然下降，也可能使建筑物产生变形破坏。

通常地下水位的变化往往是由于施工中抽水和排水引起的，局部的抽水和排水，会产生基础底面下地下水位突然下降，建筑物（如邻近建筑物）发生变形，因此，施工场地应注意抽水和排水的影响。另外，在软土地区，大面积的抽水也可能引起地面下沉。此外，如果抽水井滤网和砂滤层的设计不合理或施工质量差，抽水时会将土层中的黏粒、粉粒，甚至细砂等细小土颗粒随同地下水一起带出地面，使周围地面土层很快产生不均匀沉降，造成地面建筑物和地下管线不同程度的损坏。

城市大面积抽取地下水，将造成大规模的地面沉降。前些年，天津市由于抽水使地面最大沉降速率高达262mm/a，最大沉降量达2.16m。

2. 地下水的渗透产生流砂和潜蚀

（1）流砂　流砂是砂土在渗透水流作用下产生的流动现象。这种情况的发生常是由于在地下水位以下开挖基坑、埋设地下管道、打井等工程活动而引起的，所以流砂是一种不良的工程地质现象，易产生在细砂、粉砂、粉质黏土等土中。形成流砂的原因：一是水力坡度较大，流速大，冲动细颗粒使之悬浮；二是土粒周围附着亲水胶体颗粒，饱水时胶体颗粒膨胀，在渗透水作用下悬浮流动。

流砂在工程施工中能造成大量的土体流动，致使地表塌陷或建筑物的地基破坏，会给施工带来很大困难，或直接影响工程建筑及附近建筑物的稳定，因此必须进行防治。

（2）潜蚀　潜蚀是指渗透水流冲刷地基岩土层，并将细粒物质沿空隙迁移（机械潜蚀）或将土中可溶成分溶解（化学潜蚀）的现象。潜蚀通常分为机械潜蚀和化学潜蚀。这两种作用一般是同时进行的。在地基土层内如具有地下水的潜蚀作用时，将会破坏地基土的强度，形成空洞，产生地表塌陷，影响建筑工程的稳定。对潜蚀的处理可以采用堵截地表水流入土层、阻止地下水在土层中流动、设置反滤层、改造土的性质、减小地下水流速及水力坡度等措施。这些措施应根据当地地质条件分别或综合采用。

3. 地下水的侵蚀性

地下水的侵蚀性主要体现为含有侵蚀性 CO_2 或含有 SO_4^{2-} 的地下水，会产生对混凝土、可溶性石材、管道以及金属材料的侵蚀危害。

公路工程建设中，桥梁基础、地下洞室衬砌和边坡支挡建筑物等，都要长期与地下水相接触，地下水中各种化学成分与建筑物中的混凝土产生化学反应，使混凝土中某些物质被溶蚀，强度降低，结构遭到破坏，或者在混凝土中生成某些新的化合物，这些新化合物生成时体积膨胀，使混凝土开裂破坏。

地下水对混凝土的侵蚀主要有结晶型侵蚀、分解型侵蚀等类型。

（1）结晶型侵蚀　当地下水中 SO_4^{2-} 含量 >250mg/L 时，SO_4^{2-} 与建筑物基础混凝土中的 $Ca(OH)_2$ 反应生成含水石膏晶体，含水石膏继而再与水化铝酸钙反应生成水化硫铝酸钙，由于水化硫铝酸钙中含有大量结晶水，体积随之膨胀，内应力增大，导致混凝土开裂。

（2）分解型侵蚀　地下水中含有 CO_2，有时对建筑物基础混凝土具有侵蚀（腐蚀）性。当地下水中 CO_2 含量较高时，水中的 CO_2 与混凝土中微量成分 $Ca(OH)_2$ 完全反应后剩余的 CO_2 就会与混凝土成分中 $CaCO_3$ 发生反应生成重碳酸钙 $Ca(HCO_3)_2$，使混凝土遭到腐蚀。

4. 基坑涌水现象

当工程基坑设计在承压含水层的顶板上部时，开挖基坑必然会减小承压水顶板隔水层的厚度，当隔水层变薄到一定程度经受不住承压水头压力作用时，承压水的水头压力将会顶裂、冲毁基坑底板向上突涌，从而出现基坑突涌现象。

基坑突涌不仅破坏了地基强度，给施工带来困难，而且给拟建工程留下安全隐患。

5. 地下水的浮托作用

在地下水静水位作用下，建筑物基础的底面所受的均布向上的静水压力，称为地下水的浮托力。地下水位上升产生的浮托力对地下室防潮、防水及稳定性产生较大影响。

为了平衡地下水的浮托力，避免地下室或地下构筑物上浮，目前国内常采用抗拔桩或抗拔锚杆等抗浮设计。即先在基坑底面设置深孔抗拔桩，然后将深孔抗拔桩的上端嵌入建筑物基础底板以拉阻基础上浮。

6. 路基翻浆

路基翻浆主要发生在季节性冰冻地区的春融时节，以及盐渍、沼泽等地区。因为地下水位高、排水不畅、路基土质不良、含水过多，经行车反复作用，路基会出现弹簧、裂缝、冒泥浆等现象。

根据导致路基翻浆的水类来源不同，翻浆可分为5类，见表4-4。根据翻浆高峰期路基、路面的变形破坏程度，翻浆又可分为3个等级，见表4-5。

表4-4　翻浆分类

翻浆类型	导致翻浆的水类来源
地下水类型	受地下水的影响，土基经常潮湿，导致翻浆。地下水包括上层滞水、潜水、层间水、裂隙水、泉水、管道漏水等。潜水多见于平原区，层间水、裂隙水、泉水多见于山区
地表水类型	受地表水的影响，使土基潮湿，地表水主要指季节性积水，也包括路基路面排水不良而造成的路旁积水和路面渗水
土体水类	因施工遇雨或用过湿的土填筑路堤，造成土基原始含水量过大，在负温度作用下使上部含水量显著增加导致翻浆
气态水类	在冬季强烈的温差作用下，土中水主要以气态形式向上运动，聚积于土基顶部和路面结构层内，导致翻浆
混合水类	受地下水、地表水、土体水或气态水等两种以上水类综合作用产生的翻浆。此类翻浆需要根据水源主次定名

表4-5　翻浆分级

翻浆等级	路面变形破坏程度
轻型	路面龟裂、湿润，车辆行驶时有轻微弹簧现象
中型	大片裂纹、路面松散、局部鼓包、车辙较浅
重型	严重变形、翻浆冒泥、车辙很深

思考与练习

1. 什么是坡流、洪流、泥石流？它们各有什么特点？

2. 河谷由哪些部分组成？如何绘制河谷横剖面图？河谷上下游的纵横剖面上有何不同特征？

3. 河流有哪几种地质作用？地壳运动对河流地质作用有何影响？

4. 侵蚀基准面对河流的地质作用有什么影响？

5. 什么叫河床相冲积物，其特点如何？河漫滩相冲积物为何具有二元结构，它是怎样形成的？

6. 平原地区河流冲积物的岩相结构特征如何？试绘示意图说明。

7. 河流阶地是怎样形成的，它有几种类型？

8. 河谷发育与岩性、地质构造的关系如何？

9. 试述河谷地貌的类型。河谷按形态及按构造分各有哪些类型？

10. 地下水的温度取决于哪些因素？

11. 地下水中包含哪些化学成分？

12. 研究地下水的化学性质有何重要意义?

13. 简述透水层、隔水层、结合水、重力水、潜水、承压水的概念。

14. 地下水的地质作用有哪些特点? 排泄方式有哪些?

15. 潜水、承压水分别有什么样的特征?

16. 潜水面的形状与哪些因素有关? 试论述之。

17. 怎样表示潜水面的形状? 等水位线图如何绘制? 它有哪些用途?

18. 潜水和承压水的补给、径流、排泄分别有何特点?

19. 什么样的地质构造条件适宜储存承压水? 试绘图并说明。

20. 简述裂隙水的分布特征。

21. 在岩溶分布区怎样寻找地下水?

22. 写出达西定律的关系式，并指出各符号的意义及达西定律的适用范围。

23. 裘布依在推导地下水向完整井的稳定运动时的基本假定有哪些? 这些假定对实际应用会有什么影响?

24. 写出地下水向潜水完整井运动的裘布依公式，并指出式中各符号的含义。

25. 在厚度为12.5m的砂砾石潜水含水层进行完整井抽水试验，井径160mm，观测孔距抽水井60m，当抽水井降深2.5m时，涌水量为600m^3/d，此时观测井降深为0.24m，计算含水层的渗透系数。

26. 有一潜水完整井，含水粗砂层厚14m，渗透系数为10m/d，含水层下伏为黏土层，潜水埋藏深度为2m，钻孔直径为304mm，当抽水孔水位降深为4m时，经过一段时间抽水，达到稳定流，影响半径可采用300m，试绘制剖面示意图并计算井的涌水量。

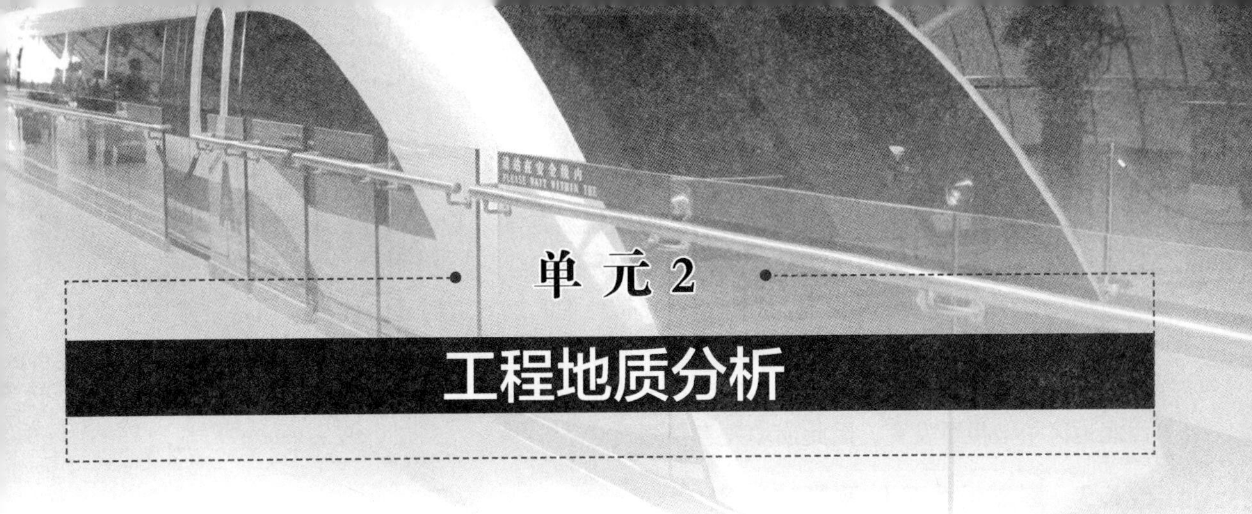

单元2
工程地质分析

课题5　不良地质现象分析

学习目标

1. 知道不良地质现象的分类；
2. 知道崩塌影响因素及防治措施；
3. 知道滑坡影响因素及防治措施；
4. 知道泥石流影响因素及防治措施；
5. 知道岩溶的形成原因及防治措施；
6. 知道地震震级与烈度及其危害和预防措施。

学习重点

不良地质现象及分类；崩塌、滑坡、泥石流、岩溶的概念；震级与烈度；不良地质现象的影响因素及其危害和防治措施。

学习难点

崩塌、滑坡、泥石流、岩溶、地震的发生机理、影响因素和防治措施。

5.1　崩塌

5.1.1　定义

崩塌也叫崩落、垮塌，是边坡破坏的一种形式，是指高、陡边坡的上部岩土体受裂隙切割，在重力作用下，突然脱离母岩，翻滚坠落的急剧破坏现象。崩塌若产生在土体中，则称为土崩；若产生在岩体中，则称为岩崩。规模巨大的崩塌称为山崩；小型崩塌则称为坠石。当崩塌发生在河流、湖泊或海岸上时，则称为岸塌。

崩塌会使建筑物遭到破坏、公路和铁路被掩埋，崩塌有时还会使河流堵塞，常常造成严重的洪灾和其他地质灾害。我国西部地区，如云南、四川、贵州、陕西、青海、甘肃、宁夏等省区，地形切割陡峻，地质构造复杂，岩土体支离破碎，加上西南地区降水量大且强烈、西北地区植被极不发育，因此崩塌发育强烈。

5.1.2 崩塌发生条件及影响因素

1. 形成崩塌的内在条件

（1）边坡的坡度和坡面形态　崩塌的实例表明，坡度对崩塌的影响最为明显。一般情况下，当斜坡坡度达到45°以上时，即有发生崩塌的可能；当斜坡的坡度达到70°时，就极易发生崩塌。如果坡面呈凸形坡，则其凸出部分就更易发生崩塌。

（2）岩石的性质　各类岩、土都可以形成崩塌，但不同类型所形成崩塌的规模大小不同。通常，岩性坚硬的各类岩浆岩、变质岩及沉积岩类的碳酸盐岩、石英砂岩、砂砾岩、结构密实的黄土等形成规模较大的崩塌，页岩、泥灰岩等互层岩石及松散土层等往往以小型坠落和剥落为主。软硬岩石互层时，较软岩石易风化形成凹坡，坚硬岩层形成陡壁或凸出成悬崖易发生崩塌（图5-1）。

（3）地质构造条件　节理、断层发育的山坡，岩石破碎，岩块间的联结力弱，很容易发生崩塌，如图5-2所示。当岩层的倾向与山坡的坡向相同，岩层的倾角小于山坡的坡角时，常沿岩层的层面发生崩塌。

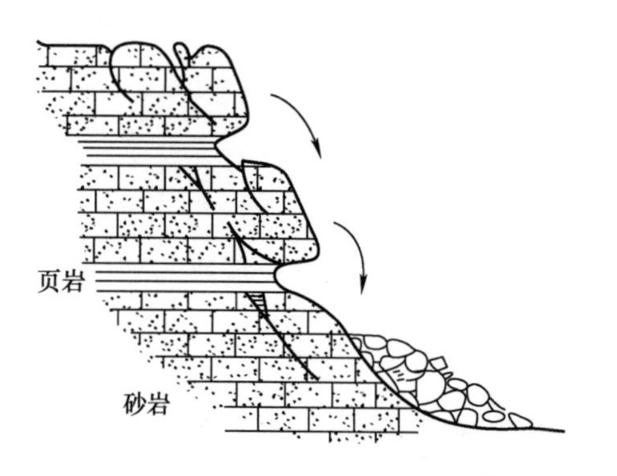

图5-1　软硬互层坡体局部崩塌

图5-2　节理与崩塌

2. 诱发崩塌的外界因素

（1）气候条件　在日温差、年温差较大的干旱、半干旱地区，风化作用强烈，如兰新铁路一些新开挖的花岗岩路堑，仅4～5a时间路堑边坡岩石就遭到强烈风化，形成崩塌。融雪、降雨，特别是大雨、暴雨和长时间的连续降雨，使地表水渗入坡体，软化岩、土及其各软弱面，产生空隙水压力等，从而诱发崩塌。

（2）地震　地震引起坡体晃动，破坏坡体平衡，从而诱发崩塌。一般烈度大于7度的地震都会诱发大量崩塌。例如，1970年秘鲁境内的安第斯山附近发生一次大地震，当时从5000～6000m高山上倾泻下来的岩块和冰块等崩塌体，连抛带滚波及10km以外。

(3) 地表水的冲刷、浸泡 河流等地表水体不断地冲刷坡脚或浸泡坡脚、削弱坡体支撑或软化岩、土，降低坡体强度，也能诱发崩塌。

(4) 不合理的人类活动 如开挖坡脚、地下采空、水库蓄水、泄水等改变坡体原始平衡状态的人类活动，都会诱发崩塌活动。

3. 防治崩塌的工程措施

防治崩塌的措施包括削坡、清除危石、胶结岩石裂隙、引导地表水流等方法，防止岩石强度迅速变化和差异风化，避免斜坡进一步变形，以提高斜坡的稳定性。具体方法如下：

(1) 削坡 爆破或打楔，将陡坡削缓，并清除易坠的危石。

(2) 镶补勾缝 水泥砂浆勾缝、裂隙内灌浆、片石填补空洞，防止裂隙、裂缝和空洞的进一步发展。

(3) 排水 在崩塌地区上方修截水沟，以阻止水流流入裂隙。

(4) 遮挡 筑明硐或御塌棚，遮挡斜坡上部的崩塌落石。这种措施经常用于中小型崩塌或人工边坡崩塌的防治。

(5) 护墙、护坡 在易风化剥落的边坡地段修建护墙或在坡面上喷浆，以防止边坡进一步风化。一般边坡均可采用。

(6) 支挡 在软弱岩石出露处或不稳定的岩石下面修筑挡土墙、支柱，以支持上部岩石的质量。

5.2 滑坡

斜坡上大量的岩土体，在一定的自然条件（地质结构、岩性和水文地质条件等）及其重力的作用下，使部分岩土体失去稳定性，沿斜坡内部一个或几个滑动面（带）整体向下滑动，且水平位移大于垂直位移的现象，称为滑坡。

滑坡一般是缓慢、长期而间歇性进行的，延续时间可以是几年、几十年甚至百年以上。有的滑坡开始时滑动缓慢，但后来滑动速度可以突然变大，急剧下滑，这种滑坡又叫作“崩塌性滑坡”。当斜坡岩土体发生沉陷式的运动时，称为错落性滑坡（铁路部门称为错落），如图5-3所示。

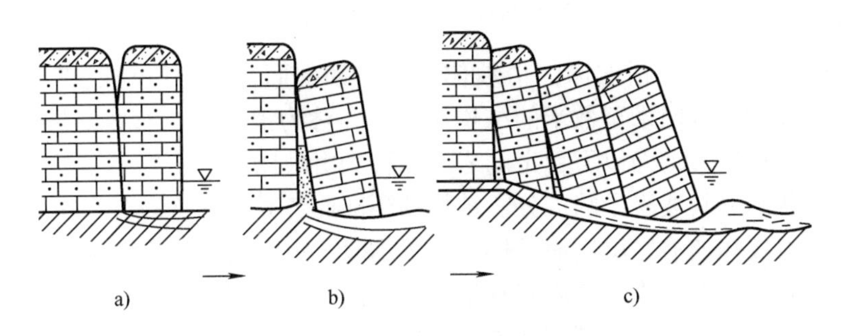

图5-3 错落性滑坡发育过程示意图

滑坡是山区铁路、公路、水库及城市建设中经常遇到的一种地质灾害。西南地区是我国滑坡分布的主要地区，其滑坡不仅规模大、类型多，而且分布广泛、发生频繁、危害严重。由于滑坡的存在和发展，常使交通被中断，河道被堵塞，厂矿被破坏，村庄被掩埋，对山区建设和交通设施危害很大。

滑坡有的易于识别，但有的受到自然界各种外动力地质作用的影响或破坏，往往较难鉴别。为了准确鉴别滑坡，首先必须了解滑坡的形态特征及其内部结构。在研究滑坡时，可通过其外部形态判断滑坡存在的可能性，而其内部结构也为确定滑坡性质提供了依据。因此，只有识别了滑坡之后，才能对滑坡的问题做出客观的分析和结论，从而采取针对性的防治措施。

5.2.1 滑坡的形态特征

为避免将工程建在滑坡体上，正确识别滑坡，了解滑坡的构造形态非常重要。一个发育完全的滑坡，其形态特征和内部构造如图 5-4 所示。其主要组成部分如下：

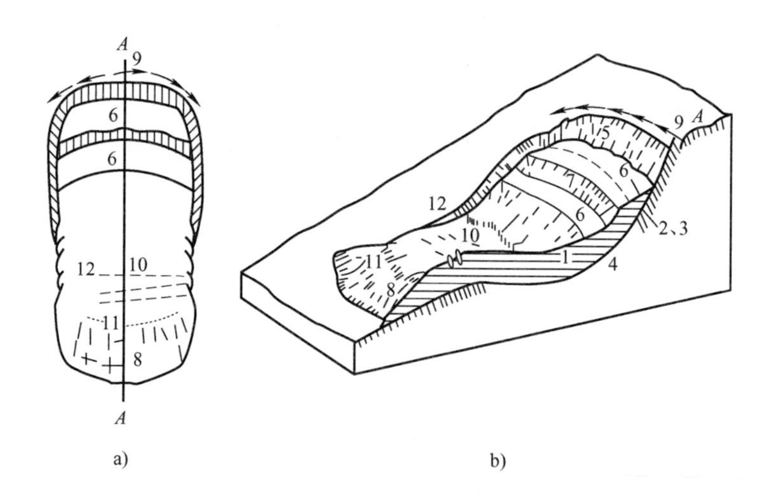

图 5-4 滑坡形态和构造示意图

a）平面图 b）块状图

1—滑坡体 2—滑动面 3—滑动带 4—滑坡床 5—滑坡后壁 6—滑坡台地 7—滑坡台地陡坎 8—滑坡舌 9—张拉裂缝 10—滑坡鼓丘 11—扇形张裂缝 12—剪切裂缝

（1）滑坡体 滑坡的整个滑动体，简称滑体。其内部大体仍保持原有的层位关系以及结构、构造特点。

（2）滑动面、滑动带、滑坡床 滑坡体沿其滑动的面，称为滑动面。滑动面以上被揉皱、碾磨，所形成的厚数厘米至数米的结构扰动带，称为滑动带。有些滑坡的滑动面（带）可能不止一个，其最后滑动面以下稳定的岩上体称为滑坡床。

滑动面的形状随着斜坡岩土的成分、结构的不同而各异。在均质黏性土和软岩中，滑动面可为圆弧状；滑坡体如沿岩层层面或构造面滑动时，滑动面多呈直线形或折线形。多数滑动面是由直线和圆弧复合而成，其后部常呈弧形，前部呈近似水平的直线。

滑动面多数位于黏土夹层或其他软弱岩层内，如页岩、泥岩、千枚岩、片岩、风化岩等。由于滑动时的摩擦，滑动面常是光滑的，有时有清楚的擦痕。同时，滑动面附近的岩土体风化破坏也较严重，并常常是潮湿的，甚至达到饱和状态。许多滑坡的滑动面常有地下水活动，在滑动面的出口附近常有泉水出露。

（3）滑坡后壁 滑坡体滑动后，滑坡后部和斜坡未动部分之间形成的坡度较大的陡壁。

滑坡后壁实际上是滑动面在上部的露头。

（4）滑坡台地　滑坡体滑动时，出于各段岩土体滑动速度的差异，在滑坡体表面形成的台阶状的错台。

（5）滑坡鼓丘　滑坡体在向前滑动时受到阻碍所形成的隆起的小丘。

（6）滑坡舌　滑坡体的前部如舌状向前伸出的部分。

（7）滑坡裂隙　滑坡活动时在滑体及其边缘所产生的一系列裂缝。位于滑坡体上（后）部多呈弧形展布者，称为拉张裂缝；位于滑坡体中部两侧又常伴有羽毛状排列的裂缝，称为剪切裂缝；滑坡体前部因滑动受阻而隆起形成的张性裂缝，称为鼓张裂缝；位于滑坡体中前部，尤其滑舌部呈放射状展布者，称为扇形裂缝。

5.2.2　滑坡的形成条件和影响因素

1. 滑坡的形成条件

滑坡形成的几何边界条件是指构成可能滑动岩体的各种边界面及其组合关系，条件通常包括滑动面、切割面和临空面。它们的性质及所处的位置不同，在稳定性分析中的作用也是不同的。

1）滑动面。滑动面一般都是斜坡岩体中最薄弱的面，它有效分割了滑坡体与滑坡床之间的联结，是对边坡的稳定起决定作用的一个重要的边界条件。滑动面可能是基岩侵蚀面，上覆第四纪松散沉积物作为滑坡体，沿着滑动面向下滑动；在基岩内部产生的滑坡一般是某一软弱夹层面作为滑动面，如在砂岩中夹着的页岩层；有的倾角很小的断层带也可成为滑动面；在均质土层中滑动面常常是两种岩性有差异的接触面。有的滑坡有明显的一个或几个滑动面，有的滑坡没有明显的滑动面，而是由一定厚度的软弱岩土层构成的滑动带。

2）切割面。切割面是指起切割岩体作用的面，它分割了滑坡体与其周围岩土（母岩）之间的联结，如平面滑动的侧向切割面。由于失稳岩体不沿该面滑动，因而不起抗滑作用，故在稳定性系数计算时，常忽略切割面的抗滑能力，以简化计算。滑动面与切割面的划分有时也不是绝对的，如楔形体滑动的滑动面，就兼有滑动面和切割面的双重作用。各种面的具体作用应结合实际情况作具体分析。

3）临空面。临空面是滑坡体滑动后的堆积场所，是滑坡体向下游滑动时能够自由滑出的面。它的存在为滑动岩体提供活动空间，临空面常由地面或开挖面组成。

滑动面、切割面、临空面是滑坡形成必备的几何边界条件，分析它们的目的是确定边坡中可能滑动岩体的位置、规模及形态，定性地判断边坡岩体的破坏类型及主滑方向。为了分析几何边界条件，就要对边坡岩体中结构面的组数、产状、规模及其组合关系，以及这种组合关系与坡面的关系进行分析研究，初步确定作为滑动面和切割面的结构面的形态、位置及可能滑动的方向。

2. 影响滑坡形成和发展的因素

影响滑坡形成和发展的因素比较复杂，概括起来主要表现在地形地貌、地层岩性、地质构造、地下水和人为因素等几个方面。

（1）地形地貌　斜坡的高度、坡度和形态影响着斜坡的稳定性。高而陡峻的斜坡较不稳定，因为地形上的有效临空面提供了滑动的空间，成为滑坡形成的重要条件。

（2）地层岩性　沉积物和岩石是产生滑坡的物质基础。松散沉积物，尤其是黏土与黄土容易发生滑坡，坚硬岩石较难发生滑坡。基岩区的滑坡常和页岩、黏土岩、泥岩、泥灰岩、板岩、千枚岩、片岩等软弱岩层的存在有关。当组成斜坡的岩石性质不一，特别是当上层为松散堆积层，而下部是坚硬岩石时，则沿两者接触面最容易产生滑坡。

（3）地质构造　滑坡的产生与地质构造关系极为密切。滑动面常常是构造软弱面，如层面、断层面、断层破碎带、节理面、不整合面等。另外，岩层的产状也影响滑坡的发育。如果岩层向斜坡内部倾斜，斜坡比较稳定；如果岩层的倾向和斜坡坡向相同，就有利于滑坡发育，特别是当倾斜岩层中有含水层存在时，滑坡最易形成。

（4）水的作用　绝大多数滑坡的发生、发育都有水的参与。丰富的雨水以及雪融水可润湿斜坡上的岩土，当水进入滑动体，会使滑动体自重增大，当水下浸到达滑动面，会使滑动面抗剪强度降低，再加上水对滑动体的静、动水压力，都成为诱发滑坡形成和发展的重要因素。

（5）人为因素及其他因素　人为因素主要是指人类工程活动不当引起滑坡，如人工切坡、开挖渠道等工程活动。如设计施工不当，也可造成斜坡平衡破坏而引起滑坡。

此外，地震、海啸、风暴潮、冻融、大爆破以及各种机械振动都可能诱发滑坡。因为地面震动不仅增加了土体下滑力，而且还破坏了土体的内部结构。

5.2.3　滑坡的分类

滑坡类型的划分可根据不同的原则，常用的分类方法有以下几种。

1. 根据组成滑坡的物质成分和滑坡与地质构造的关系分类

① 覆盖层滑坡，包括黄土滑坡、黏性土滑坡、碎石滑坡、风化壳滑坡等。

② 基岩滑坡，包括均质滑坡、顺层滑坡、切层滑坡等（图5-5和图5-6），其中顺层滑坡又可分为沿层面、软弱结构面滑动和沿不整合面滑动的滑坡。

③ 特殊滑坡，包括融冻滑坡、陷落滑坡等。

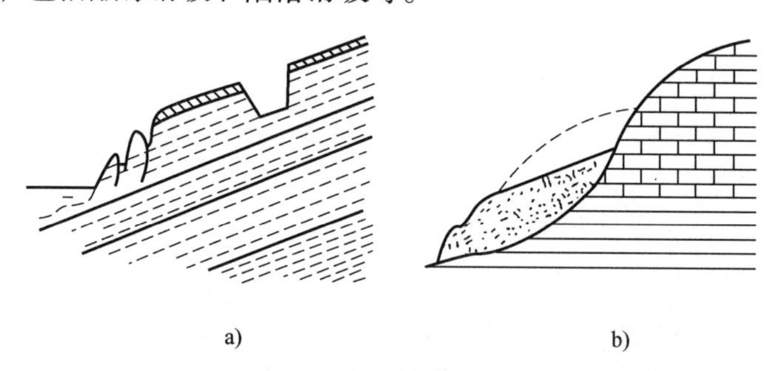

a)　　　　b)

图5-5　顺层滑坡示意图

a）沿岩层层面滑动　b）沿坡积层与基岩交界面滑动

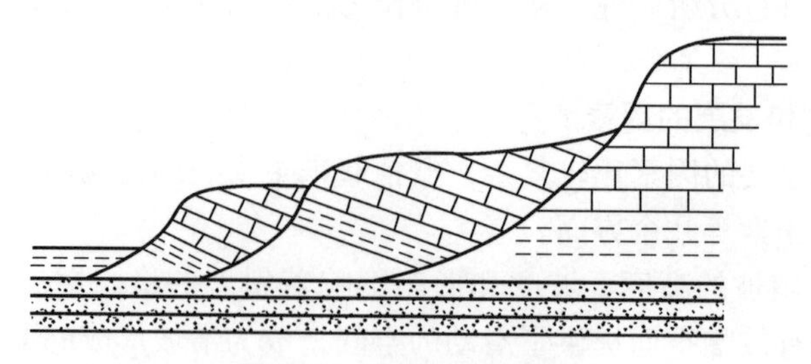

图5-6　切层滑坡示意图

2. 根据滑坡体的厚度分类

根据滑坡体的厚度，可分为浅层滑坡、中层滑坡、深层滑坡、超深层滑坡。

3. 根据滑坡体的体积大小分类

根据滑坡体的体积大小，可分为小型滑坡、中型滑坡、大型滑坡、巨型滑坡。

4. 根据滑动时力的作用类型分类

根据滑动时力的作用类型，可分为牵引式滑坡、推动式滑坡。因在斜坡上堆载或修建建筑物等，引起边坡上部岩土体先滑动而挤压下部岩土体变形一起滑动，称为推动式滑坡。由于坡脚受河流冲刷或人工开挖等不利因素影响，引起自下而上的依次下滑，为牵引式滑坡。

5.2.4 滑坡的发育过程

一般说来，滑坡的发生是一个长期的变化过程，通常将滑坡的发育过程划分为三个阶段：蠕动变形阶段、滑动破坏阶段和渐趋稳定阶段。研究滑坡发育的过程对于认识滑坡和正确地选择防治措施具有很重要的意义。

1. 蠕动变形阶段

斜坡在发生滑动之前通常是稳定的。有时在自然条件和人为因素作用下，可以使斜坡岩土强度逐渐降低（或斜坡内部剪切力不断增加），造成斜坡的稳定状况受到破坏。在斜坡内部某一部分因抗剪强度小于剪切力而首先变形，产生微小的移动，往后变形进一步发展，直至坡面出现断续的拉张裂缝。随着拉张裂缝的出现，渗水作用加强，变形进一步发展，后缘拉张，裂缝加宽，开始出现不大的错距，两侧剪切裂缝也相继出现。坡脚附近的岩土被挤压、滑坡出口附近潮湿渗水，此时滑动面已大部分形成，但尚未全部贯通。斜坡变形继续发展，后缘拉张裂缝不断加宽，错距不断增大，两侧羽毛状剪切裂缝贯通并撕开，斜坡前缘的岩土挤紧并鼓出，出现较多的鼓张裂缝，滑坡出口附近渗水混浊，这时滑动面已全部形成，接着便开始整体地向下滑动。

从斜坡的稳定状况受到破坏，坡面出现裂缝，到斜坡开始整体滑动之前的这段时间，称为滑坡的蠕动变形阶段。蠕动变形阶段所经历的时间有长有短。长的可达数年之久，短的仅数月或几天的时间。一般来说，滑动的规模越大，蠕动变形阶段持续的时间越长。斜坡在整体滑动之前出现的各种现象，叫作滑坡的前兆现象。尽早发现和观测滑坡的各种前兆现象，对于滑坡的预测和预防都是很重要的。

2. 滑动破坏阶段

滑坡在整体往下滑动时，滑坡后缘迅速下陷，滑坡壁越露越高，滑坡体分裂成数块，并在地面上形成阶梯状地形，滑坡体上的树木东倒西歪地倾斜，形成“醉林”。滑坡体上的建筑物（如房屋、水管、渠道等）严重变形以致倒塌毁坏。随着滑坡体向前滑动，滑坡体向前伸出，形成滑坡舌。在滑坡滑动的过程中，滑动面附近湿度增大，并且由于重复剪切，岩土的结构受到进一步破坏，从而引起岩土抗剪强度进一步降低，促使滑坡加速滑动。滑坡滑动的速度大小取决于滑动过程中岩土抗剪强度降低的绝对数值，并和滑动面的形状，滑坡体的厚度和长度，以及滑坡在斜坡上的位置有关。如果岩土抗剪强度降低的数值不多，滑坡只表现为缓慢的滑动；如果在滑动过程中，滑动带岩土抗剪强度降低的绝对数值较大，滑坡的滑动就表现为速度快、来势猛，滑动时往往伴有巨响并产生很大的气浪，有时造成巨大灾害。

3. 渐趋稳定阶段

由于滑坡体在滑动过程中具有动能，所以滑坡体能越过平衡位置，滑到更远的地方。滑动停止后，除形成特殊的滑坡地形外，在岩性、构造和水文地质条件等方面都相继发生了一些变化。例如，地层的整体性已被破坏，岩石变得松散破碎，透水性增强，含水量增高，经过滑动，岩石的倾角或者变缓或者变陡；断层、节理的方位区发生了有规律的变化；地层的层序也受到破坏，局部的老地层会覆盖在第四纪地层之上等。

在自重的作用下，滑坡体上松散的岩土逐渐压密，地表的各种裂缝逐渐被充填，滑动带附近岩土的强度由于压密固结又重新增加，这时整个滑坡的稳定性也大为提高。经过若干时间后，滑坡体上东倒西歪的“醉林”（图5-7）又重新垂直向上生长，但其下部已不能伸直，因而树干呈弯曲状，有时称它为“马刀树”（图5-8），这是滑坡趋于稳定的一种现象。当滑坡体上的台地已变平缓，滑坡后壁变缓并生长草木，没有崩塌发生；滑坡体中岩土压密，地表没有明显裂缝，滑坡前缘无水渗出或流出清凉的泉水时，就表示滑坡已基本趋于稳定。

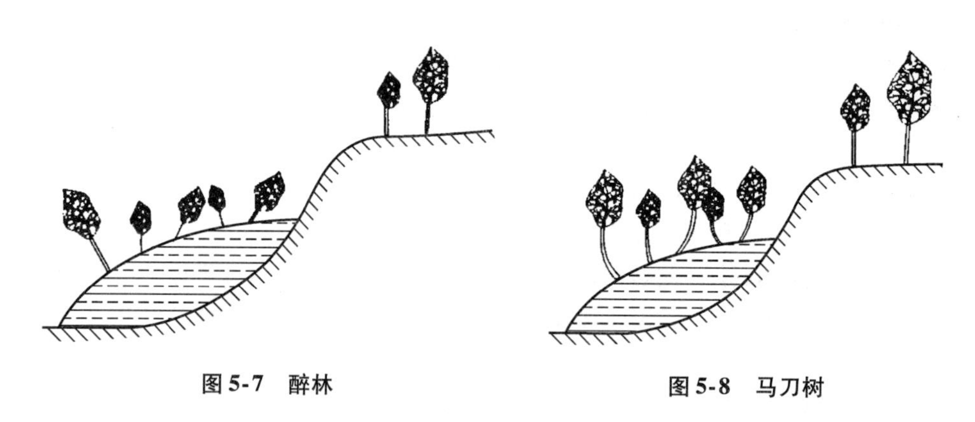

图5-7 醉林　　图5-8 马刀树

滑坡趋于稳定之后，如果滑坡产生的主要因素已经消除，滑坡将不再滑动，而转入长期稳定。若产生滑坡的主要因素并未完全消除，且又不断积累，当积累到一定程度之后，稳定的滑坡便又会重新滑动。

5.2.5 滑坡的治理

1. 治理原则

滑坡的治理，要遵循“以防为主，整治为辅”的原则；工程的选址应尽量避开大型滑坡的影响范围；对大型复杂的滑坡，应采用多项工程综合治理；对中小型滑坡，应注意调整建筑物或构筑物的平面位置，以求经济技术指标最优；对发展中的滑坡要适时进行整治，对老滑坡要防止复活，对可能发生滑坡的地段要采取措施防止其发生；整治滑坡应先做好排水工程，并针对形成滑坡的因素，采取相应的措施。

2. 治理措施

（1）排水　一是地表排水，主要是设置截水沟和排水明沟系统。截水沟是用来截排来自滑坡体外的坡面径流，在滑坡体上设置树枝状的排水明沟系统，以汇集坡面径流引导出滑坡体外（图5-9）。二是地下排水，为了排除地下水可设置各种形式的渗沟或盲沟（图5-10）系统，以截排来自滑坡体外的地下水流（图5-11）。

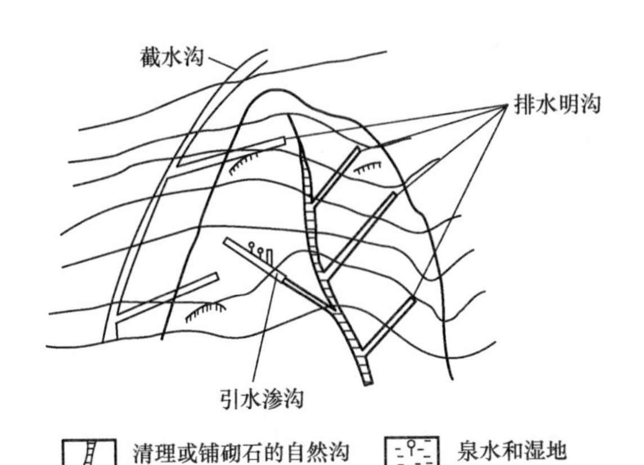

图5-9 树枝状排水系统

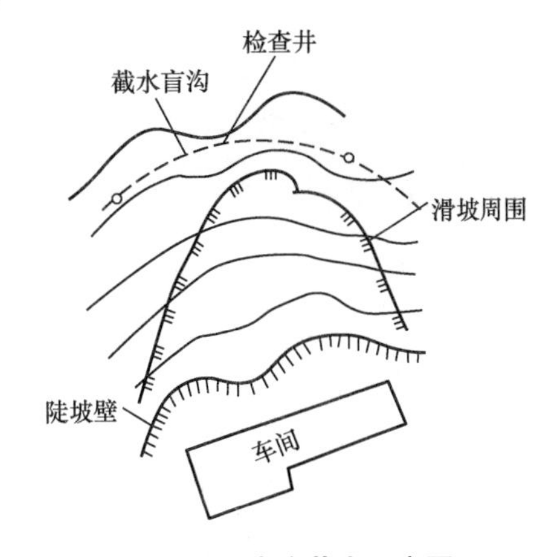

图5-10 盲沟截水示意图

(2) 支挡 在滑坡体下部修筑挡土墙(图5-12a)、抗滑桩或用锚杆加固(图5-12b)等工程，以增加滑坡下部的抗滑力。在使用支挡工程时，应该明确各类工程的作用。如滑坡前缘有水流冲刷，则应首先在河岸作支挡等防护工程，然后考虑滑体上部的稳定。

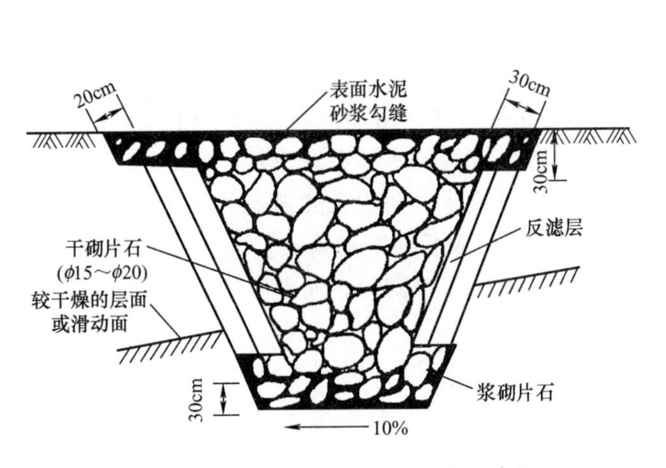

图5-11 渗水沟(小盲沟)剖面示意图

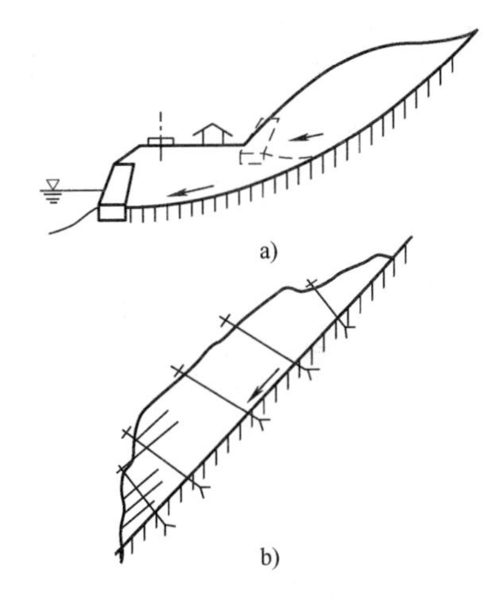

图5-12 滑坡的支挡加固

(3) 削方减重 主要是通过削减坡角或降低坡高，以减轻斜坡不稳定部位的质量，从而减小滑坡上部的下滑力。如拆除坡顶处的房屋和搬走重物等。

(4) 改善滑动面(带)的岩土性质 主要是为了改良岩土性质、结构，以增加坡体强度。本类措施有：对岩质滑坡采用固结灌浆；对土质滑坡采用电化学加固、冻结、焙烧等。

5.3 泥石流

5.3.1 泥石流的概念

泥石流是介于流水和滑坡之间的一种灾害性地质现象。它是指在山区一些流域内，由于暴雨、冰雪融化等水源激发的，含有大量泥砂、石块的土、水、气混合物。泥石流中的固体碎屑物含量在15%~80%之间，因此比一般的洪水更具破坏力，是山区最重要的自然灾害。

泥石流广泛分布于世界各地，其中比较严重的有哥伦比亚、秘鲁、瑞士、中国和日本。我国泥石流发生频繁的地区主要集中在西藏、云南、四川、甘肃、陕西等地。

5.3.2 泥石流的形成条件及其发育特点

1. 泥石流的形成条件

泥石流的形成和发展与流域的地质、地形和水文气象条件有密切的关系，同时也受人类经济活动的深刻影响。

（1）地质条件　地质条件决定了松散固体物质来源，当汇水区和流通区广泛分布有厚度很大、结构松软、易于风化、层理发育的岩土层时，这些软弱岩土层是提供泥石流的主要物质来源。此外，还应注意到泥石流流域地质构造的影响，如断层、裂隙、劈理、片理、节理等发育程度和破碎程度，这些构造破坏现象给岩层破碎创造条件，从而也为泥石流的固体物质提供来源。我国一些著名的泥石流沟群，如云南东川、四川西昌、甘肃武都和西藏东南部山区大都是沿着构造断裂带分布的。

（2）地形条件　泥石流流域的地形特征是山高谷深、地形陡峻、沟床纵坡大。上游形成区有广阔的盆地式汇水面积，周围坡陡，有利于大量水流迅速汇聚而产生强大的冲刷力；中游流通区纵坡降0.05~0.06或更大，可作为搬运流通沟槽；下游堆积区坡度急速变缓，有开阔缓坡作为泥石流的停积场所。

（3）水文气象条件　水既是泥石流的组成部分，又是搬运泥石流物质的基本动力。泥石流的发生与短时间内大量流水密切相关，没有大量的流水，泥石流就不可能形成。因此，泥石流的形成就需要在短时间内有强度较大的暴雨或冰川和积雪的强烈消融，或高山湖泊、水库的突然溃决等。气温高或高低气温反复骤变，以及长时间的高温干燥，均有利于岩石的风化破碎，再加上水对山坡岩土的软化、潜蚀、侵蚀和冲刷等，使破碎物质得以迅速增加，这就有利于泥石流的生成。

我国降雨过程主要受东南和西南季风控制，多集中在5~10月，这也是泥石流暴发频繁的季节。在高山冰川分布地区，冰川、积雪的急剧消融，往往能形成规模巨大的泥石流。此外，坝岸的溃决也可能形成泥石流。

（4）人类活动的影响　良好的植被可以减弱剥蚀过程，延缓径流汇集，防止冲刷，保护坡面。在山区建设中，由于矿山剥土、工程弃渣处理不当等，也可导致泥石流的发生。

综上所述，泥石流的形成要同时具备：

① 在某一山地河流流域内，坡地上或河床内有数量足够的固体碎屑物。

② 有数量足够的水体（暴雨、水库溃决等）。

③ 较陡的沟坡地形。

2. 泥石流的发育特点

从上述形成泥石流的三个基本条件可以看出，泥石流的发育具有区域性和间歇性（周期性）的特点。不是所有的山区都会发生泥石流，也并非年年暴发。

由于水文气象、地形、地质条件的分布有区域性的规律，因此，泥石流的发育也具有区域性的特点。如前所述，我国的泥石流多分布于大断裂发育、地震活动强烈或高山积雪、有冰川分布的山区。

由于水文气象具有周期性变化的特点，同时泥石流流域内大量松散固体物质的再积累，也不是短期内所能完成的，因此，泥石流的发育，具有一定的间歇性。那些具有严重破坏力的大型泥石流，往往需几年、十几年甚至更长时间才发生一次，一般多发生在较长的干旱年头之后（积累了大量固体物质），并出现集中而强度较大的暴雨年份。

滑坡、崩塌、泥石流三者是不同的地质灾害类型，具有不同的特征，但它们之间往往是相互联系、相互转化的，具有不可分割的密切关系。泥石流与滑坡、崩塌有着许多相同的促发因素。易发生滑坡、崩塌的区域也易发生泥石流，只不过泥石流的暴发多了一项必不可少的水源条件。崩塌和滑坡形成的破碎物质常常是泥石流重要的固体物质来源，在一定量的足够的水源条件下就会生成泥石流，因而有些泥石流是滑坡和崩塌的次生灾害。另外，滑坡、崩塌还常常在运动过程中直接转化为泥石流。

5.3.3　泥石流的分类

由于泥石流产生的地形地质条件有差别，故泥石流的性质、物质组成、流域特征及其危害程度等也随地形地质的不同而变化。因此，对泥石流类型的划分目前尚未统一，仍处于探索中。

1. 按所含固体物质成分分类

（1）泥流　以黏性土为主，含少量砂粒、石块，黏度大，呈稠泥状的称为泥流。我国主要分布于甘肃天水、兰州及青海的西宁等黄土高原山区和黄河的各大支流，如渭河、湟水、洛河、泾河等地区。

（2）泥石流　由大量黏性土和黏径不等的砂粒、石块组成的称为泥石流。基岩裸露、剥蚀强烈的山区产生的泥石流多属此类。我国主要发生在西藏波密、四川西昌、云南东川、贵州遵义等地区。

（3）水石流　由水和大小不等的砂粒、石块组成的称为水石流。水石流主要分布于石灰岩、石英岩、大理岩、白云岩、玄武岩及坚硬的砂岩地区，如陕西华山、山西太行山、北京西山、辽宁东部山区等地区的泥石流多属此类。

2. 按其地貌特征分类

（1）标准型泥石流　此种类型泥石流具有明显的形成区、流通区、沉积区三个区段。形成区多崩塌、滑坡等地质灾害，地面坡度陡峻；流通区较稳定，沟谷断面多呈V形；沉积区一般呈现扇形，沉积物棱角明显。此类泥石流破坏能力强，规模较大。

（2）沟谷型泥石流　此种类型泥石流流域呈狭长形，形成区则分散在河谷的中、上游；固体物质补给远离堆积区，沿河谷既有堆积又有冲刷；沉积物棱角不明显。此类泥石流破坏能力较强，周期较长，规模较大。

（3）山坡型泥石流　此种类型泥石流沟小流短，沟坡与山坡基本一致，没有明显的流通区，形成区直接与堆积区相连。洪积扇坡陡而小，沉积物棱角分明；冲击力大，淤积速度较快，但规模较小。

3. 按流体性质分类

（1）黏性泥石流　黏性泥石流是指含黏性土的泥石流或泥流。其特征一是黏性大，固体物质占40%～60%，最高达80%，水不是搬运介质，而是组成物质；二是稠度大，石块呈悬浮状态，暴发突然，持续时间短，破坏力大。

（2）稀性泥石流　稀性泥石流以水为主要成分，黏性土含量少，固体物质占 10%～40%，有很大的分散性。水为搬运介质，石块以滚动或跳跃方式前进，具有强烈的下切作用。其堆积物在堆积区呈扇状散流，沉积后似“石海”。

以上分类是我国泥石流最常见的几种分类方法。除此之外还有多种分类方法。如按泥石流的成因分类有冰川型泥石流和降雨型泥石流；按泥石流流域大小分类有大型泥石流、中型泥石流和小型泥石流；按泥石流发展阶段分类有发展期泥石流、旺盛期泥石流和衰退期泥石流等。

5.3.4　泥石流的防治

1. 泥石流勘察要点

泥石流勘察应采用工程地质测绘及调查访问的方法，辅助必要的勘探手段，查明场地所在区域汇水范围内的岩性、构造特征、地震情况、崩坝滑坡现象、水文地质条件和历史泥石流发生情况等。

发生过泥石流的沟谷，常遗留有泥石流运动的痕迹。如离河较远，不受河水冲刷，则在沟口沉积区都发育有不同规模的洪积扇或洪积锥，扇上堆积有新堆积的泥石物质，有的还沉积有表面嵌有角砾、碎石的泥球；在通过区，往往由于沟槽窄，经泥石流的强烈挤压和摩擦，沟壁常遗留有泥痕、擦痕及冲撞的痕迹。

2. 泥石流的防治原则

防治泥石流的原则是以防为主，兼设工程措施。针对其形成条件及形成机制以及不同的泥石流类型区别对待：上游尽可能保持水土不发生流失，保证沟谷两岸斜坡的稳定；中游以拦挡为主，同时减缓沟床纵坡；下游以疏导为主，尽可能减少淤积。

3. 泥石流的防治措施

防治泥石流应全面考虑跨越、排导、拦截以及水土保持等措施，根据因地制宜和就地取材的原则，注意总体规划，采取综合防治措施。

（1）水土保持　水土保持包括封山育林、植树造林、平整山坡、修筑梯田、修筑排水系统及支挡工程等措施。水土保持虽是根治泥石流的一种方法，但需要一定的自然条件，收效时间也较长，一般应与其他措施配合进行。

（2）跨越　根据具体情况，可以采用桥梁、涵洞、过水路面、明洞及隧道、渡槽等方式跨越泥石流。采用桥梁跨越泥石流时，既要考虑淤积问题，也要考虑冲刷问题。确定桥梁孔径时，除考虑设计流量外，还应考虑泥石流的阵流特性，应有足够的净空和跨径，保证泥石流能顺利通过。桥位应选在沟道顺直、沟床稳定处，并应尽量与沟床正交。不应把桥位设在沟床纵坡由陡变缓的变坡点附近。

（3）排导　采用排导沟、急流槽、导流堤等措施使泥石流顺利排走，以防掩埋道路、堵塞桥涵。泥石流排导沟是常用的一种构筑物，设计排导沟应考虑泥石流的类型和特征。为减少沟道冲淤，防止决堤漫溢，排导沟应尽可能按直线布设，需转弯时应有足够大的弯道半径。排导沟纵坡宜一坡到底，如必须变坡时，从上往下应逐渐变陡。排导沟的出口处最好能与地面有一定的高差，同时必须有足够的堆淤场地，最好能与大河直接衔接。

（4）滞流与拦截　滞流措施是在泥石流沟中修筑一系列低矮的拦挡坝，其作用是：拦蓄部分泥砂石块，减弱泥石流的规模；固定泥石流沟床，防止沟床下切和谷坡坍塌；减缓沟床纵坡，降低流速。拦截措施是修建拦渣坝或停淤场，将泥石流中的固体物质全部拦淤，只许余水过坝。

5.4 岩溶

岩溶是指可溶性岩石，在地表水和地下水长期的作用下，形成的各种独特的地貌现象的总称。岩溶又称为喀斯特。岩溶会给工程建设带来一系列的工程地质问题，如地基塌陷、水库渗漏、隧道突水等。因此，在这些地区进行工程活动，必须要掌握其发育规律和形成机理，采取有效的预防措施。

5.4.1 岩溶发育的基本条件及规律

1. 岩溶发育的基本条件

岩溶发育必须具备下列四个条件：可溶岩层的存在、可溶岩必须是透水的、具有侵蚀能力的水、水是流动的。

（1）岩石的可溶性　岩石的可溶性取决于岩石的岩性成分和结构。

按岩性成分，可溶岩可划分为：易溶的卤素盐类、中等溶解度的硫酸盐类和难溶的碳酸盐类。卤素盐类和硫酸盐类虽易溶解，但分布面积远不如碳酸盐类岩石大。碳酸盐岩以纯灰岩地区的岩溶最为发育，白云岩次之，硅质和泥质灰岩最难溶蚀。结构不同的碳酸盐岩以生物礁岩最易溶蚀，它主要由生物碎屑组成，孔隙大且多。经过重结晶作用的碳酸盐岩，孔隙度小，最不易溶蚀。

（2）岩石的透水性　碳酸盐岩的初始透水性取决于它的原生孔隙和构造裂隙的发育程度。厚层质纯的灰岩，构造裂隙发育很不均匀，各部分初始透水性差别很大，溶蚀作用集中于水易于进入的裂隙发育部位；薄层的碳酸盐岩，通常裂隙发育比较均匀，连通性好的层面裂隙尤其发育。

（3）水的溶蚀性　水的溶蚀性主要决定于水溶液的成分。含有碳酸的水，对碳酸盐类的侵蚀能力比纯水大得多。水中二氧化碳的含量越多，水的溶蚀力越大。

（4）水的流动性　水的溶蚀能力与水的流动性关系密切，只有当地下水不断流动，与岩石广泛接触，富含二氧化碳的渗入水不断补充更新，水才能经常保持侵蚀性，溶蚀作用才能持续进行。

2. 岩溶发育规律

岩溶发育以地下水的流动为前提。因此，厚层裸露碳酸盐地区地下水的分布规律及运动特性，也就决定了该地区岩溶的发育规律。该地区岩溶水的循环动态如图5-13所示，大致分为四个带：

（1）垂直循环带　位于地表以下、潜水面之上，平时无水，为雨雪水沿裂隙向下渗流地带，水流以垂直运动为主，因此主要发育垂直形态的岩溶地形，如岩溶漏斗、落水洞等。

（2）季节变化带　位于最高和最低潜水位之间的地带，旱季时为包气带的一部分，雨季时成为饱水带的一部分。水流呈垂直运动及水平运动交替出现，因此在该带，竖向岩溶形态和水平向岩溶形态交替出现。

（3）水平循环带　位于最低潜水位以下，受主要排水河道控制的饱水层。水流的运动

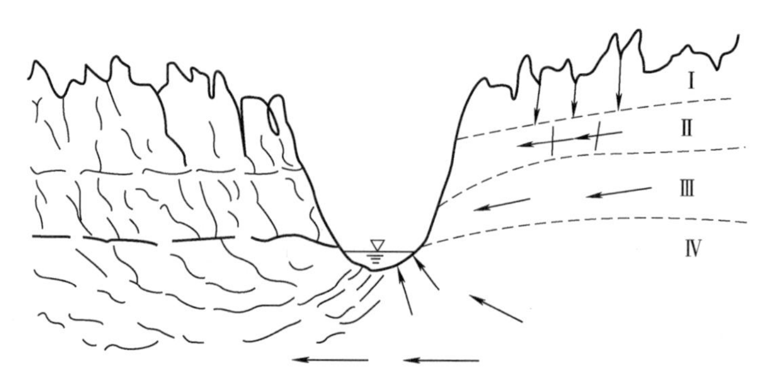

图5-13 岩溶的垂直分带示意图

Ⅰ—垂直循环带 Ⅱ—季节变化带 Ⅲ—水平循环带 Ⅳ—深部循环带

主要沿水平方向进行，广泛发育有水平溶洞、地下河等大型水平延伸的岩溶形态。

(4) 深部循环带 该带地下水的运动不受附近水系的控制，而是由地质构造决定。地下水的运动很缓慢，岩溶作用很微弱。

3. 岩溶地貌

常见的岩溶地貌形态主要有：

(1) 溶沟、石芽 溶沟（图5-14中1）是灰岩表面上的一些沟槽状凹地，是由地表水流顺坡或沿节理裂隙长期进行溶蚀作用的结果。沟槽宽深不一，形态各异。在沟槽间突起状的石脊称为石芽（图5-14中2）。

(2) 岩溶漏斗 在岩溶强烈发育区，地表经常出现的一种漏斗状凹地（图5-14中3）。平面形态呈圆或椭圆状，直径数米或数十米，深度数米或十余米。

(3) 落水洞 地表通向地下深处的通道，其下部多与溶洞或暗河连通。是地表及地下岩溶地貌的过渡类型（图5-14中5）。

(4) 干谷 岩溶地区发育的河谷，当地壳上升，地表河流不是随之下切，而是沿着后期在谷底上发育的岩溶孔道（漏斗、落水洞等）将水吸干，谷底干涸遂形成干谷（图5-14中Ⅳ）。

(5) 峰丛、峰林 峰丛、峰林总称为峰林地形（图5-14中Ⅲ），是在高温多雨的湿润气候条件下，长期受岩溶作用的产物。峰丛多分布于碳酸盐岩山区的中部，或靠近高原、山地的边缘部分，顶部为尖锐的或圆锥状的山峰，而基部相连成簇状；峰林又称石林，由石峰林立而得名。

(6) 溶蚀洼地及坡立谷 溶蚀洼地（图5-14中4）由许多相邻的漏斗不断扩大汇合而成。平面上呈圆形或椭圆形，直径数米至数千米；坡立谷是一种大型的封闭洼地，宽数百米到数千米，长数百米到数十千米，四周山坡陡峻，谷底宽平。

(7) 溶洞 地下岩溶地貌的主要形态，是地下水流沿可溶性岩层的各种构造面进行溶蚀及侵蚀作用所形成的地下洞穴（图5-14中6）。

(8) 伏流、暗河（图5-14中9） 地面河潜入地下之后称为伏流。暗河是地下水汇集而成的地下河道，具有一定范围的地下汇水流域。因此，暗河有出口而无入口。

图5-14　岩溶地貌形态示意图

1—溶沟　2—石芽　3—岩溶漏斗　4—溶蚀洼地　5—落水洞　6—溶洞　7—溶柱　8—天生桥
9—暗河及伏流　10—暗湖　11—石钟乳　12—石笋　13—石柱　14—隔水层　15—河成阶地
Ⅰ—岩溶剥蚀面　Ⅱ—剥蚀面上发育的溶沟、溶芽和漏斗　Ⅲ—石林　Ⅳ—洼地、谷地　Ⅴ—溶蚀平原

5.4.2　岩溶地基的稳定性评价

根据已查明的地质条件，包括岩溶发育及分布规律，对稳定性有影响的个体岩溶形态及特征（如溶洞大小、形状、顶板厚度、岩性、洞内充填和地下水活动情况等），地表建筑荷载的特点及在自然因素与人为因素影响下地质环境的变化特点等，结合以往的经验，对地基稳定性做出初步评价。

1）在地基主要受压层范围内，当下部基岩面起伏较大，其上部又有软土分布时，应考虑其对建筑所产生的不均匀沉降。

2）当基础砌置在基岩上，因溶隙、落水洞的存在可能形成临空面时，应考虑地基沿倾向临空面的软弱结构面产生滑动的可能性。

3）当基础底板以下的土层厚度大于地基压缩层的计算深度，同时又不具备形成溶洞的条件时（如地下水动力条件变化不大、水力梯度小），可以不考虑岩内的洞穴对地基稳定性的影响。若基础底板以下的土层厚度小于地基压缩层的计算深度时，则应根据溶洞的大小和形状、顶板厚度、岩体结构及强度、洞内充填情况、岩溶水活动特点等因素，并结合上部建筑荷载的特点进行洞体稳定性分析，直到做出定量评价。

4）地基主要受压层范围内，当溶洞洞体的平面尺寸大于基础尺寸，溶洞顶板厚度小于洞跨，岩性破碎，且洞内未被充填物填满或洞内有水流时，应视为不稳定溶洞。

5.4.3 岩溶地基的处理措施

当岩溶地基稳定不能满足要求时，必须事先进行处理，做到防患于未然。常视具体条件合理选择以下措施。

1. 挖填

当洞穴埋藏不深时，可挖除其中的软弱充填物，回填碎石、灰土、混凝土等，以增强地基强度。

2. 跨盖

当基础下有小溶洞、溶沟、落水洞时，可采用钢筋混凝土梁板跨越；或用刚性大的平板基础覆盖，但支承点必须放在稳定性较好的岩石上；也可调整柱形基础的柱距。

3. 灌注加固

当基础下洞穴埋藏较深时，可通过钻孔灌注水泥砂浆、混凝土、沥青等，以填堵洞穴、溶隙，提高其强度，或防止洞穴进一步坍塌。

4. 桩基

当基岩顶面起伏不平，其上覆土层性质较软弱，厚度又较大，不易清除时，可视建筑物需要，做支承桩或摩擦桩。

5. 合理疏导水气

对水、气的处理不能盲目填堵，应视具体情况合理疏导。

6. 绕避

对已查明的洞穴系统或巨大的溶洞和暗河分布区，其稳定条件又很差时，在布置建筑物时宜绕避，重新选择地质条件良好的场地。

7. 强夯

覆盖型岩溶区上覆松软土，通过强夯法使其压缩性降低、强度提高。

5.5 地震

地震是地球内部构造运动的产物，是地壳构造运动的一种表现。地震可导致建筑物直接破坏和地基、斜坡的振动破坏（地裂、地陷、砂土液化、滑坡、崩塌等）以及其他的灾害，如火灾、有毒气体扩散、危险物爆炸、海啸等。

地震是工程地质学研究的对象之一，它是区域稳定性分析极其重要的因素。工程地质学着重研究地震波对建筑物的破坏作用、不同工程地质条件场地的地震效应、地震区建筑场地的选择以及防震抗震措施的工程地质论证等，为不同地震区的城市和各类工程的规划、设计提供依据。

5.5.1 地震的基本知识

1. 地震的成因类型

形成地震的原因是各种各样的。地震按其成因，可分为天然地震与人为地震两大类。人为地震所引起的地表振动较轻微，影响范围也很小，且能做到事先预告及预防，不是本章所要讨论的对象。下面所讲主要是天然地震，天然地震按其成因可划分为构造地震、火山地震、陷落地震和激发地震。

（1）构造地震　由于地质构造作用所产生的地震称为构造地震。这种地震与构造运动的强弱直接有关，它分布于新生代以来地质构造运动最为剧烈的地区。构造地震是地震的最主要类型，约占地震总数的 90%。

（2）火山地震　由于火山喷发和火山下面岩浆活动而产生的地面振动称为火山地震。在世界一些大火山带都能观测到与火山活动有关的地震。火山地震约占地震总数的 7%。

（3）陷落地震　由于洞穴崩塌、地层陷落等原因发生的地震，称为陷落地震。这种地震能量小，震级小，发生次数也很少，仅占地震总数的 3%。在岩溶发育地区，由于溶洞陷落而引起的地震，危害小，影响范围不大，为数亦很少。在一些矿区，当岩层比较坚固完整时，采空区并不立即塌落，而是当悬空面积相当大以后方才塌落，因而造成矿山陷落地震。由于它总是发生在人烟稠密的工矿区，破坏不容忽视，对安全生产有很大威胁。

（4）激发地震　在构造应力原来处于相对平衡的地区，由于外界力量的作用，破坏了相对稳定的状态，发生构造运动并引起地震，称为激发地震。属于这种类型的地震有水库蓄水引发的地震、深井注水地震和爆破引起的地震。

2. 震源与震中

在地壳内部振动的发源地叫震源，如图 5-15 所示。震源在地面上的垂直投影叫震中。震中到震源的距离叫震源深度。按震源深度，可将地震分为浅源地震（0～70km）、中源地震（70～300km）和深源地震（>300km）。震源深度最大可达 700km。破坏性地震一般均为浅源地震。

3. 地震波

地震波是一种弹性波，它包括体波和面波。体波是通过地球内部传播的波；面波是由体波形成的次生波，即体波经过反射、折射而沿地面传播的波。

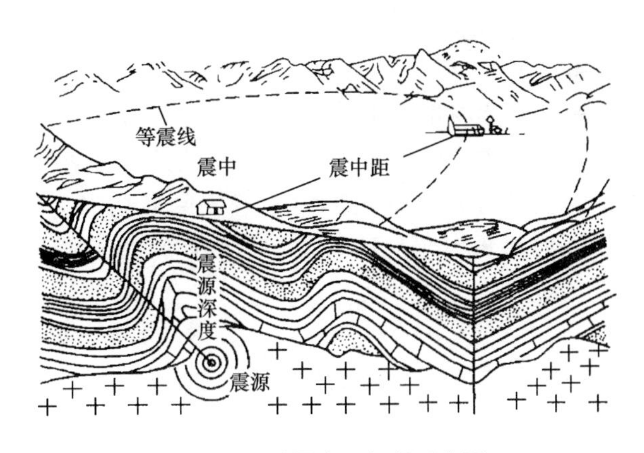

图 5-15　地震名词解释示意图

（1）体波　体波分为纵波（P 波）和横波（S 波）两种。纵波是由震源向外传播的压缩波，质点振动与波前进的方向一致，一疏一密地向前推进，其振幅小，周期短，速度快；横波是由震源向外传播的剪切波，质点振动与波前进的方向垂直，传播时介质体积不变但形状改变，其振幅大、周期长、速度慢，且仅能在固体介质中传播。一般在近地表的岩石中，纵波速度大于横波速度。所以在仪器记录的地震波谱上，总是纵波先于横波到达。故纵波也叫初波，横波也叫次波。

（2）面波　面波是体波到达地面后激发的次生波，它只在地表传播，向地面以下迅速消失。面波分为瑞利波（R 波）和勒夫波（Q 波）两种。瑞利波传播时在地面上滚动，质点在波传播方向上和地表面法向组成的平面（Oxz 面）内作椭圆运动，长轴垂直于地面，而在 y 轴方向上没有振动，如图 5-16a 所示。勒夫波传播时在地面上作蛇形运动，质点在地面上垂直于波前进方向（y 轴）作水平振动，如图 5-16b 所示。面波的振幅最大，波长和周期最长，统称为 L 波。面波的传播速度较体波慢。面波到达时，地面振动较强烈，对建筑物的破坏性较大。

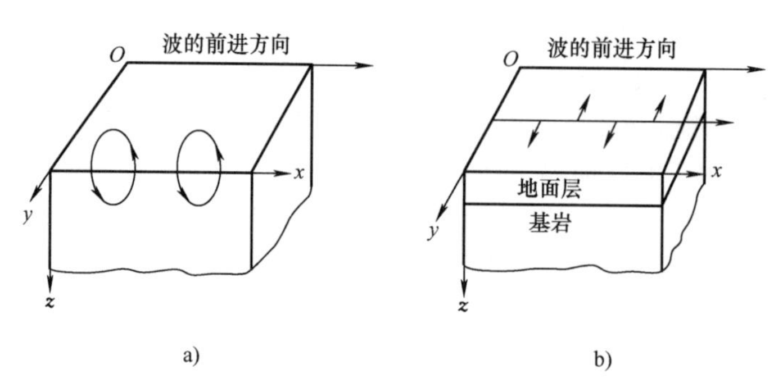

图 5-16　面波质点振动示意图

a）瑞利波　b）勒夫波

5.5.2　地震震级与烈度

地震能否使某一地区的建筑物受到破坏，主要取决于地震强度的大小和该区距震中的远近，距震中越远则受到的振动越弱，所以需要有衡量地震本身强度大小和某一地区地面及建筑物振动强烈程度的两个尺度，即震级和烈度。

1. 震级

震级是表示地震本身大小的尺度，是由地震所释放出来的能量大小所决定的。释放出来的能量越大则震级越大。因为一次地震所释放的能量是固定的，所以无论在任何地方测定只有一个震级。

地震释放能量大小可根据地震波记录图的最高振幅来确定。由于远离震中波动要衰减，不同地震仪的性能不同，记录的波动振幅也不同，所以必须以标准地震仪和标准震中距的记录为准。按李希特-古登堡的最初定义，震级（M）是距震中 100km 的标准地震仪（周期 0.8s，阻尼比 0.8，放大倍率 2800 倍）所记录的以 μm 表示的最大振幅 A 的对数值，即

$$M = \lg A \tag{5-1}$$

各种不同震级 M 与地震释放的能量（E）之间有如下的关系

$$\lg E = 11.8 + 1.5M \tag{5-2}$$

不同震级的地震通过地震波释放出来的能量大致见表 5-1。

表 5-1　震级与相应的能量

震　　级	能量/J	震　　级	能量/J
1	2.0×10^{6}	6	6.3×10^{13}
2	6.3×10^{7}	7	2.0×10^{15}
3	2.0×10^{9}	8	6.3×10^{16}
4	6.3×10^{10}	8.5	3.55×10^{17}
5	2.0×10^{12}	8.9	1.4×10^{18}

一般来说，小于2级的地震，人们感觉不到，称为微震；2～4级地震称为有感地震；5级以上地震开始引起不同程度的破坏，统称为破坏性地震或强震；7级以上的地震称为强烈地震或大震。已记录的最大地震震级没有超过8.9级的，这是由于岩石强度不能积蓄超过8.9级的弹性应变能。

2. 地震烈度

地震烈度是指某一地区的地面和各种建筑物遭受地震影响的强烈程度。

地震烈度是衡量地震引起的地面震动强烈程度的尺度。它不仅取决于地震能量，同时也受震源深度、震中距、地震波传播介质的性质等因素的制约。一次地震只有一个震级，但在不同地点，烈度大小是不一样的。地震烈度鉴定是根据地震发生后，地面的宏观破坏现象和定量指标（如地震加速度、地震系数等）两方面的标准划定的。表5-2是中国科学院地球物理研究所，结合我国实际情况编制的地震烈度表。

表5-2　地震烈度表

烈　度	名　称	人的感觉	房　屋	地震加速度/(cm/s^2)
Ⅰ	无感震	无感，只有仪器能记录		<0.25
Ⅱ	微震	个别静止中的人能感觉		0.26～0.5
Ⅲ	轻震	少数静止中的人能感觉	门窗轻微作响	0.6～1.0
Ⅳ	弱震	多数人能感觉	门窗作响	1.1～2.5
Ⅴ	次强震	普遍能感觉	门窗作响，抹灰出现微裂缝	2.6～5.0
Ⅵ	强震	惊慌失措，仓皇而逃	墙体出现微裂缝	5.1～10
Ⅶ	损害震	大多数仓皇而逃	房屋局部破坏，不妨碍使用	10.1～25
Ⅷ	破坏震	摇晃颠簸，行走困难	房屋受损，需要修理	25.1～50
Ⅸ	毁坏震	坐立不稳	局部倒塌	50.1～100
Ⅹ	大毁坏震	有抛起感	大部分倒塌	100.1～250
Ⅺ	灾震		毁灭	250.1～500
Ⅻ	大灾震			500.1～1000

震级与烈度虽然都是地震的强烈程度指标，但烈度对工程抗震来说具有更为密切的关系。为了表示某一次地震的影响程度，总结震害与抗震经验，需要根据地震烈度标准来确定某一地区的地震烈度；同样，为了对地震区的工程结构进行抗震设计，也要求研究预测某一地区在今后一定时期的地震烈度，以作为强度验算与选择抗震措施的依据。

地震烈度分为：基本烈度、场地烈度和设防烈度。

（1）基本烈度　基本烈度是指在今后一定时期内，某一地区在一般场地条件下可能遭遇的最大地震烈度。它是研究了区域内毗邻地区的地震活动规律后，对地震危害性做出的综合性的估计，以及对未来地震破坏程度的预报，目的是作为工程设计的依据和抗震的标准。

（2）场地烈度　对许多地震的调查研究表明，烈度高的地区可以包含烈度较低的部分，而烈度低的地区也可以包含烈度较高的部分。一般认为，这种局部地区烈度上的差别，主要是受局部地质构造、地基条件以及地形变化等因素所控制。通常把这些局部性的控制因素称为场地条件。根据场地条件调整后的烈度，在工程上称为场地烈度。通过专门的工程地质、水文地质工作，查明场地条件，确定场地烈度，对工程设计有重要的意义。

（3）设计烈度　在场地烈度的基础上，考虑工程的重要性、抗震性和修复的难易程度，根据规范进一步调整，得到设计烈度，亦称设防烈度。设计烈度是设计中实际采用的烈度。

思考与练习

1. 不良地质现象主要有哪些？
2. 滑坡和崩塌有什么区别？它们是如何发生的？如何判断它们的稳定性？如何进行防治？
3. 岩溶的形成原因是什么？它们有哪些不良地质问题？
4. 根据地震的成因可将地震分为哪几类？什么是地震烈度、地震定级？
5. 泥石流的发育特点是什么？如何进行防治？

课题6　岩体边坡稳定性分析

学习目标

1. 了解岩体的结构特性。
2. 掌握岩体边坡的稳定性分析方法。

学习重点

岩体的结构特性；岩体的物理性质；岩体的水理性质；岩体的力学性质；岩体边坡破坏的影响因素；岩体边坡的计算方法。

岩体的结构特性；岩体边坡的计算方法。

6.1　岩体的结构特性

岩体的结构特性包括物理性质、水理性质和力学性质。影响岩体结构特性的因素主要是组成岩体的矿物成分、岩体的结构构造和岩体的风化程度。

6.1.1　岩体的物理性质

岩体的物理性质是岩体的基本工程性质，主要是指岩体的重力性质和孔隙性。

1. 岩体的重力性质

（1）岩体的相对密度（D）　岩体的相对密度是指岩体固体部分（不含空隙）的重力与同体积水在4℃时重力的比值，即

$$D=\frac{W_s}{V_s\gamma_w} \tag{6-1}$$

式中　W_s——岩体固体颗粒重力；

V_s——岩体固体颗粒体积；

γ_w——4℃时水的重度。

岩体相对密度的大小，取决于组成岩体的矿物相对密度及其在岩体中的相对含量。组成岩体的矿物相对密度大、含量多，则岩体的相对密度大。一般岩体的相对密度在2.65左右，相对密度大的可达3.3。

（2）岩体的重度（γ）　岩体的重度是指岩体单位体积的重力，在数值上它等于岩体试件的总重力（含孔隙中水的重力）与其总体积（含孔隙体积）之比，即

$$\gamma=\frac{W}{V} \tag{6-2}$$

式中　W——岩体样本总重力；

V——岩体样本总体积。

岩体的重度大小取决于岩体中的矿物相对密度、岩体的孔隙性及其含水情况。岩体孔隙中完全没有水存在时的重度，称为干重度。岩体中的孔隙全部被水充满时的重度，称为岩体的饱和重度。组成岩体的矿物相对密度大或岩体中的孔隙性小，则岩体的重度大。对于同一种岩体，若重度有差异，则重度大的结构致密、孔隙性小，强度和稳定性相对较高。

（3）岩体的密度（ρ）　岩体单位体积的质量称为岩体的密度。

岩体孔隙中完全没有水存在时的密度，称为干密度。岩体中孔隙全部被水充满时的密度称为岩体的饱和密度。常见岩体的密度为2.3～2.8g/cm^3。

2. 岩体的孔隙性

岩体中的空隙包括孔隙和裂隙。岩体的空隙性是岩体的孔隙性和裂隙性的总称，可用空隙率、孔隙率、裂隙率来表示其发育程度。但人们已习惯用孔隙性来代替空隙性，即用岩体的孔隙性反映岩体中孔隙、裂隙的发育程度。

岩体的孔隙率（或称孔隙度）是指岩体中孔隙（含裂隙）的体积与岩体总体积的比值，常以百分数表示，即

$$n=\frac{V_n}{V}\times100\% \tag{6-3}$$

式中　n——岩体的孔隙率（%）；

V_n——岩体中空隙的体积（cm^3）；

V——岩体的总体积（cm^3）。

岩体孔隙率的大小主要取决于岩体的结构构造，同时也受风化作用、岩浆作用、构造运动及变质作用的影响。由于岩体中孔隙、裂隙发育程度变化很大，其孔隙率的变化也很大。例如，三叠纪砂岩的孔隙率为0.6%～27.7%。碎屑沉积岩的时代越新，其胶结越差，则孔隙率越高。结晶岩类的孔隙率较低，很少高于3%。

常见岩体的物理性质指标见表6-1。

表6-1 常见岩体的物理性质

岩体名称	相对密度 D	重度 $\gamma/(kN/m^3)$	孔隙率 $n(\%)$
花岗岩	2.50~2.84	23.0~28.0	0.04~2.80
正长岩	2.50~2.90	24.0~28.0	—
闪长岩	2.60~3.10	25.0~29.6	0.18~5.00
辉长岩	2.70~3.20	25.5~29.8	0.29~4.00
斑岩	2.60~2.80	27.0~27.4	0.29~2.75
玢岩	2.60~2.90	24.0~28.6	2.10~5.00
辉绿岩	2.60~3.10	25.3~29.7	0.29~5.00
玄武岩	2.50~3.30	25.0~31.0	0.30~7.20
安长岩	2.40~2.80	23.0~27.0	1.10~4.50
凝灰岩	2.50~2.70	22.9~25.0	1.50~7.50
砾岩	2.67~2.71	24.0~26.6	0.80~10.00
砂岩	2.60~2.75	22.0~27.1	1.60~28.30
页岩	2.57~2.77	23.0~27.0	0.40~10.00
石灰岩	2.40~2.80	23.0~27.7	0.50~27.00
泥灰岩	2.70~2.80	23.0~25.0	1.00~10.00
白云岩	2.70~2.90	21.0~27.0	0.30~25.00
片麻岩	2.60~3.10	23.0~30.0	0.70~2.20
花岗片麻岩	2.60~2.80	23.0~33.0	0.30~2.40
片岩	2.60~2.90	23.0~26.0	0.02~1.85
板岩	2.70~2.90	23.1~27.5	0.10~0.45
大理岩	2.70~2.90	26.0~27.0	0.10~6.00
石英岩	2.53~2.84	28.0~33.0	0.10~8.70
蛇蚁岩	2.40~2.80	26.0	0.10~2.50
石英片岩	2.60~2.80	28.0~29.0	0.70~3.00

6.1.2 岩体的水理性质

岩体的水理性质，是指岩体与水作用时所表现的性质，主要有岩体的吸水性、透水性、溶解性、软化性、抗冻性等。

1. 岩体的吸水性

岩体吸收水分的性能称为岩体的吸水性，常以吸水率、饱水率两个指标来表示。

(1) 岩体的吸水率（ω_1） 岩体的吸水率是指在常压下岩体的吸水能力，以岩体所吸水分的重力与干燥岩体重力之比的百分数表示，即

$$\omega_1 = \frac{W_{\omega 1}}{W_s} \times 100\% \tag{6-4}$$

式中 ω_1——岩体吸水率（%）；

$W_{\omega 1}$——岩体常压下所吸水分的重力（kN）；

W_s——干燥岩体的重力（kN）。

岩体的吸水率与岩体的孔隙数量、大小、开闭程度和空间分布等因素有关。岩体的吸水率越大，则水对岩体的侵蚀、软化作用就越强，岩体强度和稳定性受水作用的影响也就越显著。

（2）岩体的饱水率（ω_2） 岩体的饱水率是指在高压（15MPa）或真空条件下岩体的吸水能力，仍以岩体所吸水分的重力与干燥岩体重力之比的百分数表示，即

$$\omega_2 = \frac{W_{\omega 2}}{W_s} \times 100\% \tag{6-5}$$

式中 ω_2——岩体饱水率（%）；

$W_{\omega 2}$——岩体在高压（15MPa）或真空条件下所吸水分的重力（kN）；

W_s——干燥岩体的重力（kN）。

岩体的吸水率与饱水率的比值，称为岩体的饱水因数（k_s），其大小与岩体的抗冻性有关，一般认为饱水因数小于0.8的岩体是抗冻的。

2. 岩体的透水性

岩体的透水性是指岩体允许水通过的能力。岩体的透水性大小，主要取决于岩体中孔隙、裂隙的大小和连通情况。岩体的透水性用渗透系数 K 来表示。

3. 岩体的溶解性

岩体的溶解性是指岩体溶解于水的性质，常用溶解度或溶解速度来表示。常见的可溶性岩体有石灰岩、白云岩、石膏、岩盐等。岩体的溶解性，主要取决于岩体的化学成分，但和水的性质有密切关系，如富含 CO_2 的水，则具有较大的溶解能力。

4. 岩体的软化性

岩体的软化性是指岩体在水的作用下，强度和稳定性降低的性质。岩体的软化性主要取决于岩体的矿物成分和结构构造特征。岩体中黏土矿物含量高、孔隙率大、吸水率高，则易与水作用而软化，使其强度和稳定性大大降低，甚至丧失。

岩体的软化性常以软化因数 K_d 来表示。软化因数等于岩体在饱水状态下的极限抗压强度与岩石风干状态下极限抗压强度的比值，用小数表示。其值越小，表示岩体在水的作用下的强度和稳定性越差。未受风化影响的岩浆岩和某些变质岩、沉积岩，软化因数接近于1，是弱软化或不软化的岩体，其抗水、抗风化和抗冻性强，软化因数小于0.75的岩体，认为是强软化的岩体，工程性质较差，如黏土岩类。

5. 岩体的抗冻性

岩体的孔隙、裂隙中有水存在时，水一旦结冰，体积就会膨胀，从而产生较大的压力，使岩体的构造等遭破坏。岩体抵抗这种冰冻作用的能力，称为岩体的抗冻性。在高寒冰冻地区，抗冻性是评价岩体工程地质性质的一个重要指标。

岩体的抗冻性与岩体的饱水因数、软化因数有着密切关系。一般是饱水因数越小，岩体的抗冻性越强；易于软化的岩体，其抗冻性也低。温度变化剧烈，岩体反复冻融，则降低岩体的抗冻能力。

岩体的抗冻性有不同的表示方法，一般用岩体在抗冻试验前后抗压强度的降低率表示。抗

压强度降低率小于20%~25%的岩体，认为是抗冻的；大于25%的岩体，认为是非抗冻的。

常见岩体的水理性质的主要指标，见表6-2、表6-3。

表6-2 常见岩体的吸水率

岩体名称	吸水率 ω_1（%）	饱水率 ω_2（%）	饱水因数 k_s（%）
花岗岩	0.46	0.84	0.55
石英闪长岩	0.32	0.54	0.59
玄武岩	0.27	0.39	0.59
基性斑岩	0.35	0.42	0.83
云母片岩	0.13	1.31	0.10
砂岩	7.01	11.99	0.60
石灰岩	0.09	0.25	0.36
白云质石灰岩	0.74	0.92	0.80

表6-3 常见岩体的渗透系数

岩体名称	岩体的渗透系数 K/(m/d)	
	室内试验	野外试验
花岗岩	$10^{-11}\sim10^{-7}$	$10^{-9}\sim10^{-4}$
玄武岩	10^{-12}	$10^{-7}\sim10^{-2}$
砂岩	$8\times10^{-8}\sim3\times10^{-3}$	$3\times10^{-8}\sim10^{-3}$
页岩	$5\times10^{-13}\sim10^{-9}$	$10^{-11}\sim10^{-6}$
石灰岩	$10^{-13}\sim10^{-5}$	$10^{-7}\sim10^{-3}$
白云岩	$10^{-13}\sim10^{-5}$	$10^{-7}\sim10^{-3}$
片岩	10^{-8}	2×10^{-7}

6. 岩体的膨胀性

岩体的膨胀性是指岩石遇水体积发生膨胀的性质。由岩石膨胀性试验按下列公式计算岩体自由膨胀率（V_H）、侧向约束膨胀率（V_D）、膨胀压力（p_S），即

$$V_H=\frac{\Delta H}{H}\times100\% \tag{6-6}$$

$$V_D=\frac{\Delta D}{D}\times100\% \tag{6-7}$$

$$V_{HP}=\frac{\Delta H_1}{H}\times100\% \tag{6-8}$$

$$P_S=\frac{F}{A} \tag{6-9}$$

式中 ΔH——试件轴向变形值（mm）；

H——试件高度（mm）；

ΔD——试件径向平均变形值（mm）；

D——试件直径或边长（mm）；

ΔH_1——有侧向约束试件的轴向变形值（mm）；

F——轴向荷载（N）；

A——试件截面面积（m^2）。

6.1.3　岩体的力学性质

1. 岩体的变形指标

岩体的变形指标主要有弹性模量、变形模量和泊松比。

（1）弹性模量　弹性模量是应力与弹性应变的比值，即

$$E = \frac{\sigma}{\varepsilon_e} \tag{6-10}$$

式中　E——弹性模量（kPa）；

σ——应力（kPa）；

ε_e——弹性应变。

（2）变形模量　变形模量是应力与总应变的比值，即

$$E_0 = \frac{\sigma}{\varepsilon_e + \varepsilon_p} \tag{6-11}$$

式中　E_0——变形模量（kPa）；

σ——应力（kPa）；

ε_e——弹性应变；

ε_p——塑性应变。

（3）泊松比　岩体在轴向压力的作用下，除产生纵向压缩外，还会产生横向膨胀，则由均匀分布的纵向应力所引起的横向应变与相应的纵向应变之比的绝对值称为泊松比，即

$$\mu = \left| \frac{\varepsilon_1}{\varepsilon} \right| \tag{6-12}$$

式中　μ——泊松比；

ε_1——横向应变；

ε——纵向应变。

泊松比越大，表示岩体受力作用后的横向变形越大。岩体的泊松比一般在0.2～0.4之间。

2. 岩体的强度指标

岩体受力作用破坏有压碎、拉断及剪断等形式，故岩体的强度可分抗压、抗拉及抗剪强度。岩体的强度单位用Pa表示。

（1）抗压强度　抗压强度是指岩体在单向压力作用下，抵抗压碎破坏的能力，即

$$\sigma_n = \frac{P}{A} \tag{6-13}$$

式中　σ_n——岩体抗压强度（Pa）；

P——岩体破坏时的压力（N）；

A——岩体受压面面积（m^2）。

各种岩体抗压强度值差别很大，主要取决于岩体的结构和构造，同时受矿物成分和岩体生成条件的影响。《岩土工程勘察规范》（GB 50021—2001）中按单独饱和抗压强度，将岩石分为坚硬岩（>60MPa）、较坚硬岩（60～30MPa）、较软岩（30～15MPa）、软岩（15～5MPa）、极软岩（<5MPa）等。

（2）抗剪强度　抗剪强度是指岩体抵抗剪切破坏的能力，以岩体被剪破时的极限应力表示。根据试验形式不同，岩体抗剪强度可分为：

1）抗剪断强度。抗剪断强度是指在垂直压力作用下的岩体剪断强度，即

$$\tau_b = \sigma\tan\varphi + c \tag{6-14}$$

式中　τ_b——岩体抗剪断强度（Pa）；

σ——破裂面上的法向应力（Pa）；

φ——岩体的内摩擦角；

$\tan\varphi$——岩体摩擦因数；

c——岩体的内聚力（Pa）。

坚硬岩体因有牢固的结晶联结或胶结联结，故其抗剪断强度一般都比较高。

2）抗剪强度。抗剪强度是指沿已有的破裂面发生剪切滑动时的指标，即

$$\tau_c = \sigma\tan\varphi \tag{6-15}$$

显然，抗剪强度大大低于抗剪断强度。

3）抗切强度。抗切强度是指压应力等于零时的抗剪断强度，即

$$\tau_y = C \tag{6-16}$$

（3）抗拉强度　抗拉强度是指岩体单向拉伸时抵抗拉断破坏的能力，以拉断破坏时的最大张应力表示。抗拉强度是岩体力学性质中的一个重要指标。岩体的抗压强度最高，抗剪强度居中，抗拉强度最小。岩体越坚硬，其值相差越大，软弱的岩体差别较小。岩体的抗剪强度和抗压强度是评价岩体稳定性的指标，是对岩体的稳定性进行定量分析的依据。由于岩体的抗拉强度很小，所以当岩层受到挤压形成褶皱时，常在弯曲变形较大的部位受拉破坏，产生张性裂隙。

常见岩体的力学性质指标及部分强度对比值见表6-4。

表6-4　常见岩体力学性质的经验数据

岩类	岩石名称	抗压强度/MPa	抗拉强度/MPa	弹性模量 E/10MPa	泊松比
岩浆岩	花岗岩	75～110 120～180 180～200	2.1～2.3 3.4～5.1 5.1～5.7	1.4～5.5 5.43～6.9	0.36～0.16 0.16～0.10 0.10～0.02
	正长岩	80～100 120～180 180～250	2.1～2.8 3.4～5.1 5.1～5.7	1.5～11.4	0.36～0.16 0.16～0.10 0.10～0.02
	闪长岩	120～200 200～250	3.4～5.7 5.7～7.1	2.2～11.4	0.25～0.10 0.10～0.02
	斑岩	160	5.4	6.6～7.0	0.16
	安山岩 玄武岩	120～160 160～250	3.4～4.5 4.5～7.1	4.3～10.6	0.20～0.16 0.16～0.02
	辉绿岩	120～180 200～250	4.5～5.1 5.7～7.1	6.9～7.9	0.16～0.10 0.10～0.02
	流纹岩	120～250	3.4～7.1	2.2～11.4	0.16～0.02

（续）

岩　类	岩石名称	抗压强度/MPa	抗拉强度/MPa	弹性模量 E/10MPa	泊　松　比
变质岩	花岗片麻岩	180～200	5.1～5.7	7.3～9.4	0.20～0.05
	片麻岩	84～100 110～180	2.2～2.8 4.0～5.1	1.5～7.0	0.30～0.20 0.20～0.05
	石英岩	87 200～360	2.5 5.7～10.2	4.5～14.2	0.20～0.16 0.15～0.10
	大理岩	70～140	2.0～4.0	1.0～3.4	0.36～0.16
	千枚岩 板岩	120～140	3.4～4.0	2.2～3.4	0.16
沉积岩	凝灰岩	120～250	3.4～7.1	2.2～11.4	0.16～0.02
	火山角砾岩 火山集块岩	120～250	3.4～7.1	1.0～11.4	0.16～0.05
	砾岩	40～100 120～160 160～250	1.1～2.8 3.4～4.5 4.5～7.1	1.0～11.4	0.36～0.20 0.20～0.16 0.16～0.15
	石英砂岩	68～102.5	1.9～3.0	0.39～1.25	0.25～0.05
	砂岩	4.5～10.0 47～180	0.2～0.3 1.4～5.2	2.78～5.4	0.30～0.25 0.20～0.05
	片状砂岩 碳质砂岩 碳质页岩 黑页岩 带状页岩	80～130 50～140 25～80 66～130 6～8	2.3～3.8 1.5～4.1 1.8～5.6 4.7～9.1 0.4～0.6	6.1 0.6～2.2 2.6～5.5 2.6～5.5	0.25～0.05 0.25～0.08 0.20～0.16 0.20～0.16 0.30～0.25
	砂质页岩 云母页岩	60～120	4.3～8.6	2.0～3.6	0.30～0.16
	软页岩	20	1.4	1.3～2.1	0.30～0.25
	页岩	20～40	1.4～2.8	1.3～2.1	0.25～0.16
	泥灰岩	3.5～20 40～60	0.3～1.4 2.8～4.2	0.38～2.1	0.40～0.30 0.30～0.20
	黑泥灰岩	2.5～30	1.8～2.1	1.3～2.1	0.30～0.25
	石灰岩	10～17 25～55 70～128 180～200	0.6～1.0 1.5～3.3 4.3～7.6 10.7～11.8	2.1～8.4	0.50～0.31 0.31～0.25 0.25～0.16 0.16～0.04
	白云岩	40～120 120～140	1.1～3.4 3.2～4.0	1.3～3.4	0.36～0.16 0.16

6.2 岩体边坡稳定性分析

6.2.1 影响岩体边坡稳定的因素

岩体边坡稳定性受岩性、地质构造及岩体结构、岩石风化程度、水的作用、地震、地形地貌、地应力及人类活动等因素的影响。

1. 岩性

岩性是影响边坡稳定性的因素。不同岩性边坡，其稳定性不同。坚硬块状或厚层状岩石可形成陡立的边坡，如长江三峡石灰岩峡谷几乎都是直立的山坡。黏土岩、泥岩、泥灰岩、千枚岩、板岩及片岩组成的边坡，易发生顺层滑动。

2. 地质结构及岩体结构

地质结构及岩体结构也是影响边坡稳定性的因素。一般来说，褶皱强烈、断裂发育、新构造运动（表现上升）比较活跃地区（形成深切的沟谷），边坡稳定比较差，如我国西南山区河谷崩塌、滑坡极为发育，常出现大型滑坡及滑坡群。

坚硬和半坚硬岩石构成的边坡稳定性常受岩体结构面的控制，在分析研究岩体结构对边坡稳定性的影响时，应着重研究结构面的产状、规模、性质、密度和连续性等特征。

3. 岩石风化程度

边坡岩石在太阳辐射能、大气、水及生物等因素的作用下发生风化。物理化学风化作用使边坡岩体产生裂隙，黏聚力遭到破坏，促使边坡变形破坏。生物风化作用（如裂隙中树根生长）使边坡岩体遭受机械破坏，或岩体被分解腐蚀而破坏。岩体风化程度不同，常使边坡稳定性差异很大，如微风化及弱风化岩石边坡，常可保持较陡的坡度，而强风化及全风化岩石边坡，则难以保持较陡的坡度。

4. 水的作用

水（包括地表水、地下水）的作用对边坡稳定性影响很大，往往是边坡失稳的诱发因素。根据调查发现，崩塌和滑坡往往是在雨后（尤其是暴雨）几天内发生的。

水对边坡的作用，主要表现在以下几个方面：

1）增加了边坡岩体的水下重度，相当于加大了下滑力。

2）产生水的软化、泥化及润滑作用。当软弱岩石构成的边坡被水浸泡时，岩体结构遭到破坏，发生软化或泥化现象，使岩石抗剪强度大为降低；水的作用还体现在对结构面的润滑作用，使滑动面的抗剪强度降低，促使岩体滑动。

3）产生静水压力或动水压力。渗入坡体中的水对滑体产生静水压力和动水压力。静水压力能增加水的扬压力，减小滑动体重力作用在滑动面上的法向分力，从而降低了抗滑力，促使边坡岩体滑动。地下水的动水压力也可促使边坡岩体下滑，如水库放水时，库岸边坡因库水来不及排出，就易形成动水压力，促成岸坡失稳。

4）水流的冲刷作用。水流的冲刷作用直接影响边坡稳定性，如河谷岸坡的底部岩体因受水流冲刷而使岸坡临空，易导致岸坡的滑动和崩塌。

5. 地震

发生地震时，地震波产生的地震力是推动边坡滑移的重要因素。此外，在地震的作用下，可使边坡岩体发生破坏，出现新的结构面或使原有的结构面张裂松弛，在地震力的反复作用下，边坡岩体易沿结构面发生位移变形，直至破坏。地震引起的边坡破坏，国内外有大量的实例，如1965年智利发生8.9级地震，造成数以千计的滑坡；又如1974年5月云南昭通地区发生7.1级地震，诱发滑坡28处以上，崩塌39处以上。

6. 地形地貌

一般来说，陡峭的边坡地形容易产生边坡的变形破坏。例如，我国西南山区，沿金沙江、雅砻江及其支流等河谷地区，边坡岩体松动破裂、蠕动、崩塌、滑坡等现象十分普遍。通常，地形坡度越陡、坡度越大，对边坡稳定越不利。平面上呈凸形边坡稳定；同样是凹形边坡，边坡等高线曲率半径越小，越有利于边坡稳定。据某矿区资料，当边坡平面曲率半径为60m时，稳定坡角为（39.5°±9°），曲率半径增大到300m时，稳定坡角为（27.3°±5°）。

7. 地应力

地应力不仅是控制边坡岩体节理裂隙发育及边坡变形特征的重要因素，而且可直接引起边坡岩体变形破坏。例如葛洲坝水电站，基岩为下白垩纪红色砂岩、黏土岩、细砂岩，基岩倾角为5°~8°，当厂房基础开挖深度达45~50m时，由于厂房基础开挖，上、下游坑壁出现临空边坡，地应力释放，导致基坑边坡地应力重新分布，引起边坡岩体沿软弱夹层发生位移变形，其位移变形延续达3个月，月平均变形值约20mm。因此，在高地应力地区，实测地应力大小和方向是非常必要的。

8. 人类活动

人类活动对边坡稳定性的影响越来越明显，主要表现在人类修建各种工程建筑使边坡岩体承受工程荷载作用，在这些荷载作用下边坡会变形破坏。例如，边坡坡顶超载而导致边坡变形破坏等；又如，从底部向上开挖的边坡，易引起边坡失稳；还有，不合理的爆破工程，也会导致岩体松动，促使边坡失稳。

6.2.2　岩体边坡稳定性分析方法

边坡稳定性分析方法主要有定性分析和定量分析两种方法。目前国内多采用工程地质定性分析与岩体力学计算相结合的方法。

1. 工程地质定性分析

岩质边坡稳定性的定性分析，主要是对边坡的工程地质条件进行分析，即对地形地貌、地层岩性、地质构造与结构面、地下水、不良地质现象等因素进行综合调查和研究，由此判定岩质边坡的稳定性。下面介绍工程地质类比法及图解法。

（1）工程地质类比法　工程地质类比法是对已有边坡的破坏现象进行广泛的调查研究，了解其变形破坏特征、发展规律、影响因素及成因等，然后结合所要研究的边坡进行对比，分析其工程地质条件的相似性和差异性，据此判定岩质边坡的稳定性。运用这种方法分析岩体边坡的稳定性时，要求地质工作者有较为丰富的实践工作经验。

（2）图解法　在岩体边坡稳定性分析中，常常采用极射赤平投影图解法。

极射赤平投影简称为赤平投影。赤平投影是将物体三维空间的产状表现在平面上的一种投影方法，即利用球体作投影工具，通过球心作一赤道平面，把已知的点、线、面，从球体中心投影到球面上去，得到球面投影；然后把球面投影转换成赤平投影。下面介绍运用赤平投影分析具有一组结构面和两种结构面的边坡稳定性的方法。

1）一组结构面的边坡稳定性分析。由一组结构面构成的边坡稳定性与结构面的产状（走向、倾向、倾角）和边坡的坡向、坡角有直接关系。

当结构面的走向与边坡的在的走向平行，而结构面的倾向与边坡的倾向相反时，两个面的赤平投影是相反方向的，边坡是稳定的（图6-1a）。当结构面的倾向与边坡的倾向相同，而且结构面的倾角小于边坡坡角时，这时赤平投影相同，而 $\alpha<\beta$，则 α 的投影在 β 的圆心一侧，边坡不稳定（图6-1b）。

但当结构面的倾角大于边坡的倾角时，α 的投影更靠近圆心一侧，边坡则较稳定（图6-1c）。当结构面的走向与边坡走向斜交时，若其斜交角 γ 较小（小于40°）时，则边坡较不稳定（图6-1e），若其斜交角 γ 较大（大于40°）时，则边坡一般稳定（图6-1d）。

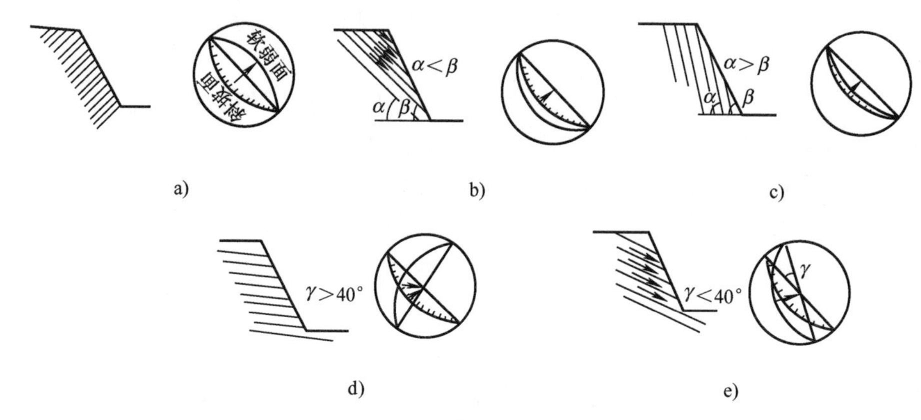

图6-1　一组软弱面的边坡稳定情况

α—结构面的倾角　β—边坡坡角　γ—结构面走向与边坡走向斜交角

2）两组结构面的边坡稳定性分析。具有两组结构面的边坡，其稳定性取决于两组结构面组合交线的倾向、倾角，以及其组合交线是否在坡面上出露。

当组合交线的倾向与边坡（天然边坡或者开挖边坡）的倾向相反时，边坡最稳定，如图6-2a中的 CO 面与 CS 面倾向相反。当组合交线倾向与边坡倾向相同，但组合交线倾角大于边坡坡角时，边坡较稳定，如图6-2b中 CO 面的倾角大于 CS 面的情况。当组合交线的倾向与边坡的倾向相同，而且组合交线倾角小于边坡坡角时，边坡一般不稳定，如图6-2c中 CO 面倾角小于 CS 面。当组合交线的倾向与边坡的倾向相同，且组合交线倾角小于开挖边坡坡角而大于天然边坡坡角时，边坡一般不稳定；但如果组合交线在天然边坡出露点远离开挖边坡，以至于组合交线在开挖边坡上不出露，而是斜插于坡趾之下，此时坡趾对边坡具有一定支撑能力，有利于边坡稳定（图6-2d）。当组合交线在开挖边坡和天然边坡上都有出露时，则边坡不稳定（图6-2e）。

2. 岩质边坡的稳定计算

岩质边坡的稳定计算是在定性分析基础上采用静力学的刚体极限平衡原理进行计算的，主要是考虑滑动力和抗滑力之间的相互关系。

当对仅有一组结构面，而且结构面倾向与边坡倾向一致的顺层不稳定边坡计算时，假定只考虑滑体重力，不考虑侧向切割面的摩擦阻力，可沿滑动面取单宽剖面，按平面问题处理，如图6-3所示。

设滑体重力为 G，则沿滑动面的滑动分力

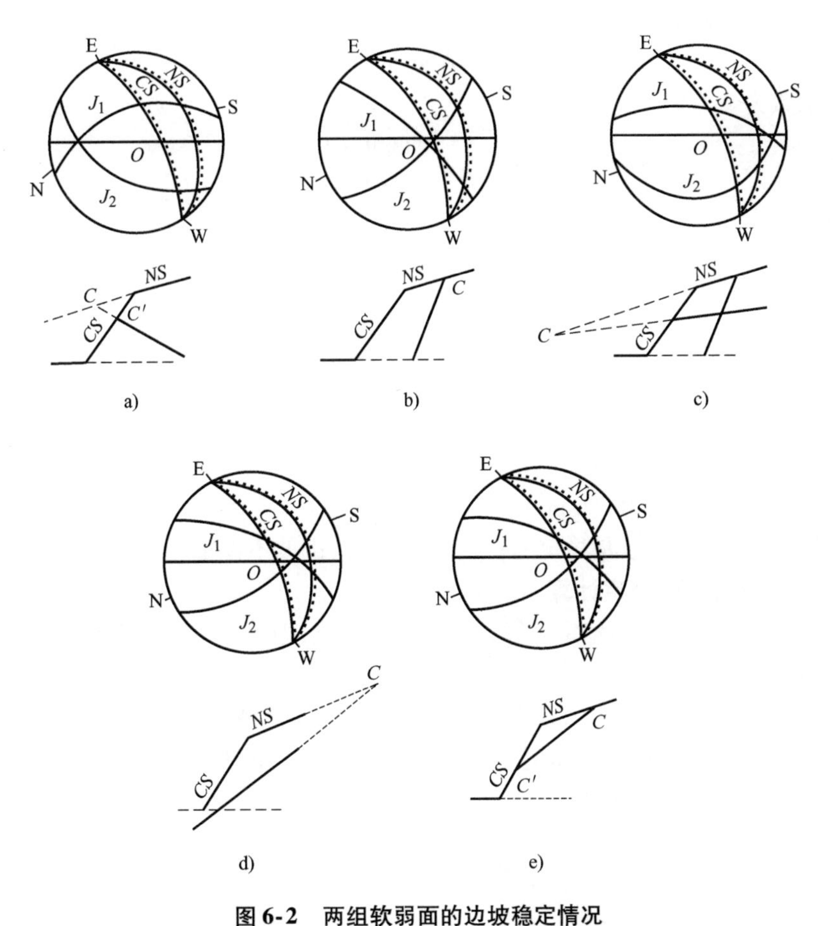

图 6-2　两组软弱面的边坡稳定情况

J_1J_2—结构面　CS—开挖边坡　NS—天然边坡　CO—结构面交线在天然边坡上出露点

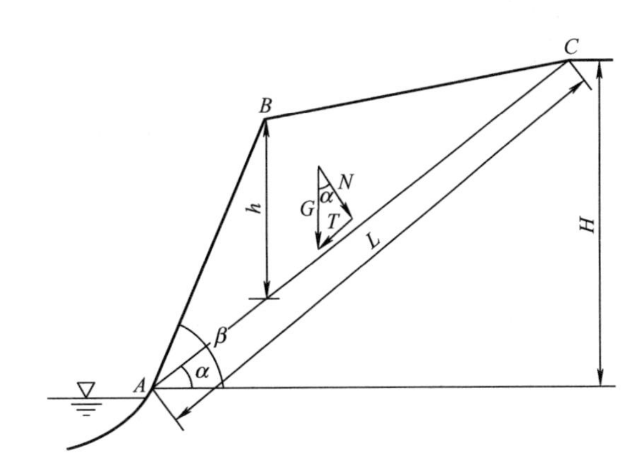

图 6-3　单滑面边坡稳定性计算剖面

$$T = G\sin\alpha \tag{6-17}$$

滑动面上的法向分力

$$N = G\cos\alpha \tag{6-18}$$

沿滑动面的抗滑阻力

$$F = N\tan\phi + CL \tag{6-19}$$

则稳定系数为

$$K = \frac{F}{T} = \frac{N\tan\phi + CL}{G\sin\alpha} \tag{6-20}$$

简化得

$$K = \frac{\tan\phi}{\tan\alpha} + \frac{CL}{G\sin\alpha} \tag{6-21}$$

式中 G——单位分力质量（t/m^3）；

L——滑动面长度（m）；

α——滑动面倾角（°）；

ϕ——滑动面的内摩擦角（°）；

C——滑动面的黏聚力（t/m^3）。

稳定系数 $K>1$ 时，边坡是稳定的；当 $K<1$ 时，边坡不稳定。

3. 滑动面为折线时的稳定计算

滑动面为同倾向折线时的稳定计算，仍按极限平衡理论，以平面问题处理。下面介绍传递系数法及剩余推力法。

（1）传递系数法 图 6-4a 为双滑动面，如果以 b 点为界，将滑移体分为Ⅰ、Ⅱ两块，假定 bd 面上有一平行于 ab 的 Q_1 作用（图 6-4b），使Ⅰ、Ⅱ块在 Q_1 作用下具有相同的稳定系数 K_c。则Ⅰ块的稳定系数 K_c 为

$$K_c = \frac{N_1 f_1 + C_1 L_1}{S_1 - Q_1} \tag{6-22}$$

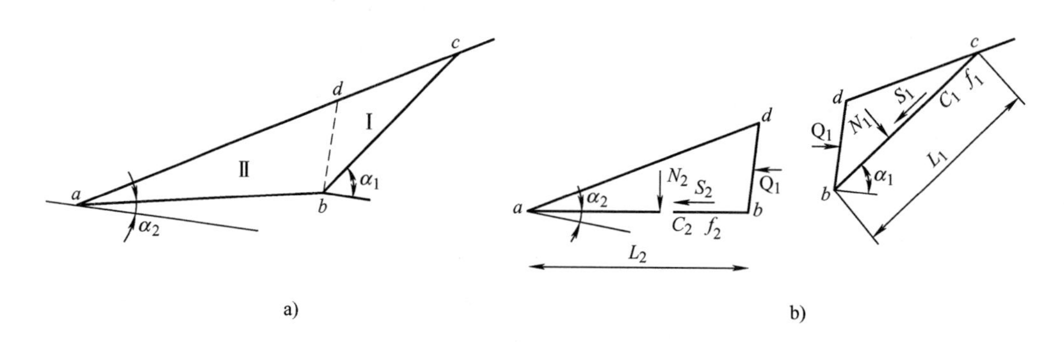

图 6-4 折线型滑动面稳定计算剖面

a）双折线滑动面 b）滑体分析图

Ⅱ块的稳定系数 K_c 为

$$K_c = \frac{N_2 f_2 + C_2 L_2 + Q_1 \sin(\alpha_1 - \alpha_2) f_2}{S_2 + Q_1 \cos(\alpha_1 - \alpha_2)} \tag{6-23}$$

由式（6-22）得

$$Q_1 = S_1 - \frac{N_1 f_1 + C_1 L_1}{K_c} \tag{6-24}$$

将式（6-24）代入式（6-23），得边坡的稳定系数 K_c 为

$$K_c=\frac{N_2f_2+C_2L_2+\left(S_1-\dfrac{N_1f_1+C_1L_1}{K_c}\right)\sin(\alpha_1-\alpha_2)f_2}{S_2+\left(S_1-\dfrac{N_1f_1+C_1L_1}{K_c}\right)\cos(\alpha_1-\alpha_2)} \tag{6-25}$$

式中　N_1、N_2——作用在Ⅰ、Ⅱ块滑动面上的法向力；

f_1、f_2——Ⅰ、Ⅱ块滑动面上的摩擦系数；

C_1、C_2——Ⅰ、Ⅱ块滑动面上的黏聚力；

S_1、S_2——Ⅰ、Ⅱ块滑动面上的滑动力；

L_1、L_2——Ⅰ、Ⅱ块滑动面长度；

α_1、α_2——Ⅰ、Ⅱ块滑动面倾角。

（2）剩余推力法　剩余推力法的基本原理是先求Ⅰ块的剩余下滑力（P），将其传至Ⅱ块 ab 面，并分解为 ab 面的法向力和切向力，与Ⅱ块原有法向力和切向力叠加，计算Ⅱ块的稳定系数，并以Ⅱ块的稳定系数评价整个边坡的稳定性，如图6-4所示。

设Ⅰ块的剩余下滑力 P 为

$$P=S_1-N_1f_1-C_1L_1 \tag{6-26}$$

Ⅱ块的稳定系数为

$$K_c=\frac{N_2f_2+C_2L_2+(S_1-N_1f_1-C_1L_1)\sin(\alpha_1-\alpha_2)f_2}{S_2+(S_1-N_1f_1-C_1L_1)\cos(\alpha_1-\alpha_2)} \tag{6-27}$$

如果剩余下滑力计算结果为负值时，说明Ⅰ块与Ⅱ块间出现拉力，剩余下滑力不可向下传递，边坡是稳定的。同理，对由两个以上滑动面构成的多块滑移体，可从上而下逐一计算其剩余下滑力。

4. 不同倾向两组结构面边坡稳定计算

这里只考虑最简单的由两组不同倾向结构面构成的楔形滑移体情况，即两组结构面与边坡大角度相交，且两组结构面倾向相反，组合交线与边坡走向近垂直相交，如图6-5所示。

图中的 abd 和 dcb 面均视为可能滑动的面，其面积分别为 A 和 A'，两组结构面交线的方向为可能滑动方向。计算原理与一组结构面边坡近似。设组合交线倾向为 α，两组结构面黏聚力 C、内摩擦角 ϕ 相近，分离体重力为 G，则滑动力为

$$\tau=G\sin\alpha$$

抗滑力为

$$F=N\tan\phi+C(A+A')=G\cos\alpha\tan\phi+C(A+A')$$

则稳定系数 K_c 为

$$K_c=\frac{G\cos\alpha\tan\phi+C(A+A')}{G\sin\alpha} \tag{6-28a}$$

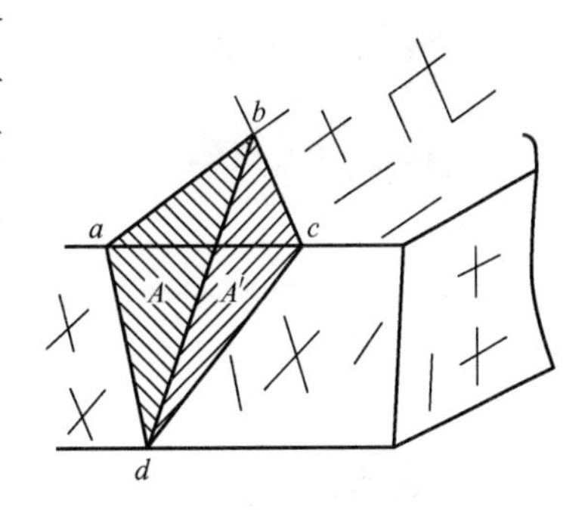

图6-5　两组结构面构成的三角锥形分离体

简化后得

$$K=\frac{\tan\phi}{\tan\alpha}+\frac{C(A+A')}{G\sin\alpha} \tag{6-28b}$$

由上式可知，α 角越大，边坡越不稳定，如 $C=0$ 时，边坡的稳定性决定于角 α 与角 ϕ 的相互关系。

思考与练习

1. 影响岩体结构特性的因素有哪些？
2. 影响边坡稳定性的因素有哪些？
3. 工程地质定性分析的内容是什么？
4. 简述滑动面为折线时的稳定性计算方法。

课题7　地下洞室围岩稳定性分析

学习目标

1. 熟悉围岩应力的计算；
2. 熟悉洞室围岩变形破坏特征；
3. 掌握洞室围岩稳定性分析方法；
4. 掌握隧洞设计、施工的工程地质问题；
5. 掌握保持洞室围岩稳定性的措施。

学习重点

洞室围岩变形破坏特征；影响围岩稳定的因素；隧洞设计、施工的工程地质问题；保持洞室围岩稳定性的措施。

学习难点

洞室围岩稳定性分析方法；隧洞设计的工程地质问题。

7.1　围岩压力

7.1.1　定义

围岩由于应力重分布而形成塑性变形区，在一定条件下，围岩稳定性便可能遭到破坏。为保证洞室的稳定，常需进行支护和衬砌。这样，洞室支护和衬砌上便必然受到围岩变形与破坏的岩土体的压力。这种由于围岩的变形与破坏而作用于支护或衬砌上的压力，称为

“围岩压力”。

围岩压力是设计支护或衬砌的依据之一，它关系到洞室正常运用、安全施工、节约资金和多快好省地进行建设的问题。围岩稳定程度的判别与围岩压力的确定紧密相关。永定河模式口隧洞的中段系辉绿岩，乍看岩体较稳定，故仅用少量松木支撑，过3个月，发现撑木普遍歪斜，便立即增补立柱。此过程中，直径30cm粗的松木支撑已折断3根。前后补增撑木3次，直到立柱根根相挨，撑木的歪斜才停止发展。依此估计，支撑所受的围岩压力约为4MPa/m。

7.1.2 围岩压力的计算

围岩压力按其形成方式，有变形围岩压力、松动围岩压力、膨胀围岩压力和冲击围岩压力等。按其计算方法的理论根据，有的把围岩视为松散介质，确立了平衡拱理论的计算方法；有的把围岩视为弹塑性体，确立相应的计算方法；有的把围岩视为具有一定结构面的地质体，确立计算方法。但到目前为止，围岩压力的计算问题还没有得到圆满解决。围岩压力不仅与围岩地质因素和洞室断面形状有关，还与地区天然应力状态、衬砌或支护的性能以及施工方法和速度有关。所以，确定围岩压力的大小和方向，是一个极为复杂的问题。下面主要介绍一定简化条件下的松动围岩压力理论即平衡拱理论。

目前我国用得最普遍的是沿用已久的普氏f_k法。

M. M. 普罗托齐雅科诺夫根据实际观察和砂模试验结果认为，洞室开挖后围岩一部分砂体失去平衡而向下坍落，坍落部位以上和两侧砂体，处于新的平衡状态而稳定。坍落边界轮廓呈拱形。若洞室侧围砂体沿斜面滑动，洞顶仍坍落呈拱形。显然，若及时支撑或衬砌，作用在支撑或衬砌上的压力，便是拱圈以内坍落砂体重力，而拱圈以外的砂体可维持自身平衡，这个拱便称为“天然平衡拱”。

设洞壁铅直，把侧围三角形滑塌体内最大主应力方向视为铅直的，则天然条件下滑塌斜面就会与侧壁呈$45° - \varphi/2$的夹角。由此，对散粒土体根据静力平衡的平面问题做出假定条件后，便可求出拱圈（坍落体）高度。

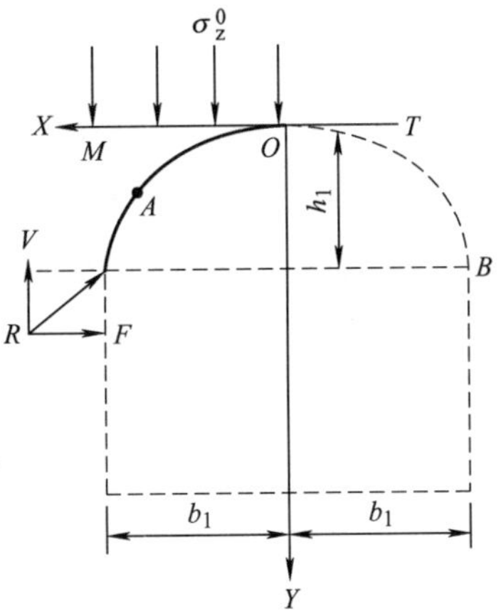

取平衡拱之半（图7-1），拱顶作用均匀分布的土体铅直自重应力σ_z^0，右半拱传来水平推力为T，拱脚A点水平反力为F，铅直反力为V。设此拱在T，F，V，σ_z^0四力作用下平衡，对A点取力矩。据静力平衡条件写出

$$h_1 = \frac{\sigma_z^0}{2T} b_1^2 \tag{7-1}$$

图7-1 平衡拱受力情况

平衡时该点的反力$F = T$，$V = \sigma_z^0 b_1$。把F视为由V产生的摩擦阻力，并引用一个特有的强度指标f_k（坚固系数）来代替土的内摩擦系数；黏性土$f_k = \tan\varphi + c/\sigma$，无黏性土$f_k = \tan\varphi$。因此

$$F = Vf_k = \sigma_z^0 b_1 f_k$$

为使拱圈有足够稳定性使$F > T$，取安全系数为2，即

$$\frac{F}{T}=\frac{\sigma_z^0 b_1}{T}f_k=2$$

则

$$T=\frac{1}{2}\sigma_z^0 b_1 f_k$$

代入式（7-1）有

$$h_1=\frac{b_1}{f_k}$$

普氏认为，平衡拱呈抛物线形，因此洞顶围岩压力（Q）便可按下式计算

$$Q=\frac{4\gamma b_1^2}{3f_k} \tag{7-2}$$

式中 γ——土的重度。

设单位面积上侧围压力为 p_a（图 7-2），则

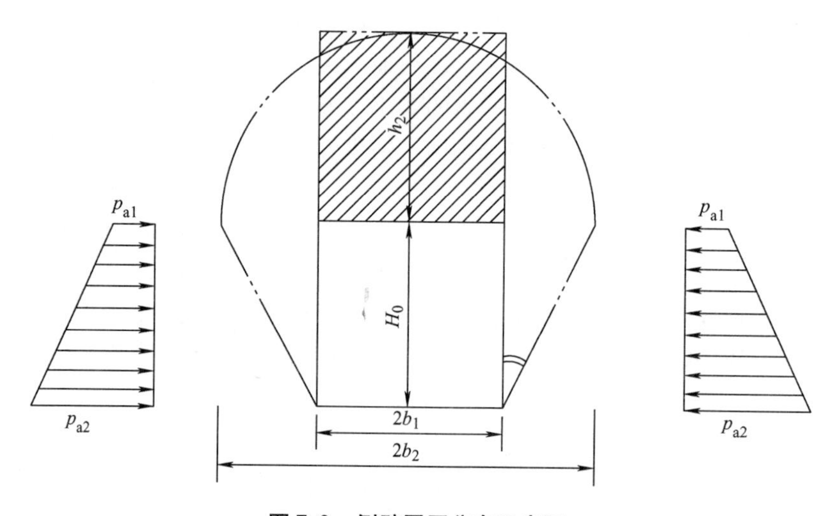

图 7-2 侧壁围压分布示意图

$$p_{a1}=\gamma h_2\tan^2(45-\varphi/2)-2\cot(45-\varphi/2)$$

$$p_{a2}=\gamma(h_2+H_0)\tan^2(45-\varphi/2)-2\cot(45-\varphi/2)$$

侧壁围岩压力（p_a）便可按下式计算

$$p_a=\frac{1}{2}\gamma H_0(2h_2+H_0)\tan^2(45-\varphi/2)-2H_0\cot(45-\varphi/2) \tag{7-3}$$

普氏将此方法推广到岩体上，认为被许多裂隙切割的岩体也可以视为具一定凝聚力的松散体，并认为坚固系数为岩石抗压强度 R_c 的 1/100，即

$$f_k=R_c/100$$

对 $f_k<4$ 的土和岩石，同前面一样计算洞顶和洞壁的围岩压力；对 $f_k>4$ 的岩石，则只有洞顶出现围岩压力，一般没有侧壁围岩压力。

普氏平衡拱理论有一定优点，把坍落体的重力视为围岩压力，很直观，易理解，也有理论根据。但把所有围岩坍落体均视为拱形，便有很大局限性。实际上，除一般土体外，岩体坍落体大都不呈拱形。普氏理论完全不考虑岩体结构、构造应力，特别是围岩应力重分布的影响。

7.2 洞室围岩的变形与破坏

洞室开挖后，地下形成了自由空间，原来处于挤压状态的围岩，由于解除束缚而向洞室空间松胀变形；这种变形大小超过了围岩本身所能承受的能力，便发生破坏，从母岩中分离、脱落，形成坍塌、滑动、隆破和岩爆。

洞室围岩的变形与破坏程度，一方面取决于地下岩体的天然应力，重分布应力及附加应力；另一方面与岩土体的结构及其工程地质性质密切有关。

7.2.1 围岩松动圈

洞室开挖使地下原来受力状态遭到破坏，围岩应力重分布，产生变形位移。均质的岩土体中应力未达到或未超过其强度（通常在开挖过程中）以前，其变形以弹性变形为主，变形速度快，变形量小，可瞬间完成，一般不易觉察。当应力已达到或超过岩土体强度时，则塑性变形十分明显，常常发生压碎、拉裂或剪破。塑性变形的延续时间很长。当岩体强度主要由结构面控制时，也与上述情况相同。当结构面组合构成围岩不稳定条件时，岩体除弹性变形外，塑性变形很显著，它表现为围岩分离体（岩块）的相互错动及剧烈松动。围岩松动使岩体稳定性降低，又为进一步松动创造了条件。

岩体弹性变形和塑性变形均对围岩应力分布有影响，应力大小和变化又直接影响岩体变形。围岩应力未超过岩体强度之前，岩体以弹性变形为主；当岩体的 $\lambda=1$ 时，因围岩应力重分布而在洞壁附近出现应力增高区或“紧密圈”。离开 3 倍洞径附近，应力接近天然状态，称为天然应力区或“天然状态圈”。当应力增高值达到或超过围岩强度时，围岩进入塑性变形状态，在洞壁附近产生裂隙、破坏、松胀，因而应力释放，强度降低，出现应力降低区或“松动圈”，为围岩强度被削弱的地带。若洞壁没有衬砌保护，应力降低区的半径会扩大，应力增高区也向深处移动。这样，洞室围岩可同时存在应力降低区、应力增高区和天然应力区；即同时存在松动圈、紧密圈和天然状态圈。松动圈是洞室围岩变形与破坏的重要地带。

7.2.2 围岩的悬垂与坍落、突出与滑塌、膨胀与隆破

洞室开挖后，围岩应力超过了岩土体强度时，便失稳破坏；有的突然且显著，有的变形与破坏不易截然划分。洞室围岩的变形与破坏，两者是连续发展的过程。弹脆性岩石构成的围岩变形尺寸小，发展速度快，不易由肉眼觉察；而一旦失稳，突然破坏，其强度、规模和影响都极显著。弹塑性岩石和塑性土构成的围岩，变形尺寸大，甚至堵塞整个洞室空间，但其发展速度极缓慢，而且破坏形式有时很难与变形区别。一般情况下，洞室围岩的变形与破坏，按其发生的部位，可概括地划分为顶围（板）悬垂与坍落，侧围（壁）突出与滑塌、底围（板）膨胀与隆破；有的笼统称为冒顶、垮帮和底鼓。

1. 顶围悬垂与坍落

洞室开挖时，顶壁围岩除瞬时完成的弹性变形外，还可由塑性变形及其他原因而继续变形，使顶壁轮廓发生明显改变，但仍可保持其稳定状态。这大都在开挖初始阶段中出现，而且在水平岩层中最典型（图 7-3）。进一步发展，围岩中原有结构面或由重分布应力作用下

新生的局部破裂面会发展扩大。顶围原有的和新生的结构面相互汇合交截，便可能构成数量不一、形状不同、大小不等的分离体。它在重力作用下与围岩母体脱离，突然坍落而终至形成坍落拱。它与围岩的结构面和风化程度等因素密切有关，且在洞室的个别地段上最为典型。如结构面发育强烈的所有坚硬岩石和砂质页岩、泥质砂岩、钙质页岩、钙质砂岩、云母片岩、千枚岩、板岩地段经常发生顶围坍落。而在断层破碎带，裂隙密集带附近顶围坍落最为严重。疏松砂土、含水量很高的软土和淤泥地区，洞室开挖中会碰到很特殊的围岩变形和破坏。

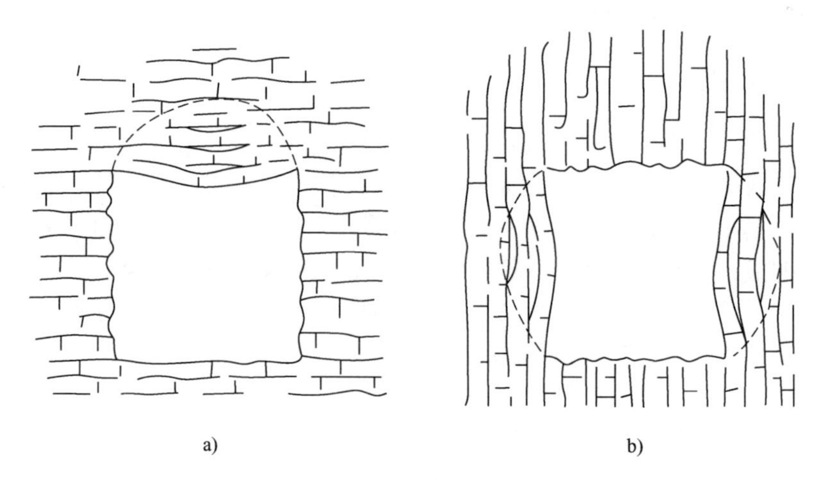

图 7-3 层状岩体的围岩变形

2. 侧围突出与滑塌

洞室开挖时，侧壁围岩继续变形会使洞室轮廓发生明显突出而不产生破坏，这在铅直层岩体中最为典型。进一步发展，由于侧围原有的和新生的结构面相互汇合、交截、切截，构成一定大小、数量和形状各异的分离体。当具备滑动条件的结构面存在时便向洞室滑塌。侧围滑塌改变了洞室的尺寸和顶围的稳定条件，在适当情况下又会影响到顶围，造成顶围坍落，并扩大顶围坍落范围和规模。

3. 底围鼓胀与隆破

洞室开挖时，常见底壁围岩向上鼓胀。它在塑性、弹塑性的岩石裂隙中十分发育，具有适当结构面或开挖深度较大时，表现得最充分、最明显，但仍不失其完整性。一般情况下，这种现象极不明显，难以观察。我国京西史家滩煤矿某巷道的底围鼓胀最为突出，几乎所有开挖在距地面 100 ~ 200m 的页岩中的巷道，掘进后 10 ~ 15 天就发现底围鼓胀，岩石挤出，支撑折断；鼓起一般达 0. 2 ~ 0. 3m（图 7-4）。

洞室开挖后，底围总是或大或小、或隐或显地发生鼓胀现象。进一步发展，在适当条件下，底围便可能被破坏，失去完整性冲向洞室空间，甚至堵塞全部洞室，形成隆破（图 7-5）。

4. 围岩缩颈及岩爆

（1）围岩缩颈　洞室开挖中或开挖以后，围岩变形可同时出现在顶围、侧围、底围之中。因所处地质条件或施工措施不同，它可在某一方向或某些方向上表现得充分而明显。实践证明，在塑性地层或弹塑性岩体之中，常可见到顶围、侧围、底围三者以相似的大小和速度，向洞室空间方向变形，而不失其完整性。实际上，这种情况很难区分出它的变形与破坏

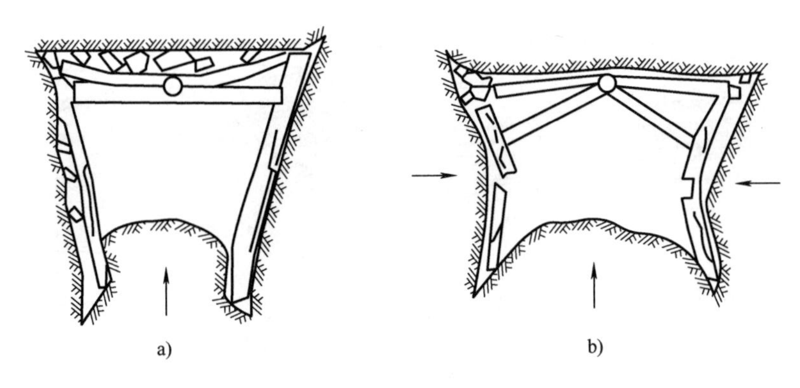

图7-4 京西史家滩某巷道底围鼓胀示意图

a）底围鼓胀 b）侧围突出与底围鼓胀

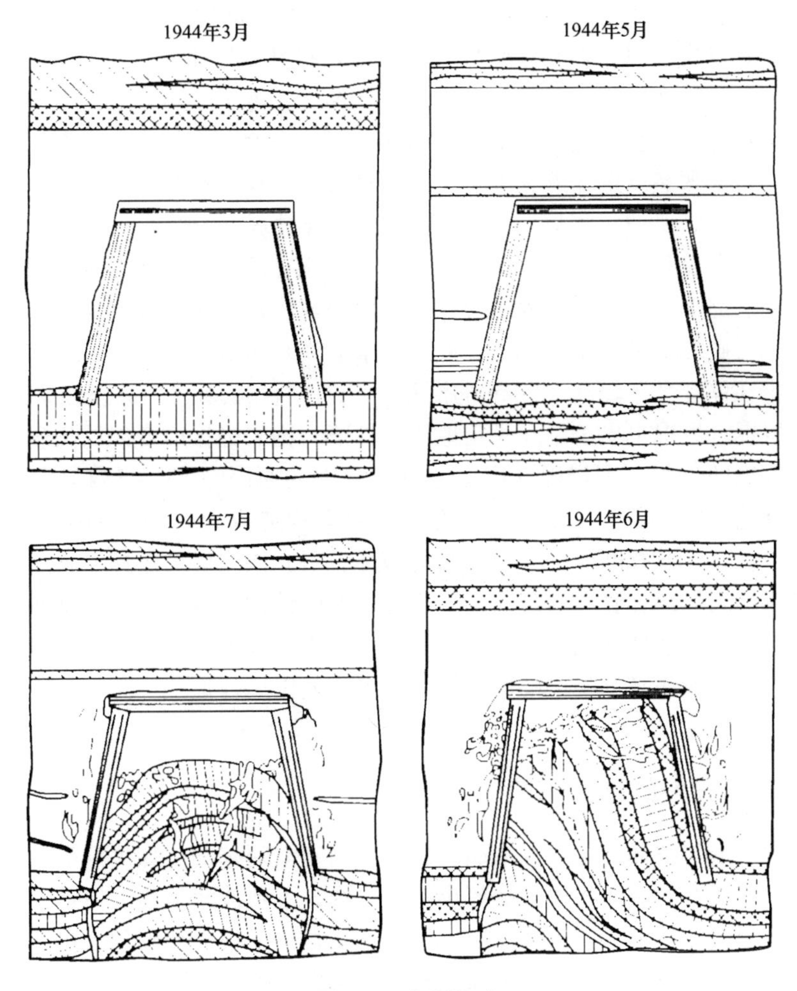

图7-5 底围隆破

的界限，但它可导致支撑和衬砌的破坏。这便是在黏性土或黏土岩、泥灰岩、凝灰岩中常见的围岩缩颈（图7-6），又谓“全面鼓胀”。

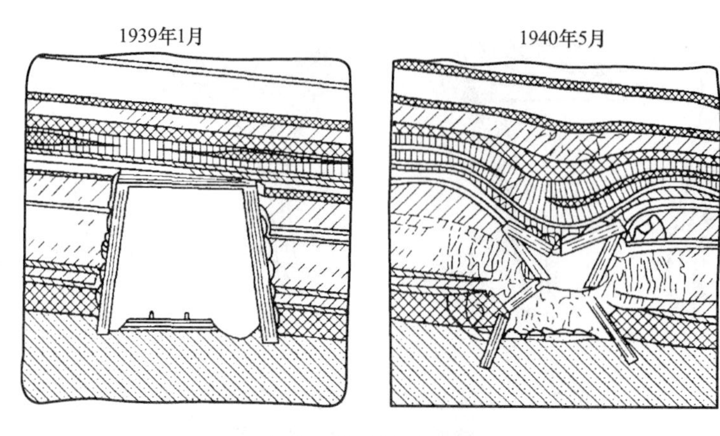

图 7-6　围岩缩颈示意图

（2）岩爆　坚硬而无明显裂隙或者裂隙极稀微而不联贯的弹脆性岩体，如花岗岩、片麻岩、闪长岩、辉绿岩、白云岩和致密灰岩等，在人们可能活动的深度上开挖洞室，围岩的变形大小极不明显，并在短促的时间内完成这种变形。实际上，由于它的微小和不明显，其变形是可以忽略不计的。但在这种条件下经常可遇到一种特殊的围岩破坏，洞室开挖过程中，周壁岩石有时会骤然以爆炸形式呈透镜体碎片或者碎块突然弹出或抛出，并发出类似射击的噼啪声响，这就是所谓“岩爆”，也有称谓“山岩射击”。被抛出或弹出的岩块或碎片，大者达几十吨，小者仅几千克。由于应力解除，其体积突然增加；而在洞室周壁上留下凹痕或凹穴，体积突然缩小。因此，被抛出或弹出的岩块或碎片，不能放回原处。岩爆对地下工程常造成危害，可破坏支护，堵塞坑道，或造成重大伤亡事故。

岩爆多发生在深度大于 200～250m 的洞室中；有时深度不大，甚至在采石场或露天开挖中也可发生岩爆。岩爆本质上是在一定地质条件下，围岩弹性应变能的高度而迅速集中继而又突然剧烈释放的过程。围岩弹性应变能迅速集中的原因很多，归纳起来主要有两个方面：一是机械开挖、施工爆破和重分布应力（有时有构造应力）的叠加影响，使围岩应力迅速而高度集中；二是开挖断面的推进和渐进破坏，引起围岩应力迅速而高度地向某些部位集中。两者造成围岩局部弹脆性破裂，会引起围岩的弹性冲击与振荡。当这些冲击与振荡同步相遇，围岩应力会突然增加到极大数值。特别在围岩应力增高区内应力已接近其极限强度情况下，由于这种迅速而高度集中的应力作用，围岩便以爆炸形式，骤然而剧烈地破坏，形成岩爆。

7.2.3　围岩破坏导致的地面沉陷

洞室围岩的变形与破坏，导致洞室周围岩体向洞室空间移动。如果洞室位置很深或其空间尺寸不大，围岩的变形破坏将局限在较小范围以内，不致波及地面。但是，当洞室位置很浅或其空间尺寸很大，特别在矿山开发中，地下开采常留下很大范围的采空区，围岩变形与破坏将会扩展或影响波及地面，引起地面沉降，有时出现地面塌陷与裂缝。矿山采空区上覆岩体变形与破坏，常有明显分带性（图 7-7）。

（1）坍落带　坍落带系指紧挨矿体上覆岩层因破坏而坍落的地带。坍落岩体破碎松散后，体积将增大。因坍落破坏的扩展，致使采空区整个空间被破碎岩石逐渐填满，之后坍落

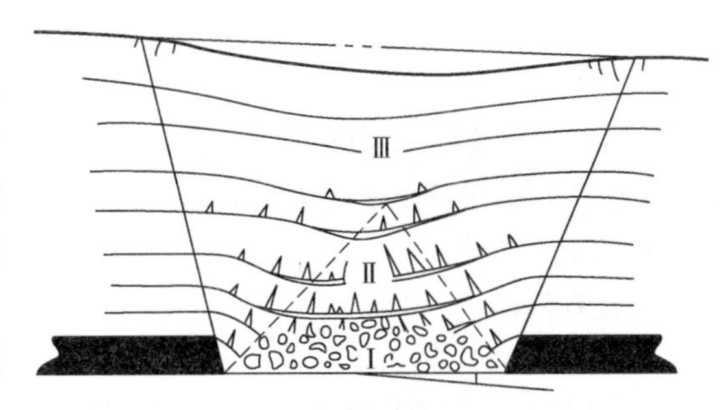

图7-7 采空区上覆岩层的变形与破坏

Ⅰ—坍落带 Ⅱ—裂隙带 Ⅲ—弯曲带

过程便因之结束。

(2) 裂隙带 坍落带上方即为裂隙带。这一带岩体因弯曲变形较大，采空区上方产生较大的近水平的拉应力，两侧承受较大剪应力，因而岩体中出现大量裂隙，整体性遭到严重破坏。

(3) 弯曲带 裂隙带以上，有时直至地面的这一带，称为弯曲带。从整体上看，该带岩体只在自重作用下产生弯曲变形而不再破裂，仅在弯曲部位两侧或在地面沉降区边缘，因弯曲变形而出现拉应力的部位，产生一些随深度增加而逐渐闭合的张性裂隙。

应该注意，采空区深度、高度和范围不同，上述三带不一定同时存在。采空区较浅、较高、较大，坍落带可直达地面，形成地面塌陷坑穴；采空区较深，裂隙带有时会达到地面，出现大量裂隙，且因它直通采空区而对邻近井下作业威胁很大；采空区相当深，波及地面的主要表现为弯曲变形造成的地面沉降，或者对地面实际上并无影响。

7.3 地下洞室围岩稳定性的分析方法

地下洞室不仅仅为交通、水电、矿山等使用，而且现代已为地下城市建设、冷藏、储油、储水、环境工程及国防工程等广泛使用。洞室可分为过水的（如引水隧洞）和不过水的（如交通隧洞）两大类。前者又有无压和有压之分，后者均属无压的。有压洞室的内水压力作用到衬砌和周围岩体上，对其稳定性将增加新的影响。洞室的横断面一般有矩形、方形、圆形和马蹄形等。方形、矩形隧洞施工方便，而其他带拱形洞壁的洞室，对周围岩土体的稳定有利。

7.3.1 影响围岩稳定的因素

影响地下洞室围岩稳定的因素有自然的，也有人为的。自然因素中起控制作用的主要是岩性、岩体结构、地质构造、地下水与岩溶、构造应力等。

1. 岩性

坚硬完整岩石一般对围岩稳定性影响较小，而软弱岩石则由于岩石强度低、抗水性差，受力容易变形和破坏，对围岩稳定性影响较大。

岩浆岩、变质岩中大部分岩石均是坚硬完整的，如新鲜的花岗岩、闪长岩、玄武岩、安山岩、流纹岩、变质砾岩等。一般不超过300～500m或稍深、跨度不超过10m的洞室，这些岩石的强度能满足围岩稳定要求。但有些岩石是软弱的，如黏土质片岩、绿泥石片岩、千枚岩和泥质板岩等，在这些岩石中开挖洞室易坍塌或只有短期稳定。宝成铁路施工中发生的一些隧洞坍塌事故，许多都是在软弱的变质岩中，如宝凤23号隧洞坍塌，发生在绿泥石片岩地段。

沉积岩较复杂，其强度比岩浆岩、变质岩要差。除胶结良好的砂岩、砾岩和石灰岩、白云岩比较坚硬外，大都比较软弱，如泥质页岩、黏土岩、石膏、岩盐，还有胶结不良的砂岩、砾岩和部分凝灰岩等。其中的易溶岩如石膏、岩盐等，遇水迅速溶解，直接破坏围岩稳定。

总的来说，疏松土层强度低，易变形。若无特殊措施，在其中开挖大跨度洞室是十分困难的。饱水淤泥和砂层常可出现流砂。黏性土洞室不仅顶围、侧围不稳，还可能出现底围鼓胀，甚至形成缩颈。

2. 岩体结构

岩体作为地下洞室的围岩，其稳定性主要受结构面的控制。层状或块状岩体中围岩破坏，常表现为几组结构面组合而成的分离体的坍落、滑塌。围岩分离体有楔形、锥形、棱形、方形等，简化其边界，可概括为两种典型的分离体，即方顶块分离体和尖顶块分离体。

（1）方顶块分离体　方顶块分离体是顶围由陡倾结构面和近水平结构面组合而成的分离体，如方形块状体、板状体、柱状体和三角柱状体（图 7-8）等，代表形体是方顶块分离体。其近水平结构面为割裂面，陡倾结构面为滑面。这种分离体的稳定程度与割裂面的密度、滑面的光滑程度、分离体与洞室轴线间的方位有关。一般来说，割裂面的密度越大或滑面越光滑，则越易坍落。平铺板状体比柱状体的稳定性差。分离体与洞室轴线间的方位也影响围岩的稳定性，如图 7-9 所示，隧洞 a 比隧洞 b 的稳定性差，且可能坍落的分离体面积也大。

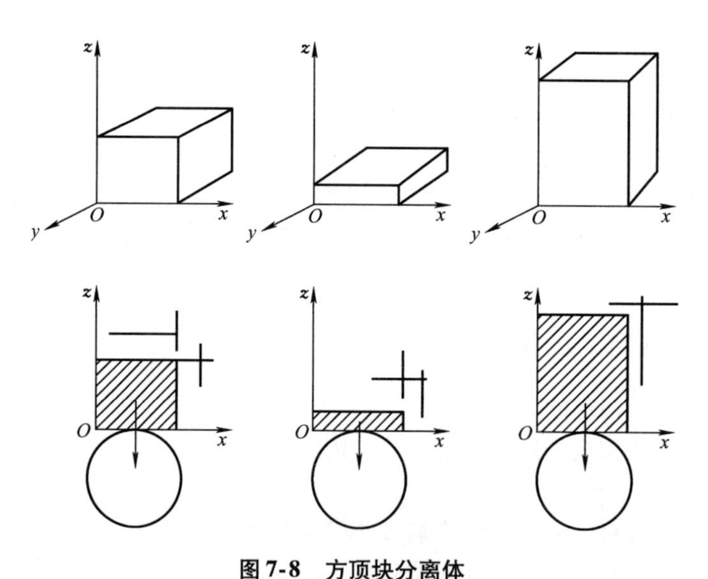

图 7-8　方顶块分离体

（2）尖顶块分离体　尖顶块分离体是由两组走向平行但倾向相反的结构面和另一组与其走向垂直或斜交的陡倾结构面组合而成的分离体，如半尖顶或尖锥顶块体等，代表形体是尖顶块（图 7-10）。这种分离体一般没有典型的割裂面和滑面，其稳定程度与倾斜侧面的倾角和密度有关。一般来说，倾角越小，密度越大，分离体便越不稳定。

岩体结构面组合类型复杂，分离体形态众多，但大体上可归纳为上述两种典型的分离体，或为二者的过渡形式及复合形体（图 7-11）。

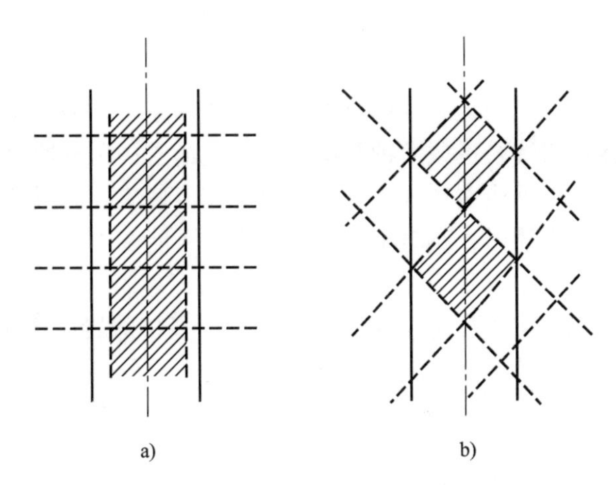

图 7-9　洞室轴线与分离体方向关系平面图

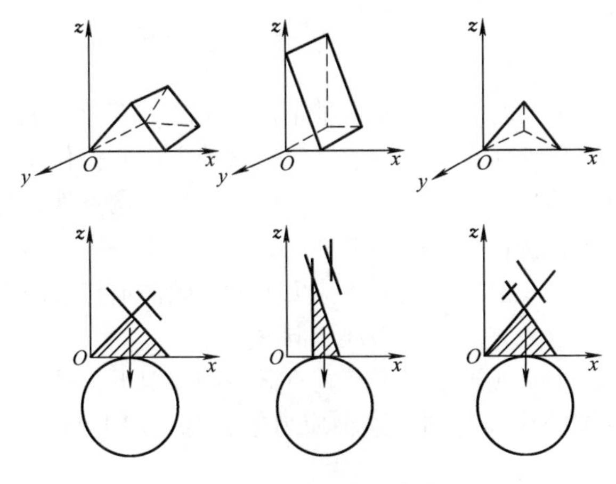

图 7-10　尖顶块分离体

3. 地质构造

地质构造破坏岩体的完整性，影响围岩的稳定性。当洞室通过软硬相间的层状岩体时，易在接触面处变形或坍落。若洞室轴线与岩层走向近于直交，可使工程通过软弱岩层的长度较短；若与岩层走向近于平行而不能完全布置在坚硬岩层里，断面又通过不同岩层时，则应适当调整洞室轴线高程或左右移动轴线位置，使围岩有较好的稳定性。洞室应尽量设置在坚硬岩层中，或尽量把坚硬岩层作为顶围。

当洞室通过背斜轴部时，顶围向两侧倾斜，由于拱的作用，利于顶围的稳定。而向斜则相反，两侧岩体倾向洞内，并因洞顶在张裂，对围岩稳定不利。另外，向斜轴部多易储存聚集地下水，且多承压，更削弱了岩体的稳定性。

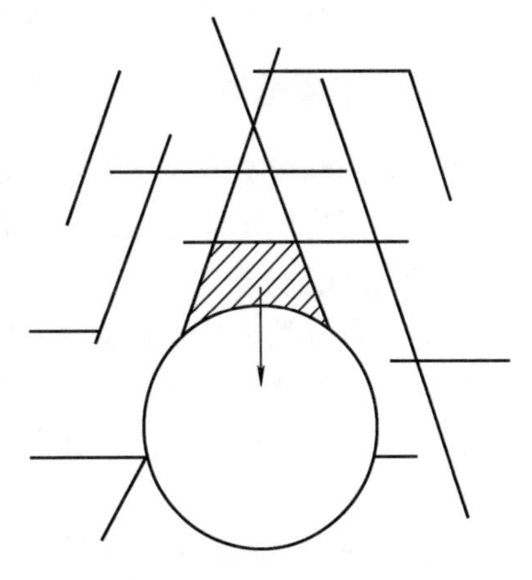

图 7-11　方顶块与尖顶块过渡形体

当洞室邻近或处在断层破碎带时，断层带宽度越大，走向与洞室轴线交角越小，它在洞内出露越长，对围岩稳定性影响越大。

4. 地下水与岩溶

洞室通过含水层时，可成为地下水的排泄通道，改变原来的地下水动力条件。洞室通过岩溶地区，地下水可能沿岩溶管道或溶蚀裂隙突然大量涌入；洞室通过向斜轴部，一般可见丰富的地下水涌出，并常以承压水形式出现，流量大，流速快；洞室通过断裂破碎带或张性裂隙带，可见大量的地下水涌出，有时水力坡度很大，可能产生机械潜蚀，严重者可形成流砂，涌入洞室。

地下水还使软弱夹层软化或泥化，降低强度；对一些特殊岩层产生膨胀、崩解和溶解，都不同程度地影响围岩稳定及洞室的施工。

有压隧洞还应考虑内水压力与外水压力对稳定性的影响。有的地下水对洞室混凝土衬砌还有一定的侵蚀性。

岩溶洞穴在我国南方岩溶地区很普遍，北方岩溶地区也有发育。大溶洞处在洞室底下，底围不稳；在洞室顶上，影响顶围的稳定；直穿洞室，除突然涌水，还可出现充填物的坍落和滑塌。

5. 构造应力

构造应力具有明显的方向性，它控制着地下洞室围岩的变形和破坏。洞室内设计中，应考虑构造应力的影响，正确地认识并适应它，以减轻或消除它的作用。

构造应力随地下洞室的埋深增加而增大，因此一般地下洞室埋藏越深，稳定性越差。根据经验，一般岩爆多发生在构造应力较高的地区，尤其是不等向构造应力地区。

洞室轴线的最优方向，一般应与最大主应力方向一致。沿构造应力最大主应力方向延伸的地下洞室比垂直最大主应力方向延伸的地下洞室稳定。

构造应力最大主应力水平或近于水平并垂直洞轴的情况下，可使顶围和底围不出现拉应力，所以它对顶围和底围的稳定有利。这种应力较大时，加大洞室跨度，可能增大顶围的稳定。

一般地质构造复杂的岩层中构造应力十分明显，尽量避开这些岩层，对地下洞室的稳定非常重要。

地下洞室围岩的稳定性，除了受到上述自然因素的影响，人为因素也是不可忽视的，比如开挖方法、开挖强度、支护方法和时间等。

7.3.2 洞室围岩稳定性的分析方法

由于不同结构类型的岩体变形和失稳的机制不同，不同类型的地下洞室对稳定性的要求不同，因此围岩稳定性分析和评价的方法多种多样，目前主要有以下几种方法。

1. 围岩稳定分类法

围岩稳定分类法是以大量的工程实践为基础，以稳定性观点对工程岩体进行分类，并以分类指导稳定性评价。围岩稳定分类方法很多，大体上可归纳为三类：岩体完整性分类、岩体结构分类、岩体质量的综合分类。

2. 工程地质类比法

工程地质类比法即根据大量实际资料分析、统计和总结，按不同围岩压力的经验数值，作为后建工程确定围岩压力的根据。这种方法是常用的传统方法，其使用条件必须是被比较的两个地下工程具有相似的工程特征。

3. 岩体结构分析法

1）借助极射赤平投影等投影法进行图解分析，初步判断岩体的稳定性。

2）在深入研究岩体结构特征的基础上建立地质力学模型，通过有限单元法或边界元计算得出工程岩体稳定性的定量指标，判断围岩的稳定性。

4. 数学力学计算分析方法

岩体稳定性分析正处于由定性向定量阶段发展，数学力学计算的方法已得到广泛的应用。

5. 模拟实验法

模拟实验法是在岩体结构和岩体力学性质研究的基础上，考虑外力作用的特点，通过物理模拟和数学模拟方法，研究岩体变形、破坏的条件和过程，由此得出岩体稳定性的直观结果。

7.3.3 隧洞设计的工程地质问题

围岩压力、外水压力是隧洞设计中主要的工程地质问题。

1. 围岩压力问题

隧洞开挖后，围岩应力重分布的理论，在生产实践中已为现代地质测量方法所证实。松动圈和紧密圈的发现，对于隧洞设计和施工具有重要的意义。其一，松动圈可以作为确定围岩压力大小的依据，并借以确定隧洞支护和衬砌的设计要求；其二，紧密圈可以承受上覆岩体的自重，以及侧向地应力的附加荷载，在设计支护和衬砌时，应当考虑充分发挥围岩的自承能力，可节省费用和提高施工速度；其三，松动圈和紧密圈不是固定不变的，而是随地质条件和时间变化的，且与施工方法和速度有关，其中关键是确定松动圈。

（1）塑性变形区的影响因素　据施工经验，塑性变形区随时间变化的范围、大小和性状，往往决定于以下因素：

1）围岩岩石的强度，特别是抗剪强度，其值越低则塑性变形区越大。

2）围岩岩石的完整性和均一性，特别是裂隙密度越大及软弱岩石越多，则塑性变形区越大。

3）围岩原始地应力越大，则塑性变形区越大。

4）支撑对围岩的反力越大，则塑性变形区的范围越小，且支撑的速度越快越好，即岩石的塑性变形还来不及松动破坏，就被及时制止。但若已经变形而又不支撑，则塑性变形区和松动圈可继续发展扩大，以致造成塌方、冒顶甚至整个洞室的破坏。

（2）围岩压力的确定方法　围岩压力的确定主要是确定松动圈和塑性变形区的范围。对于坚硬完整的岩石来说，如果隧洞开挖直径不大，围岩松动或变形很小，设计时围岩压力一般可忽略不计，施工时可不加支护即能保持稳定。对于较坚硬的岩石，当断裂构造发育，岩石较为破碎时，围岩易形成松动圈，松动岩石所形成的围岩压力可以用岩块自重来计算。对于软弱岩石，计算时还应考虑软化、塑流、膨胀等因素引起的蠕动变形所形成的围岩压力。对于松散或松软土层，可用散体计算围岩压力。下面介绍两种常用的方法。

1）岩体结构法。这种方法是通过地质调查和勘探查明软弱结构面的发育规律及其组合关系，确定分离体的形状，再用极限平衡原理计算围岩压力。

现以方形隧洞为例。设有平行隧洞方向的两组结构面①—①和②—②，其倾向与隧洞斜交形成了四块分离体，如图7-12所示。隧洞开挖后分离体△abc位于洞顶，ab及ac为切割面，bc为临空面。这种情况最易形成洞顶坍塌。若不考虑ab及ac面上的抗拉强度，则围岩压力就是分离体△abc的自重。即

$$p_1 = \frac{1}{2}HB\gamma \tag{7-4}$$

式中 p_1——洞顶围岩压力；

H——分离体高度；

B——分离体宽度；

γ——岩体重度。

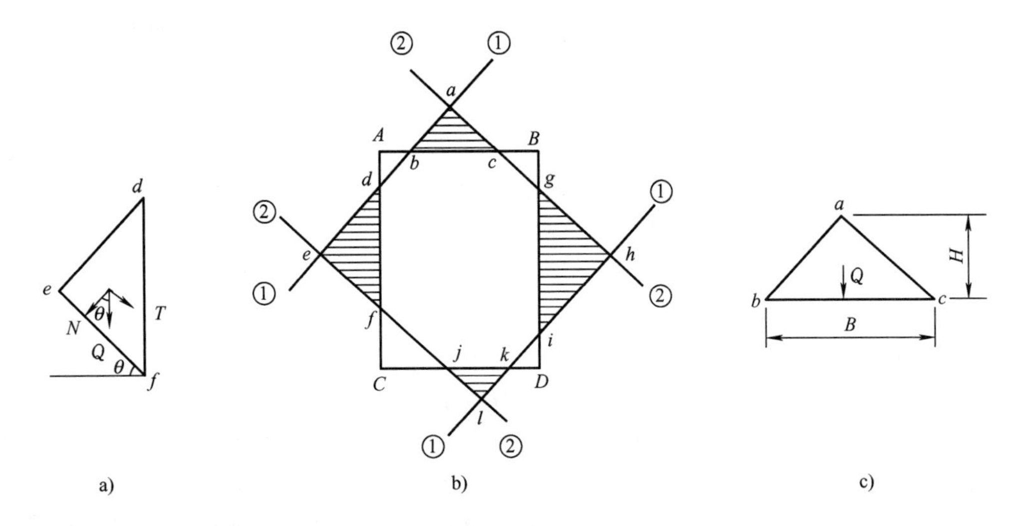

图7-12 岩体结构法计算山岩压力示意

分离体△def位于洞壁左侧，df为临空面，de为切割面，ef为滑动面。计算围岩压力时主要考虑ef面的抗滑稳定性，而忽略de及ef面上的抗拉强度和内聚力，根据极限平衡原理可用下式计算

$$p_2 = T - N\tan\phi = Q\sin\theta - Q\cos\theta\tan\phi \tag{7-5}$$

式中 p_2——洞壁围岩压力；

Q——分离体△def的岩体自重；

T——Q在ef面上的切向应力；

N——Q在ef面上的法向应力；

θ——滑动面ef的视倾角；

ϕ——滑动面ef的内摩擦角。

当$p_2=0$时，△def处于极限平衡状态，此时

$$Q\sin\theta - Q\cos\theta\tan\phi = 0$$

即

$$\tan\theta = \tan\phi \tag{7-6}$$

显然，当分离体滑动面的视倾角等于内摩擦角时，分离体处于极限稳定状态；若$\phi>\theta$，$p_2<0$，则更稳定；若$\phi<\theta$，$p_2>0$，则不稳定，并产生洞壁围岩压力，如不支护就将变形破

坏。实际上，de 面及 ef 面上总有一定的内聚力（c）或抗拉强度，所以有时 $\phi < \theta$ 也不一定会失稳。也就是说，当 $p_2 > T - (N\tan\phi + c)$ 时，才可形成侧向围岩压力。

分离体 $\triangle ghi$ 与 $\triangle def$ 是相同的，而分离体 $\triangle jkl$ 位于洞底，一般不会形成围岩压力。

2）声波测定法。声波测定法是应用声波仪器测定隧洞的松动圈范围，借以计算围岩压力。其原理是根据围岩不同物理力学性质的各带具有不同的声波速度层，如应力下降带或松动圈表现为相对的声波低速区，应力上升带或紧密圈则为高速区。因此，可实测围岩不同深度的波速变化层，划定松动圈的范围和形状。

围岩松动圈的声波测定最好是在隧洞直接开挖时进行，测出数据可直接确定围岩压力的大小及支护或衬砌形式。若用喷锚支护，可据此确定锚杆的锚固深度。如果是地质探硐的实测资料，则不能直接应用，因地质探硐的直径比设计隧洞的直径小得多，反映的地质条件有时相差很大。

2. 外水压力问题

外水压力是指作用在隧洞衬砌上的地下水静水压力，其大小是由两方面因素决定的：一是隧洞围岩的水文地质条件，如地下水位的高低、岩石透水性，以及地下水的埋藏条件与水力性质等；二是隧洞的设计与施工情况，如排水设置、衬砌本身的透水性、衬砌与岩石的结合程度以及灌浆效果等。

围岩中地下水的赋存、活动状态，既影响着围岩的应力状态，又影响着围岩的强度。当洞室处于含水层中或地下洞室围岩透水性强时，这些影响更为明显。一方面，静水压力作用于衬砌上，等于给衬砌增加了一定的荷载，因此衬砌强度和厚度设计时，应充分考虑静水压力的影响。另一方面，静水压力使结构面张开，减小了滑动摩擦力，从而增加了围岩坍塌、滑落的可能性。此外，还有动水压力的作用以及地下水对岩石的溶解作用和软化作用，前者促使岩块沿水流动方向移动，也冲刷和带走裂隙内的细小矿物颗粒，从而增加裂隙的张开程度，增加围岩破坏的程度；后者可降低岩体的强度，影响围岩的稳定性。

实践证明，外水压力主要靠岩体中的裂隙来传递，随着埋深的加大，岩体中的裂隙往往越来越紧闭，传递水的能力也越来越小，因而一般地表以下 100～200m 深处的洞室经常是近于干燥的。所以，设计中的外水压力以地下水头压力乘以折减系数计算，即

$$p = \beta\gamma_w H \tag{7-7}$$

式中　p——设计外水压力；

γ_w——水的重度；

H——地下水头高度；

β——折减系数。

根据经验，$\beta = 0.25 \sim 1.0$，具体取值要根据裂隙水的传递能力确定。对于一般性裂隙围岩，$\beta = 0.2 \sim 0.4$；如果洞室处在断层破碎带或有导水性强的裂隙，$\beta = 1.0$；衬砌不透水时 β 取大些，甚至取 $\beta = 1.0$，而衬砌透水性好或采取适当的排水措施时，β 可取零。

另外，式（7-7）中的水头高度 H 应取最高地下水位计算。例如，地表水与地下水连通，应取水库蓄水后的最高水位或洪水的最高水位，作为水头高度 H。

7.3.4　隧洞施工的工程地质问题

隧洞的勘测、设计、施工三阶段的工程地质工作都是必要的。在勘测、设计阶段，可以

通过地质调查及少量钻探或硐探试验工作，来揭示隧洞的地质情况，而在施工阶段，可以全面揭露围岩的真实情况，特别是对地应力释放后围岩的变形问题的测试。显然，施工阶段的地质工作尤为重要。

1. 施工监控、信息反馈和超前预报

施工阶段的地质工作，不仅要做好地质编录，而且应协助设计及施工人员做好施工监控与信息反馈工作。所谓施工监控与信息反馈，就是在施工过程中及时发现地质问题，并根据所测试的地质数据（信息），验证设计方案的合理性，如不合理则应修改设计，并采取有效的措施解决工程地质问题。其主要内容是：

1）观测围岩的变形量、变形速率及加速度，以判别围岩的稳定性。

2）确定围岩松动带范围，找出不稳定部位，提出支护及补强措施。

3）超前预报监控量测工作中所发现的险情，是隧洞施工中的重要环节，对保证安全，合理施工起决定作用，尤其是在地质条件比较复杂的地区。

2. 隧洞施工的工程地质问题

（1）围岩的变形与破坏　隧洞施工开挖后，围岩因地应力超过岩石强度而发生变形破坏，其破坏形式主要决定于岩石类型和岩体结构。对于坚硬的弹脆性岩石，主要沿软弱结构面形成块体坠落或滑塌；对于较坚硬或软弱岩石，主要是塑性变形或蠕变，其变形范围可以是顶围、侧围，甚至是底围；对于松散（软）土层，主要破坏形式是顶围坍落、侧围滑塌；对于断裂破碎带、风化囊、充填溶洞等碎裂岩体的破坏，则往往是十分严重的，如不及时支护，可能造成很大的塌方事故。

（2）影响隧洞施工的其他不良地质条件　影响隧洞施工的不良地质条件除了围岩变形破坏引起的坍塌，还有地下涌水、有害气体的冒出、高温及岩爆等。

地下涌水多出现在岩溶发育地区及断裂破碎带，而且往往是突发性的大量涌水，如我国云南、贵州、四川一带的隧洞，岩溶水涌出量有时达 9 万 m^3/h 以上。

隧洞穿越煤系地层、石油地层及火山岩地层地区时，有时会出现沼气（CH_4）、二氧化碳（CO_2）、一氧化碳（CO）及硫化氢（H_2S）等有害气体。特别是沼气在空气中含量达到 5% 以上就会发生瓦斯爆炸，其他气体超过一定含量（如 H_2S 超过 0.1%）就能使人中毒。

在高山地区，由于地热增温，洞内温度会很高，影响施工，而且高温爆破及混凝土施工也相当困难。此外，在超过 1000 m 的高山下的坚硬岩石地区开凿隧洞，天然地应力很大，易出现岩爆现象。

7.4　保障地下洞室围岩稳定性的处理措施

研究洞室围岩的稳定性，不仅在于正确地进行工程设计与施工，也为了有效地改造围岩，提高其稳定性。

从工程地质观点出发，保持洞室围岩稳定性的途径有两个方面：一是保护洞室围岩原有的稳定性；二是赋予围岩一定的强度，使其稳定性有所提高。前者主要是采用合理的施工和支护衬砌方案，后者主要是加固围岩。

7.4.1　合理施工

围岩稳定程度不同，应选择不同的施工方案。施工方案的选定对保持洞室围岩稳定至关重要，其选择应遵循以下原则：一是尽可能先开挖断面小的导洞；二是开挖后及时支撑或衬砌。这样就可控制围岩松动范围或制止围岩早期松动。针对不同稳定程度的围岩，可采用以下施工方案。

1. 分部开挖，分部衬砌，逐步扩大断面

若围岩不太稳定，顶围易坍，则可在洞室最大断面的上部开挖导洞（图7-13a），立即支撑，轮廓形成后再做好顶拱衬砌。然后在顶拱衬砌保护下扩大断面，最后进行侧墙衬砌。这就是上导洞开挖、先拱后墙的方法。为减少施工干扰和加快运输，还可以采用上下导洞开挖、先拱后墙的方法（图7-13b）。

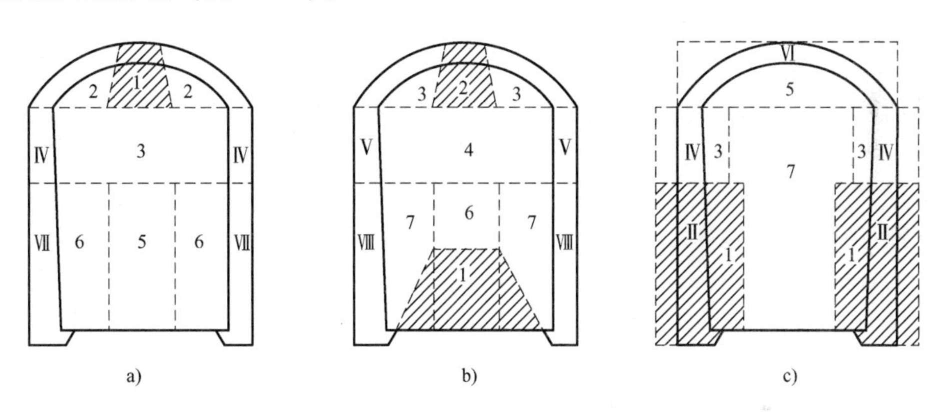

图7-13　分部开挖、逐扩断面示意图

a）上导洞先拱后墙　b）上下导洞先拱后墙　c）侧导洞先墙后拱

1，2，3…—开挖顺序　Ⅰ，Ⅱ…—衬砌顺序

若围岩很不稳定，顶围易坍，侧围易滑，则可先在设计断面的侧部开挖导洞（图7-13c），自下而上逐段衬砌。至一定高程后再挖顶部导洞，做好顶拱衬砌。最后挖除残存岩体。这就是侧导洞开挖、先墙后拱的方法。

2. 导洞全面开挖，连续衬砌

若围岩较稳定，则可上下导洞全面开挖，或下导洞全面开挖，或中央导洞全面开挖，待整个断面挖成后，再由边墙到顶拱一次衬砌。这种方法的施工速度快，衬砌质量高。

3. 全断面开挖

若围岩稳定，则可全断面一次开挖。这种方法的施工速度快，常用于小规模的隧洞开挖。

7.4.2　支撑、衬砌与锚喷加固

可采取支撑、衬砌、喷浆护壁、喷射混凝土、锚筋加固及锚喷加固等措施保持洞室围岩原有的稳定。

1. 支撑

支撑是临时性加固洞壁的措施。按支撑材料可分为木支撑、钢支撑和混凝土支撑等。支撑施工简便，开挖后立即进行，可防止围岩早期松动，是保持围岩稳定性的简易可行的办法。

2. 衬砌

衬砌是永久性加固洞壁的措施。衬砌的作用与支撑相同，但经久耐用，使洞壁光滑。砖、石衬砌较便宜，钢筋混凝土、钢板衬砌的成本最高。衬砌一定要与洞壁紧密结合，填实空隙才能起到良好效果。顶拱衬砌时，一般还要预留压浆孔。衬砌后，再回填灌浆。在渗水地段，衬砌还可起防渗作用。

3. 喷浆护壁、喷射混凝土、锚筋加固

喷浆护壁、喷射混凝土、锚筋加固与上述衬砌有许多相同的作用，但成本低得多，又能充分利用围岩自身强度来保持围岩的稳定，是目前国内外普遍采用的方法。

喷浆护壁既简便又经济，对保持易风化围岩的稳定性效果较好。洞室开挖后应及时在洞壁上喷射水泥砂浆，形成保护层，可保持围岩原有的强度。

喷射混凝土与喷浆方法相似，但作用大不相同。混凝土内加速凝剂，及时喷射到洞壁上，可快速凝固并有较大的强度，可防止洞室围岩早期松动。

锚筋加固又称锚杆加固。将锚筋像钉子一样插入洞室围岩，可使洞周围松动围岩与稳定围岩固定（图 7-14a），达到保持围岩稳定的目的。常用的锚筋有楔头锚筋（图 7-14b）和砂浆锚筋（图 7-14c）两种。楔头锚筋是在钢筋里端开一小缝，放上铁楔，将钢筋打入孔内，再用锤打紧。铁楔尖劈力使里端张开成叉，将钢筋卡在孔内，外端用螺母拧紧，即可把可能松动的岩块固定。砂浆锚筋是将钢筋放入围岩孔内，再用水泥砂浆将孔灌满。锚筋加固适用于较坚固的岩体，锚入深度应大于围岩松动带厚度或平衡拱高度或分离体的尺寸。

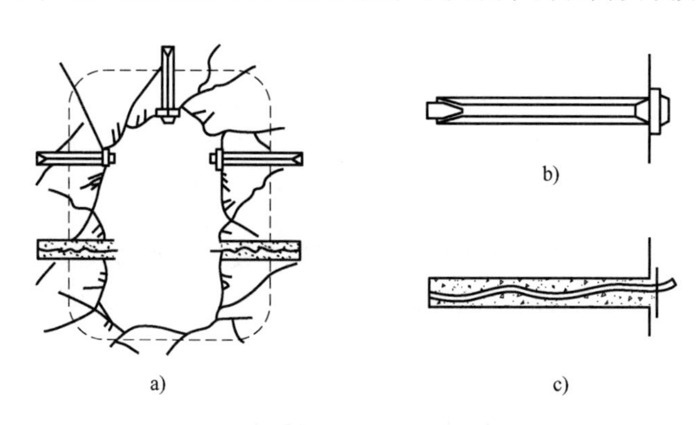

图 7-14　锚筋加固洞室围岩示意

a）加固断面　b）楔头钢筋　c）砂浆锚固

4. 锚喷加固

锚喷加固是喷射混凝土支护与锚杆加固的简称。它是近 30 年来发展起来的一种新型加固方法。这种加固方法技术先进，经济合理，质量可靠，在世界各地的矿山、交通、地下建筑以及水利工程中得到广泛使用。

在加固原理上，锚喷加固能充分发挥围岩的自承能力，从而使围岩压力降低，支护厚度减薄。在施工工艺上，喷射混凝土支护实现了混凝土的运输、浇筑和捣固的联合作业，且机械化程度高，施工简单，因而有利于减轻劳动强度和提高工效。其在工程质量上，通过国外工程实践表明是可靠的。

锚喷加固在危岩加固、软岩支护等方面均有其独到的加固效果，但锚喷加固作为一种新型的加固方法，其作用的机理、设计与施工等均有待于进一步发展和完善，以缩短理论和实践的差距。

7.4.3　灌浆加固

在裂隙十分发育的岩体和极不稳定的土体中开挖洞室，常需要加固以增大围岩的稳定性。最常用的加固方法就是水泥灌浆，其次是沥青灌浆、水玻璃灌浆等。通过灌浆，在围岩中形成一近圆柱形或球形的固结层，以提高围岩的强度和稳定性。

思考与练习

1. 简述洞室围岩的变形与破坏。
2. 简述影响围岩稳定性的因素。
3. 简述围岩稳定性的分析方法。
4. 简述洞室围岩失稳的防治措施。
5. 简述传统衬砌与喷锚支护的区别。

单元 3

工程地质问题与工程地质勘察

课题8　工程地质问题

学习目标

1. 了解路线勘测中的工程地质问题；
2. 知道常见公路地质病害的防治原则；
3. 能根据地质病害的特征选择合适的防治措施；
4. 知道常见特殊性土的处治原则；
5. 根据特殊性土的特征提出有效的治理措施；
6. 了解桥位选择的工程地质问题；
7. 了解桥梁水毁成因。

学习重点

公路水毁和路基翻浆的防治；崩塌、滑坡、泥石流、岩溶的防治；常见特殊性土的处治；桥梁地质灾害防治。

学习难点

公路常见地质病害治理措施；特殊土的治理措施；桥梁水毁治理措施。

由于我国经济的发展和路网完善的需求，高速公路建设逐步进入山区。高速公路由于其线形指标高，工程艰巨，投资巨大，对自然环境的破坏也非常严重。一般情况下，山区地形地质条件复杂，地质环境脆弱，地质灾害多发，高速公路的建设不可避免地要切坡、填沟、打洞（隧道），对地质环境造成严重破坏，处理不好还会诱发和加剧各种地质灾害，增加公路建设投资，影响工期，甚至给运营阶段带来严重的安全隐患。因此，山区高速公路的环保主要是地质环境的保护和地质灾害的防治。同时，在特定地域内，由于生成条件的特殊，存在具有某些特殊性质的土，它们不同于一般土，对公路建设具有重要影响，故必须掌握道路工程地质病害和特殊性土的防护和整治。

8.1　路线勘测中的工程地质问题

路线选择是由多种因素决定的，地质条件是其中一个重要因素，有时则是控制性的因素。

1. 山岭区选线中有关工程地质问题

(1) 沿河线工程地质问题　沿河线是山区公路首先考虑的方案。因为沿河路线的纵坡受限制不大，有丰富的筑路材料和水源可供施工、养护使用，在路线标准、使用质量、工程造价等方面往往优于其他线形。但在深切的峡谷区，如两岸裂隙发育，高陡的山坡处于极限平衡状态，采用沿河线则应慎重考虑。沿河线路主要考虑路线选择在河岸的哪一侧，选择路线高程，跨河桥位的选择，这些都是需要考虑的。选线时要根据路线的性质、等级标准，结合自然条件，因地制宜选定合理路线。

1) 河岸的选择。在选择路线所在的河岸时，应比较两岸的地形、地貌，地质岩性，水文等因素，充分利用有利的一岸。因此在路线布局时应考虑以下因素。

① 地形、地质条件。路线一般选择在地形开阔平坦、台地多、水文地质条件好的一岸。如单斜谷中，岩层倾斜方向与路基倾斜方向相反的一侧，比较有利，如图8-1中1所示，反之不利，如图中2所示。

② 不良地质条件。如两岸均有不良地质现象如崩塌、滑坡、泥石流等，应通过详细的地质勘查，选择比较有利的一岸，如规模大、危害重且不易防治时，则应尽量避开。

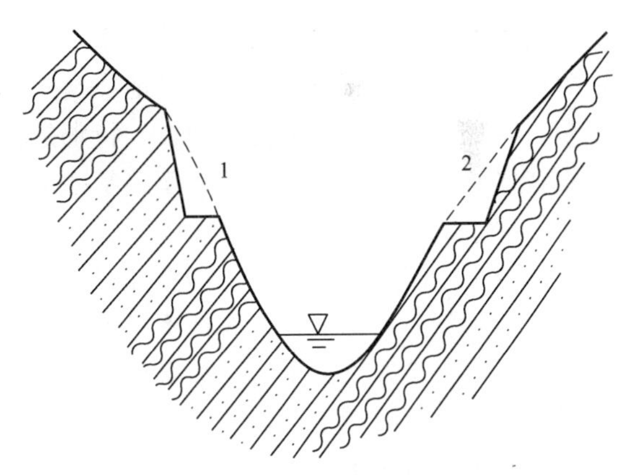

图8-1　在单斜谷中选择路线位置

③ 积雪与冰冻地区选线。在积雪和严寒地区，阴坡和阳坡的差异较大，路线尽可能选在阳坡一岸，以减少积雪、涎流冰等病害。

④ 在断裂谷中，两岸山坡岩层破碎、裂隙发育，对路基稳定很不利。当不能避免沿断裂谷布线时，应仔细比较两岸出露岩层的岩性、产状和裂隙情况，选择相对有利的一岸。

⑤ 在强震区的沿河线更应注意避让悬崖峭壁以及大型不良地质地段；避免沿断裂破碎带布线并努力争取地质地貌条件对抗震有利的河岸。

2) 路线高程。沿河线的线位高低，应根据河岸的地质地貌条件以及河流的水流情况来考虑。

沿河线按其高出设计洪水位的多少，有高线、低线之分。高线一般位于山坡上，基本不受洪水威胁，但路线较曲折，回旋余地小；低线路基一侧临水，边坡常受洪水威胁，但路线标准较高，回旋余地大。在有河流阶地可利用时，通常认为利用一级阶地走线是最适当的，因为这种阶地可保证路线高出洪水位，同时由于阶地本身受切割破坏较轻，故工程较省。在无河流阶地可利用时，为保证沿河低线高出洪水位以上，免遭水淹，勘测时应该仔细调查沿线洪水位，作为控制设计的依据。同时应采取切实有效的防护措施，以确保路基的稳定和安全。在强震区，当河流有可能为崩塌、滑坡、泥石流等暂时阻塞时，还应估计到这种阻塞所造成的淹没以及溃决时的影响范围，合理确定线位和标高。

（2）越岭线的工程地质问题　越岭线的两个主要控制点之间横隔山岭时，路线沿分水岭一侧山坡爬上山脊，在适当地点通过垭口越岭，在沿山坡另一侧下降的路线称为越岭线。路线横越山岭通常是最困难的，需要克服很大的高差，常有较多山坡可利用进行展线。越岭线布局主要有垭口选择，越岭标高选择，展线山坡选择，三者应综合考虑。

1）垭口地质。垭口是越岭线的控制点。垭口地质条件的好坏直接影响路线的标高。通常应选择标高较低的垭口，特别是在积雪、结冰地区，更应注意选择低垭口，以减少冰、雪病害。对宽而肥的垭口，只宜采用浅挖低填方案，过岭标高基本上就是垭口标高；对薄而瘦的垭口常常采用深挖方式，以降低过岭标高，缩短展线长度，这时就要特别注意垭口的地质条件；断层破碎带型垭口，对深挖特别不利。由单斜岩层构成的垭口，如为页岩、砂页岩互层、片岩、千枚岩等易风化、易滑动的岩层组成时，对深挖也常常是很不利的。总之，垭口的选择是山区选线工作中的一个非常关键的环节，必须做出详细的调查，保证垭口在地形上能满足路线在布局上的要求，在地质上必要时采取工程技术措施，能使路基与边坡达到足够的稳定。对于地质十分复杂的垭口，尽可能避让为宜。

2）垭口两侧路线展线。山坡是越岭线的重要组成部分，选择垭口的同时，必须注意两侧山坡展线条件的好坏。评价山坡的展线条件，主要决定于山坡的坡度、断面形式和地质构造，山坡的切割情况，以及有无不良地质现象等。在跨越垭口地段后，如高山的半腰间有平缓地貌，这是线路通过最理想的地方，特别是坡度平缓而又少切割的山坡，对展线是最不利的。山坡岩层的岩性和地质构造对于路基稳定有极大的影响：

① 岩堆地带。在山区许多坚硬岩层形成的陡崖下面沟谷两侧，往往有一些半圆锥形的岩堆体。由于不同粒径的块石、碎石和泥土混合堆积而成，它的自然坡度在30°~40°之间。正在活动中的新岩堆孔隙大，有地下水渗透，稳定性很差，线路最好避绕。对于已稳定的老岩堆，选线最好走岩堆的上部，如必须走中下部时，应修矮路堤通过，尽量少挖方填土，以免引起滑坡，必要时设置一定的防护措施，以保证路基安全。

② 倾斜岩层地质构造的影响。如为倾斜岩层（倾角大于10°~15°），且路线方向与岩层走向大致平行时，则一定要注意岩层倾向与边坡的关系，如图8-2所示。

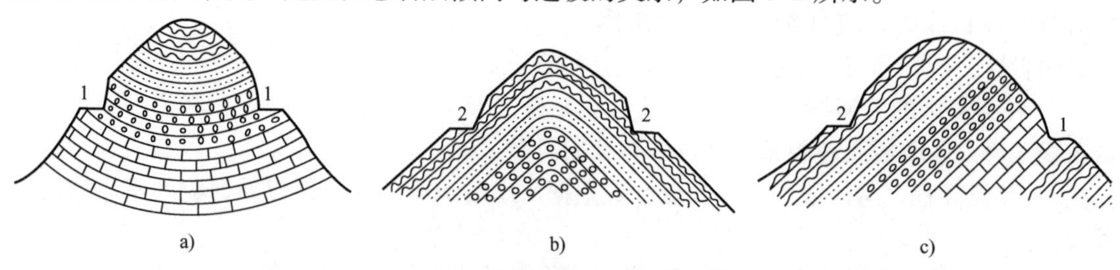

图8-2　山坡岩层地质构造的影响

a）向斜山　b）背斜山　c）单斜山

1—有利情况　2—不利情况

③ 断崖地带。这种地貌是由大断层形成的，在这种情况下，半路堑内侧边坡可能会受断层的影响，在破碎带区易渗水，使半路堤容易产生滑坍，在选线时必须加以注意。

2. 平原区选线中有关的工程地质问题

在平原区选线时，为了保证路基高度不使地表水淹没，应尽可能选择地势较高处布线。对地下水的情况，应尽可能选择地下水位深处，并调查地下水的变化幅度和规律。在大河河口处、沿海平原和凹陷平原地区，应勘测调查淤泥、泥炭等软弱地基情况。

（1）山间平原的工程地质　山间平原是指山区河谷中冲堆、洪积而成的宽广阶地，四周山峦环绕。它的地质特征是：地下水和地表水基本上都流入河床中，冲积物一般较粗，河漫滩主要由卵石、砾石、砂组成，只有在一、二级阶地有亚黏土和亚砂土沉积物。山间平原一般工程地质条件较好，对于路基和桥基的稳定都是有利的，但对于洪水和地下水的威胁应充分重视。

（2）山前平原的工程地质　在大山之前，山麓附近，可以见到冲积、洪积的大片平地，称之为山前平原。它的地质特征是：靠山麓的地形坡度较大、堆积物十分复杂，从黏土到大漂石都有，其分布规律一般靠山以卵石为主，向下慢慢变为砂砾为主，而在边缘地带则以黏性土为主；地下水一般很丰富，靠近山麓地带地下水埋藏较深，离山麓远地下水变浅，有时流出地表，成为泉水。山前平原对选线和路基设计都是有利的。

8.2　公路工程地质问题

1. 沿河路基水毁防治

沿河路基水毁防治措施见表8-1。

表8-1　沿河路基水毁防治措施

防治措施		适用条件	
植物防护	种草	土质路堤、路堑有利于草类生长的边坡，可以防止雨水冲刷坡面	
	铺草皮	当河床比较宽阔，铺设处只容许季节性浸水，流速小于1.8m/s，水流方向与路线近于平行条件下可以使用	
	植树	在路基斜坡上和沿河路堤之外漫水河滩上种植，直接加固了路基和河岸，并使水流速度降低，防止和减少水流对路基或河岸的冲刷	

（续）

防治措施		适用条件	
工程防护	干砌	用以防护边坡免受大气降水和地面径流的侵害，以及保护浸水路堤边坡免受水流冲刷作用；一般有单层铺砌、双层铺砌	
	浆砌	当水流流速较大（如4～5m/s），波浪作用较强，以及可能有流冰、流木等冲击作用时，宜采用浆砌片石护坡	
	抛石防护	用于防护水下部分的边坡和坡脚，免受水流冲刷及淘蚀，也可用于防止河床冲刷，最适用于砾石河床、盛产石料之处	
	石笼防护	使用范围比较广泛，可用于防护河岸或路基边坡、加固河床，防止淘刷	
	浸水挡土墙	用来支撑天然边坡或人工边坡，以保证土体稳定的建筑物	
	丁坝、顺坝	坝根与岸滩相接，坝头伸向河槽，坝身与水流方向成某一角度，能将水流挑离河岸的结构物，用来束窄河床、改善水流状态、保护河岸等	

（续）

防治措施		适用条件	
工程防护	护坦	闸、坝下游的消力池底板，称为护坦；它可用来保护水跃范围内的河床免受冲刷；一般用混凝土或浆砌石做成，护坦的高程和尺寸取决于护坦水跃旋滚的水力特性	
综合排水		在地下渗水严重影响路基稳定地段，可采用纵横填石渗沟（盲沟），形成地下排水网，利用边沟将地面水汇集在一起，引到涵洞，排出路基范围以外	

2. 路基翻浆防治

（1）防治原则

1）翻浆地区的路基设计，要贯彻“以防为主，防治结合”的原则。路线应尽量设置在干燥地段，当路线必须通过水文及水文地质条件不良地段时，应采取措施，预防翻浆。

2）防治翻浆应根据地区特点、翻浆类型和程度，按照因地制宜、就地取材和路基路面综合设计的原则，提出合理防治方案。

3）一般情况下，翻浆地区路基设计，应注意对地下水及地表水的处理，并注意满足路基最小填土高度的要求。

4）对于高级和次高级路面，除按强度进行结构层设计外，还需按允许冻胀的要求进行复核。

（2）防治措施

1）做好路基排水。良好的路基排水可防止地表水或地下水浸入路基，使土基保持干燥，减少冻结过程中水分聚留的来源。路基范围内的地表水、地下水都应通过顺畅的途径迅速引离路基，以防水分停滞及浸湿路基。为此应重视排水沟渠的设计，注意沟渠排水纵坡和出水口的设计。在一个路段内，应重视排水系统的设计，使排水沟渠与桥涵组成一个通畅的排水系统。为降低路基附近的地下水位，可设置盲沟，截断地下水潜流，使路基保持干燥。

2）提高路基填土高度。提高路基填土高度是一种简便易行、效果显著且比较经济的常用措施。同时也是保证路基路面强度和稳定性、减薄路面、降低造价的重要途径。提高路基填土高度，增大了路基边缘至地下水或地表水位间的距离，从而减小了冻结过程中水分向路基上部迁移的数量，使冻胀减弱，使翻浆的程度和可能性变小。如果路线通过农田地区，为了少占农田，应与路面设计综合考虑，以确定合理的填土高度。在潮湿的重冻区粉性土地段，不能单靠提高路基填土高度来保证路基路面的稳定性，要和其他措施，如砂垫层、石灰土基层等配合使用。

3）设置透水性隔离层。隔离层的位置应在地下水位以上，一般在土基 50～80cm 深度处（在盐土地区的翻浆路段，其深度应同时考虑防止盐胀和次生盐渍化等要求），用粗集料（碎石或粗砂）铺筑，厚度为 10～20cm，分别自路基中心向两侧做成 3% 的横坡，为避免泥土堵塞，隔离层的上下两面各铺 1～2cm 厚的苔藓、泥炭、草皮或土工布等其他透水性材料防淤层，连接路基边坡部位，应铺大块片石防止碎落。隔离层上部与路基边缘之高差不小于 50cm，底部高出边沟底 20～30cm，如图 8-3 所示。

4）设置不透水隔离层。在路面不透水的路基中，可设置不透水隔离层，设置深度与透水隔离层相同。当路基宽度较窄时，隔离层可横跨全部路基，称为贯通式；当路基较宽时，隔离层可铺至延出路面边缘外 50～80cm，称为不贯通式，如图 8-4所示。不透水隔离层所用材料和厚度：如用 8%～10% 的沥青土或者 6%～8% 的沥青砂，厚度在 2.5～3.0cm；如用沥青或柏油，直接喷洒，厚度在 2～5cm；如选用油毡纸、不透水土工布（一般为 2～3 层）或不易老化的特制塑料薄膜摊铺（盐渍土地区不可用塑料薄膜）。隔离层的适用条件：隔离层对新旧路线翻浆均可采用，特别适用于新线；不透水隔离层适用于不透水路面的路基中；在透水路面下只能设透水隔离层；在盐渍土地区的翻浆路段，隔离层深度应同时考虑防止盐胀和次生盐渍化等要求。

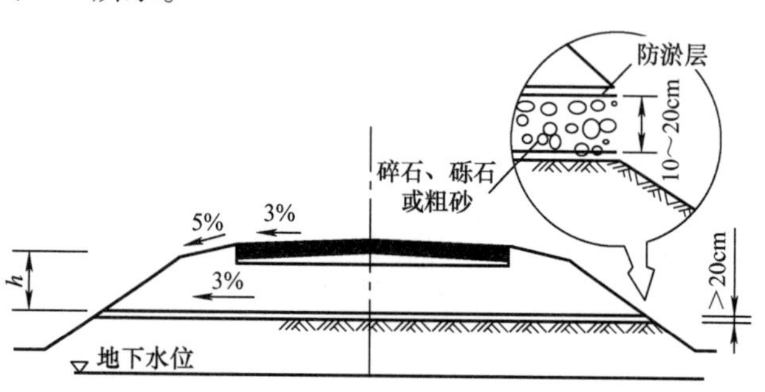

图 8-3　粒料透水性隔离层

5）隔温层。为防止水的冻结和土的膨胀，可在路基中设置隔温层（一般在北方严重冰冻地区），以减少冰冻深度。厚度一般不小于 15cm，隔温材料可用泥炭、炉渣、碎砖等，直接铺在路面下。宽度每边宽出路面边缘 30～50cm，如图 8-5 所示。

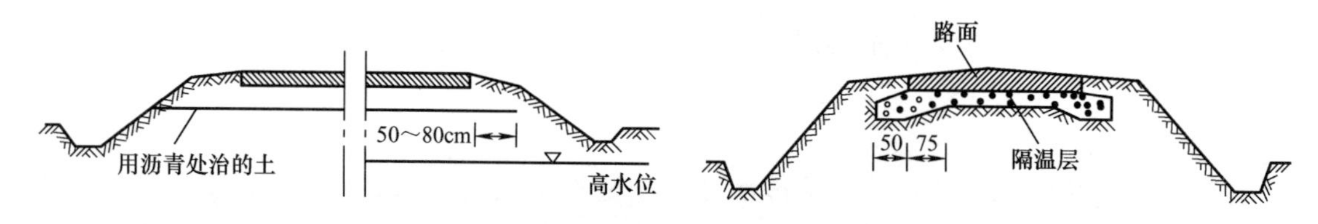

图 8-4　不透水隔离层（左为贯通式；右为不贯通式）　**图 8-5　隔温层的样式**（尺寸单位：cm）

6）换土。采用水稳性好、冰冻稳定性好、强度高的粗颗粒换填路基上部，可以提高土基的强度和稳定性。换土的厚度一般可根据地区情况、公路等级、行车要求以及换填材料等因素确定。根据一些地区的经验，在路基上部换填 60～80cm 厚的粗粒土，路基可以基本稳定。换土厚度也可以根据强度要求，按路面结构层厚度的计算方法确定。适用条件是：因路基高程限制，不允许提高路基，且附近有粗粒土可用时；路基土质不良，需铺设高级路面时。

7）加强路面结构。铺设砂（砾）垫层以隔断毛细水上升，增进融冰期蓄水、排水作用，减小冻结或融化时水的体积变化，减轻路面冻胀和融沉作用。砂垫层的铺设厚度见表 8-2。砂垫层的材料可选用砂砾、粗砂或中砂，要求砂中不含杂质、泥土等。铺设水泥稳定类、石灰稳定类、石灰工业废渣类等路面基层结构层以增强路面的板体性、水稳定性和冻稳定性，提高路面的力学强度。

表8-2　砂（砾）垫层的经验厚度

土基湿度	砂（砾）垫层厚度/cm
中湿	15~20
潮湿	20~30

8.3　特殊土地质问题

1. 软土地基问题

在软土上修筑公路时，经常遇到软土地基压缩变形和地基剪切破坏带来路堤过大沉陷和破坏两大工程问题。因此软土地基沉降计算（固结理论）和稳定性分析（强度理论）是软土理论的两大课题，也是工程设计和施工必须考虑的两个主要问题。

在软土地区进行工程建设，在勘察时应查明软土的分布范围和厚度、软土的垂直结构、物质成分、物理和力学性质；定线时，路线应选择靠近山丘、地势较高的地段通过，应尽量远离河流、湖塘、封闭或半封闭的洼地；设计时，应根据沉降计算和稳定性分析确定路堤极限高度，根据工后沉降量标准制定施工工艺和地基处理方法，当基底不作特殊加固处理，用快速施工方法修筑路堤时，必须控制路堤填筑高度和填筑速度，否则地基或路堤必须采取加固或处理措施，见表8-3。

表8-3　软土地基加固与处理方法

方　法	施工要点	适用范围
强夯	强夯法采用10~20t重锤，从10~40m高处自由落下，夯实土层，强夯法产生很大的冲击能，使软土迅速排水固结，加固深度可达11~12m	适用于层厚小于12m的软土层
换土	将软土挖除，换填强度较高的黏性土、砂、砾石、卵石等渗水土，从根本上改善地基土的性质	适用于深度不超过2m的软土层
砂垫层	在建筑物（如路堤）底部铺设一层砂垫层，其作用是在软土顶面增加一个排水面；在路堤填筑过程中，由于荷载逐渐增加，软土地基排水固结，渗出的水可以从砂垫层排走	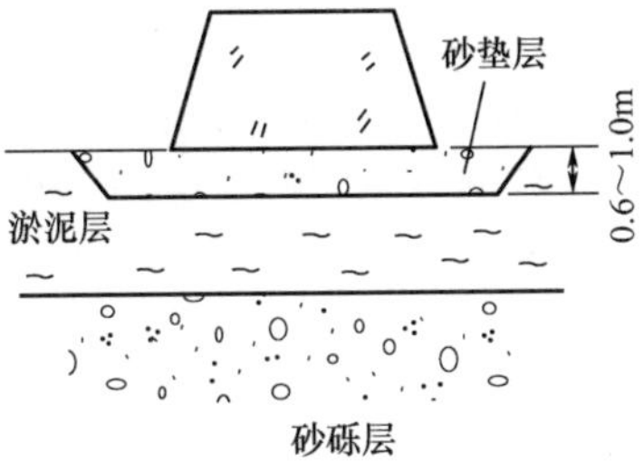 砂垫层 0.6~1.0m 淤泥层 砂砾层 适用于软土深度不超过2m，砂料较丰富的地区

（续）

方法	施工要点	适用范围
抛石挤淤	在路基底部从中间向两边抛投一定数量的片石，将淤泥挤出基底范围，以提高地基强度	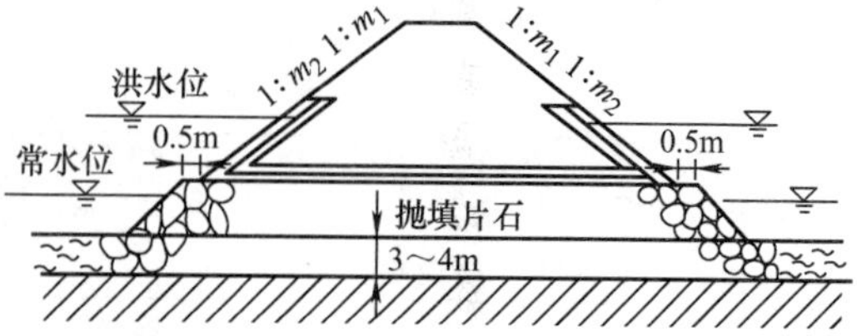 洪水位 常水位 0.5m 0.5m 1:m_2 1:m_1 1:m_1 1:m_2 抛填片石 3～4m 适用于石料丰富区，软土厚3～4m
反压护道	在路堤两侧填筑一定宽度、低于路堤的护道，以平衡路堤下的软土的隆起之势，从而保证路堤的稳定性	适用于非耕作区和取土不困难的地区
砂井排水	在软土地基中按一定规律设计排水砂井，井孔直径多在0.4～2.0m，井孔中灌入中、粗砂，砂井起排水通道作用，以加快软土排水固结过程，使地基土强度提高	 淤泥 砂井 适用于软土层厚度大于5m、路堤高度大于极限高度2倍的情况，或地处农田和填料来源较困难的地区
塑料板排水法	将带状塑料板用插板机插入软土中，然后在上面加载预压，土中水沿塑料板的通道溢出，使地基得以加固。塑料排水板尺寸为10cm×0.5cm，间距以1～2m为宜，一般按正方形或等边三角形两种形式布置，插板施工中，要严格控制打入深度，防止出现“回带”现象	对于较薄的软土层，排木板的长度贯穿软土层为宜；对于较厚的软土层，应打到设计计算的位置
深层挤密	在软弱土中成孔，在孔内填以水泥、砂、碎石、素土、石灰或其他材料（煤矸石、粉煤灰等），形成桩土复合地基（水泥砂桩或石灰桩），从而使较大深度范围内的松软地基得以挤密和加固	适用于软土层较厚的地区
化学加固	通过气压、液压等将水泥浆、黏土浆或其他化学浆液压入、注入、拌入土中，使其与土粒胶结成一体，形成强度高、化学稳定性良好的“结石体”，以增强土体强度；按施工方式分为灌浆法、高压旋喷法、深层搅拌法等	适用于软土层较厚的地区
土工织物加固	将具有较大抗拉强度的土工织物、塑料隔栅或筋条等材料铺设在路堤的底部，以增加路堤的强度，扩散基底压力，阻止土体侧向挤出，从而提高地基承载力和减小路基不均匀沉降	

2. 黄土地基问题

黄土因其特殊的大孔隙、垂直节理发育等结构特性，强渗透和遇水崩解的水理特性，干燥时高强度、浸水后强度明显降低的强度特性，造成路基常出现路堤下沉、坡面冲刷、边坡滑塌和滑坡、冲沟侵蚀路基等工程病害。特别是湿陷性黄土质地疏松，大孔隙和垂直裂隙发育，富含可溶盐，浸水后结构迅速破坏而发生显著的附加下沉，工程病害更是经常发生而且强烈。

（1）黄土的工程性质

1）黄土的压缩性。土的压缩性用压缩系数 α 表示：

$\alpha < 0.1\text{MPa}^{-1}$，为低压缩性土；

$\alpha = 0.1 \sim 0.5\text{MPa}^{-1}$，为中压缩性土；

$\alpha > 0.5\text{MPa}^{-1}$，为高压缩性土。

黄土多为中压缩性土；近代黄土为高压缩性土；老黄土压缩性较低。

2）黄土的抗剪强度。一般黄土的内摩擦角为15°～25°，凝聚力 c 为30～40kPa，抗剪强度中等。

3）黄土的湿陷性和黄土陷穴。天然黄土在一定的压力作用下，浸水后产生突然的下沉现象，称为湿陷。这个一定的压力称为湿陷起始压力。在饱和自重压力作用下的湿陷称为自重湿陷；在自重压力和附加压力共同作用下的湿陷，称为非自重湿陷。

黄土湿陷性评价多采用浸水压缩试验的方法，将原状黄土放入固结仪内，在无侧限膨胀条件下进行天然黄土压缩试验。当变形稳定后，测出试样高度，再测当浸水饱和、变形稳定后的试样高度，计算相对湿陷性系数。根据相对湿陷性系数分为：非湿陷性黄土、轻微湿陷性黄土、中等湿陷性黄土、强湿陷性黄土。

此外，黄土地区常常有天然或人工洞穴，由于这些洞穴的存在和不断发展扩大，往往引起上覆建筑物突然塌陷，称为陷穴。黄土陷穴主要是由于黄土湿陷和地下水的潜蚀作用造成的。为了及时整治黄土洞穴，必须查清黄土洞穴的位置、形状及大小，然后有针对性地采取有效整治措施。

黄土路基各种病害的发生与水的关系密切。路堤沉陷常是地基湿陷、地下洞穴塌陷、路线通过冲沟时沟底地基湿软、冲沟逆源侵蚀路基等原因造成的；雨水造成坡面冲刷、滑塌，河流冲刷坡脚或地下水软化坡脚引起滑坡；地下水位较高造成路基软化和冻胀、翻浆。黄土地区进行公路建设和公路病害治理必须重视排水问题，包括地表排水和地下排水。

（2）黄土地质病害的防治措施

1）防水措施。水的渗入是黄土地质病害的根本原因，只要能做到严格防水，就可以避免或减少各种事故的发生。防水措施包括：场地平整，以保证地面排水畅通；做好室内地面防水措施，室外散水、排水沟，特别是施工开挖基坑时要注意防止水的渗入；切实做到上下水道和暖气管道等用水设施不漏水。

2）边坡防护。

捶面护坡：在西北黄土地区，为防治坡面剥落和冲刷，可用石灰炉渣灰浆、石灰炉渣三合土、四合土等复合材料在黄土路堑边坡上捶面防护。这种方法适用于年降雨量稍大地区和坡率不陡于1∶0.5的边坡。防护厚度为10～15cm，一般采用等厚截面，只有当边坡较高时，才采用上薄下厚截面，基础设有浆砌片石墙脚。

砌石防护：因黄土路堑边坡普遍在坡脚1～3m高范围内发生严重冲刷和应力集中现象，

可采用砌石防护，分为干砌和浆砌两种。这种防护的效果较好，常被广泛采用，可用于路堑的任何较陡的边坡。因黄土地区缺乏片石，故采用此法又有一定的困难。

此外，在黄土地区公路边坡还可以采用植物防护、喷浆防护等边坡防护方式。

3）地基处理。地基处理是对基础或建筑物下一定范围内的湿陷性黄土层进行加固处理或换填非湿陷性土，达到消除湿陷性，减小压缩性和提高承载力的目的。在湿陷性黄土地区，国内外采用的地基处理方法有重锤表层夯实、强夯、换填土垫层、土桩挤密、化学灌浆加固等方法，见表8-4。

表8-4 黄土地基处理方法

方 法	施工要点	适用范围
重锤表层夯实	一般采用2.5～3.0t的重锤，落距4.0～4.5m	适用于2m以内厚度的黄土地基
强夯	一般采用8～40t的重锤（最重达200t），从10～20m的高度自由下落，击实土层	适用于大于2m厚的黄土地基
换填土垫层	先将处理范围内的黄土挖出，然后用素土或灰土在最佳含水率下回填夯实	适用于消除地表下1～3m的黄土层的湿陷性
土桩挤密	先在土内成孔，然后在孔中分层填入素土或灰土并夯实；在成孔和填土夯实的过程中，桩周的土被挤压密实，从而消除湿陷性	适用于5～15m厚的黄土地基
化学灌浆加固	通过注浆管，将化学浆液注入土层中，使溶液本身起化学反应，或溶液与土体起化学反应，生成凝胶物质或结晶物质，将土胶结成整体，从而消除湿陷性	适用于较厚但范围较小的黄土地基

3. 冻土地基问题

多年冻土地区处于年均气温低于0℃自然环境状态，多年冻土地层结构从地表向下依次为：随季节变化而处于冻结和融化状态的季节活动层、保持常年冻结的多年冻土层、常年融化层。多年冻土层的顶面称为多年冻土上限，底面则称为下限。由于修筑公路、铁路，特别是公路铺筑沥青面层，破坏了多年冻土的水热平衡状态，吸热大于散热，多年冻土逐渐融化。上限附近不同厚度和不同含冰量的冰层融化，引起路基基底发生不均匀沉陷，或由于水分向路基上部集聚而引起冻胀、翻浆。

（1）冻土地区公路主要病害

1）融沉。融沉是岛状多年冻土地区路基的主要病害之一。一般多发生在含冰量大的黏性土地段，当路基基底的多年冻土上部或路堑边坡上分布有较厚的地下冰层时，由于地下冰层较浅，在施工及运营过程中各种人为因素的影响下，多年冻土局部融化，上覆土层在土体自重和外力作用下产生沉陷，造成路基的严重变形，这种变形表现为路基下沉，路堤向阳侧路肩及边坡开裂、下滑，路堑边坡溜坍等。融沉一般有以下特点：

① 融沉在空间上表现为不连续性。由于岛状多年冻土地区，多年冻土已在部分区域消失，而且其分布具有不连续性、厚度具有不均匀性，这直接导致了该地区道路融沉的不均匀性。有的路段在以较慢的速度连续下沉一段时间后，有时突发大量的沉陷，并使两侧部分地基土隆起。这是由于路基基底含冰率大的黏性土融化后处于饱和状态，其承载力几乎为零，

加之路堤两侧融化深度不一使得基底形成一倾斜的冻结滑动面。在车辆荷载的作用下，过饱和黏性土顺着冻结面挤出，路堤瞬间产生大幅度沉陷，通常称为突陷。有的路段路堤在每年融化季节逐渐下沉，而在零星岛状多年冻土带内，部分路基全部下沉。

② 融沉病害多发生在低路堤地段。岛状多年冻土地区道路的稳定性与多种因素有关，它既受纬度的影响，又与路堤高度、坡向、填料类别、保温设施及施工季节和施工后形成的地表特征、水文特征和冻土介质特征等因素的综合影响有关。上述诸多因素可归结为土层的散热和吸热。当基底土层的散热超过吸热时，则地温下降，人为上限就上升，路堤保持稳定。如吸热超过散热则地温上升，多年冻土融化，人为上限下降，路堤就会产生融沉病害。路堤越低，意味着在从上界流向地中的传热过程中，热阻减小、路基自身的储热能力变小，因而不利于热稳定。路面的铺筑，特别是黑色路面的铺筑，由于路面的吸热和封水作用，冻土原有的水热交换平衡遭到破坏，其下的人为上限值较大，从而导致道路发生融沉的可能性增大。

2）冻胀。冻胀的发生需要两个必要条件：一是有充足的水分补给源，二是有水分补给的通道。冻胀本身不仅会引起道路破坏，还会引起桥梁、涵洞基础的冻害。这种病害在冻土地区早期修建的桥梁、涵洞工程中尤为突出，主要表现为基础上抬、倾斜，造成桥梁拱起、涵洞断裂，甚至失效等破坏。

3）翻浆。春融时，多年冻土地区的解冻缓慢，解冻时间长，而且在解冻期内气温冷暖异常，导致在某一解冻深度停滞的时间可达几天，加之积雪量大，融化后大量雪水下渗，这样就可能在解冻层和未解冻层之间形成类似于冻结层的自由水。土基与地表土含水率会迅速增大而接近甚至超过液限含水率，使其失去承载能力，从而导致路基发生严重的翻浆。

4）冰丘。冰丘的形成是冬季土的冻结使地下水受到超压及阻碍，随着冻结厚度的增加，当压力超过上覆冻土层的强度时，地下水就会突破地表，以固态冰的状态隆起或以地下水的状态挤出地面漫流，然后经冻结后形成的积冰现象。也有可能在开挖路堑时由于人为的因素，造成地下水露头，涌水后形成。

5）冰锥。冰锥的形成机理与冰丘基本相同，它们的形成和发展往往具有突发性的隆起和回落，具有危害时间长、范围大、不宜处理的特点。

6）路面损坏。在寒冷地区，路面损坏是高级路面常见的道路破坏形式之一，它可以分四类：裂缝类、变形类、松散类、其他损坏类（包括泛油、磨光和各类修补等）。路面的损坏可以直接导致其他道路病害的发生，而其他道路病害的发生加剧了路面的损坏。

（2）冻土病害的防治措施　针对多年冻土特性和道路病害，多年冻土地区路基设计采用：保护、一般保护和不保护三种原则。保护原则也称为被动原则，是采取工程措施严格控制多年冻土不发生变化；一般保护是采取工程措施，控制冻土变形速率和变形总量；不保护也称主动原则，是采取措施加速冻土融化或清除冻土以及不采取任何工程保护措施的原则。保护原则适用于重要和对变形敏感的工程结构物，且冻土为稳定或较稳定型；一般保护原则适用于受变形影响不敏感的工程，适用的冻土类型为较稳定型；不保护原则一般适用于不稳定冻土。

1）排水。水是影响冻胀融沉的重要因素，必须严格控制土中的水分。在地面修建一系列排水沟、排水管，用以拦截地表周围流来的水，汇集、排除建筑物地区和建筑物内部的水，防止这些地表水渗入地下。在地下修建盲沟、渗沟等拦截周围流来的地下水，降低地下水位，防止地下水向地基土集聚。

2）保温。应用各种保温隔热材料，防止地基土温度受人为因素和建筑物的影响，最大限度地防止冻胀融沉。如在基坑、路堑的底部和边坡上或在填土路堤底面上铺设一定厚度的草皮、泥炭、苔藓、炉渣或黏土，都有保温隔热作用，使多年冻土上限保持稳定。

3）改善土的性质。

换填土：用粗砂、砾石、卵石等不冻胀土代替天然地基的细颗粒冻胀土，是最常采用的防治冻害的措施。一般基底砂垫层厚度为0.8～1.5m，基侧面为0.2～0.5m。在铁路路基下常采用这种砂垫层，但在砂垫层上要设置0.2～0.3m厚的隔水层，以免地表水渗入基底。

物理化学法：在土中加某种化学物质，使土粒、水和化学物质相互作用，降低土中水的冰点，使水分转移受到影响，从而削弱和防止土的冻胀。

实际上，冻土病害的治理，往往不是用单一的方法，而是采用几种方法综合治理，如图8-6所示。

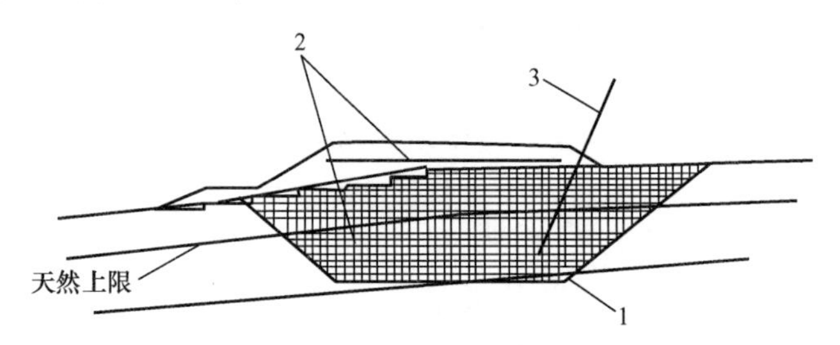

图8-6　综合处理措施

1—基底挖除换填　2—隔热保温材料　3—热棒

4. 膨胀土地基问题

膨胀土因特殊的工程性质对工程建筑产生多种危害，而且变形破坏具有反复性。在膨胀土地区，路面常出现大范围、大幅度的随季节变化的波浪变形；路基常出现的病害有不均匀鼓胀和沉陷，沿路肩部位的纵裂和坍肩，在路堑边坡和路堤边坡的剥落、冲蚀、溜塌、坍滑和滑坡，有“逢堑必滑，无堤不坍”之说。

（1）膨胀土对公路工程的危害　在膨胀土地区病害的产生必须具备两个基本条件：一是土具有胀缩特性，胀缩性越大可能产生的病害越严重；二是水的渗入，没有含水量的变化，则不会产生土的体积变化和结构破坏，即不会产生路基的变形和破坏。控制填土的性质或改善土的胀缩性，减少路基、路面水的渗入，是防治膨胀土道路病害的重要手段。

1）膨胀土用作路基填料。由于膨胀土具有很高的黏聚性，当含水率较大时，一经施工机械搅动，将黏结成塑性很高的巨大团块，很难晾干。随着水分的逐渐散失，土块的可塑性降低。由于黏聚性继续作用，土块的力学强度逐步增大，从而使土块坚硬，难于击碎、压实。如果含水率高的膨胀土直接被用作路基填料，将会增加施工难度，延长工期，并且质量难以保证。

膨胀土路基遇雨水浸泡后，土体膨胀，轻则表面出现厚10cm左右的蓬松层，重则在50～80cm深度范围内形成“橡皮泥”。在干燥季节，随着水分的散失，土体将严重干缩龟裂，其裂缝宽度在1～2cm，缝深可达30～50cm。雨水可通过裂缝直接灌入土体深处，使土体深度膨胀湿软，从而丧失承载能力。由于膨胀土具有极强的亲水性，土体越干燥密实，其亲水性越强，膨胀量越大。当膨胀受到约束时，土体中会产生膨胀力。当这种膨胀力超过上部荷载或临界荷载时，路基出现严重的崩解，从而造成路基局部坍塌、隆起或裂缝。

2）膨胀土用作各种稳定土材料。膨胀土用作稳定土基层材料时，随着时间的推移，稳定土将会严重干缩、龟裂成粒径为20～25cm的碎块。经过车辆荷载的重复作用，这些龟裂碎块逐渐松动，并进一步将基层裂缝反射到面层，使面层产生相应的龟裂。若遇阴雨或积雪，路面积水通过这些裂缝灌入土基，土基表面将迅速膨胀、崩解，形成松软层，丧失承载能力，再经过行车碾压，路面就会出现翻浆沉陷，最终导致路面崩溃。

还有一种情况是，由于膨胀土的高黏聚性决定了膨胀土在通常情况下以坚硬的块状存在，现有的稳定土搅拌设备几乎无法将其彻底粉碎。在稳定土基层施工过程中，人为掺入的石灰等改性材料，如果不采取有效措施，就无法进入土块内部发生充分反应，从而达不到改性效果。碾压成型后，这些膨胀土小碎块遇水后会迅速膨胀崩解，从而使基层表面出现大量的泥浆小坑窝，经过车轮荷载的反复作用，路面将出现车辙、网裂或龟裂，最终导致路面破坏。

（2）膨胀土病害的防治措施

1）膨胀土路基处理。在道路工程设计中，针对膨胀土的物理性质及力学性质，根据地质勘测的翔实报告及有关处理膨胀土的经验，设计中采用了综合处理的思想，并进行了有针对性的研究，提出如下措施：

填高不足 1m 的路堤，必须换填非膨胀土，并按规定压实。

使用膨胀土作填料时，为增加其稳定性，采用石灰处治，石灰剂量范围在 10% ~12%，要求掺灰处理后的膨胀土胀缩总率以接近零为佳。

路堤两边边坡部分及路堤顶面要用非膨胀土做封层，必要时需铺一层土工布，从而形成包心填方。

路堑边坡不要一次挖到设计线，沿边坡预留厚度 30 ~50cm，待路堑挖完后，再削去预留部分，并以浆砌花格网护坡封闭。

路堤与路堑分界处，即填挖交界处，两者土内的含水率不一定相同，原有的密实度也不尽相同，压实时，应使其压实得均匀、紧密，避免发生不均匀沉陷。因此，填挖交界处 2m 范围内的挖方地基表面上的土应挖成台阶，翻松并检查其含水率是否与填土含水率相近，同时采用适宜的压实机具，将其压实到规定的压实度。

施工时，应避开雨季作业，加强现场排水。路基开挖后各道工序要紧密衔接，连续施工，时间不宜间隔太久。路堤、路堑边坡按设计修整后，应立即浆砌护墙、护坡，防止雨水侵蚀。

膨胀土地区路床的强度及压实标准应严格遵守国家有关规范。

2）膨胀土边坡处理

地表水防护：防止水渗入土体，冲蚀坡面，设截排水天沟、平台纵向排水沟、侧沟等排水系统。

植被防护：植被防护是指种植草皮、小乔木、灌木，从而形成植物覆盖层防止地表水冲刷。

骨架护坡：采用浆砌片石方形及拱形骨架护坡，骨架内植草效果更好。

支挡措施：采用抗滑挡墙、抗滑桩、片石垛等。

5. 盐渍土地基问题

影响路基盐胀的主要因素有：土质、含盐类型、含盐量、土的含水量、土密度、温度及其变化过程等。土质是指空隙较小的黏性土和空隙较大的砂性土不利于水和盐分的迁移，对盐胀不利。因此，黏土或天然砂砾常被用作垫层以隔断地下水和盐分向路基及路面内的积聚。一般来讲，盐胀最为强烈的土为粉性土。含盐量对膨胀影响的基本规律是：含盐量小于某一值时土体膨胀不明显，大于该值后膨胀量迅速增加，但盐分增加到不能被土中水完全溶解时，多余的盐分将不再形成盐胀。含水量对盐胀的影响与含盐量有关。当含水量小于6%时，无论含盐量多少，土体膨胀都不明显；当含盐量大于2%、含水量大于6%时，随着含水量的增加，盐胀率增加，但有一峰值，超过峰值后，盐胀率随含水量增加而减小。土体密度对盐胀率的影响，在密度-膨胀率图上为下凹曲线：对应于某一干密度（硫酸盐渍土为1.6g/cm^3），土体盐胀率最小；小于和大于该密度，盐胀率均增加。路基要求的压实密度所对应的盐胀率是较大的。盐渍土开始产生结晶膨胀所对应的温度称为起胀温度。盐胀增长的温度区间很大，从起胀温度开始一直可延续到-15℃，即从秋末开始一直延续到隆冬。降温速率对盐胀也有明显影响，降温缓慢时盐胀量大，快时盐胀量小。

（1）盐渍土对公路工程的危害　根据无机盐的特性，盐渍土的盐分溶解度随着温度的升高而提高，甚至可以使固相盐变为液相盐。土中少量的水和土分子结合水对路基的危害，是干旱盐渍土的特殊性。土中含水溶解盐，蒸腾作用提升了水分由地表挥发的速度，使盐分存留下来。随着时间的推移，越聚越多。当温度下降，空气相对湿度增加，盐吸水分子，尤其是Na_2SO_4吸水分子而膨胀，从而导致路面结构破坏。

由于盐渍土特殊的工程性质，导致盐渍土地区公路地质灾害屡屡发生。主要病害有盐胀、溶蚀、翻浆、沉陷和降水后发生溶淋而泥泞，造成路面坎坷不平等。

1）公路盐胀。盐渍土在降温时都会吸水结晶，体积增大，使路基土体膨胀，导致路面凸起。气温升高时，盐类脱水，体积变小，导致路基疏松、下凹。路面变形较大部分在车辆重力作用下，出现地面开裂、松散，如不及时处理就会很快形成坑槽。

2）公路沉陷。地表水或地下水对盐渍土中可溶盐的溶解，在水位的变化过程中，盐类随着水流而转移，从而引起路基疏松下沉，路面塌陷。

3）路面翻浆。黏性盐渍土路段经冬天冻胀后，在春天由上而下逐步融消，在融消过程中产生路面翻浆。其原因主要是黏性盐渍土颗粒小、渗透性差，含水过量后，路基内形成包浆，在车辆的碾压下，泥浆被挤出路面，形成翻浆。

4）公路边坡易受冲刷。由于盐碱的表聚性，公路边坡表面受盐分侵蚀形成膨胀、松散、干状的粉性土质，很容易被风吹走，形成边坡土流失和空气污染。遇有小雨，边坡冲刷强烈，造成边坡土大量流失，中、大雨经常造成冲毁路基的严重事件。每年要进行大量的边坡补土，给公路养护造成很大困难。

5）桥涵侵蚀。混凝土表面受盐分侵蚀形成松散、剥落、一层一层向内侵蚀，大大缩短了工程使用寿命，并产生较大的安全隐患。

（2）盐渍土病害的防治措施

1）基底处理。盐渍土地区路堤基底和护坡道的表层土大于填料的容许含盐量时，宜予铲除。但年平均降水量小于60mm，干燥度大于50，相对湿度小于40%的地区，表层土不受氯盐含量限制，可不铲除。当地表有溶蚀、溶沟、溶塘时，应用填料填补，并洒饱和盐水，分层夯实。采用垫层、重锤击实及强夯法处理浅部地层，可消除地基土的湿陷量，提高其密实度及承载力，降低透水性，阻挡水流下渗；同时破坏土的原有毛细结构，阻隔土中盐分上升。对于溶陷性高、土层厚及荷载很大或重要建筑物上部地层软弱的盐沼地，可采用桩基或复合地基，如根据具体情况采用桩基础、灰土墩、混凝土墩或砂石墩基，深入到盐渍土临界深度以下。

2）加强地表排水和降低地下水位。在盐渍土地区修路，首先，必须切断下层土中的盐源。加强地表排水和降低地下水位，可以防止雨水浸泡路基，避免地下水上升引起路基土次生盐渍化和冻害。当盐湖地表下有饱和盐水时，应采用设有取土坑及护坡道的路基横断面。可以结合取土，在路基上游扩大取土坑平面面积，使之起到蒸发池的作用，蒸发路基附近的地表水。亦可在路基上游做长大排水沟，以拦截地表水，降低地下水位，迅速疏干土中的水。做砂砾隔断层，最大限度地提高路基，加厚砂砾垫层，排挡地表水侵入路基等，视情况采用单独或综合处理措施来减小道路病害。

3）填土高度。如要路堤不受冻害和次生盐渍化的影响，应使路堤高度大于最小填土高度，最小填土高度应由地下水最高位、毛细水上升高度、临界冻结深度决定。干涸盐湖地段的高速公路、一级公路应分期修建，其他等级公路，可采用低路堤的路基横断面形式，可利用岩盐作为填料，路堤高度不宜小于0.3m，路堤边坡坡度可采用1∶1.5。

4）控制填料含盐量和夯实密度。换填含盐类型单一和低盐量的土层作为地基持力层，以非盐类的粗颗粒土层（碎石类土或砂土垫层）可以有效地隔断毛细水的上升。当土的含盐量满足规范中规定的填料要求时，可以避免发生膨胀和松胀等现象，并应尽量提高填土的夯实密度，一般应达到最佳密度的90%以上。

5）设置毛细水隔断层。为了阻止毛细水上升携盐积聚，应设置封闭型隔断层。当采用提高路基高度或降低地下水等措施有困难或不经济时，用渗水土填筑路堤适当部位，构成毛细水隔断层，其位置以设在路堤底部较好，厚度视所选用渗水土的颗粒大小而定，即相当于毛细水在该渗水土中的上升高度加安全高度。在路基顶面下，80mm以下铺设不透气、不渗漏的封闭型隔断层，不仅阻断毛细水携盐上升，也切断气态水携盐上升。

8.4 地质灾害地质问题

1. 崩塌地质问题

（1）防治原则 崩塌是道路的主要病害（特别是山区公路），它的发生常常突然且猛烈，治理比较困难，而且十分复杂，所以一般应采取以防为主的原则。

在选线时，应根据斜坡的具体条件，认真分析发生崩塌的可能性及其规模。对有可能发生大、中型崩塌的地段，应尽量避开。若完全避开有困难，可调整路线位置，离开崩塌影响范围一定距离，尽量减少防治工程；或考虑其他通过方案（如隧道、明洞等），以确保行车安全。对可能发生小型崩塌或落石的地段，应视地形条件，进行经济比较，确定绕避还是设置防护工程。

在设计和施工中，避免使用不合理的高陡边坡，避免大挖大切，以维持山体平衡稳定。在岩体松散或构造破碎地段，不宜使用大爆破施工，避免因工程技术上的失误而引起崩塌。

（2）勘察调查要点 要有效地防治崩塌，必须首先进行详细的调查研究，掌握崩塌形成的基本条件及其影响因素，根据不同的情况，采取相应的措施。调查崩塌时要注意以下几个方面：

1）查明斜坡的地形条件——坡度、高度、外形等。

2）查明斜坡的岩性和构造条件——岩土的类型、风化程度、主要构造面的发育情况。

3）查明地下水对斜坡稳定性的影响。

4）查明当地地震烈度。具体调查方法见表8-5。

表8-5　崩塌与岩堆勘察调查要点

方　法	目　的	要　点
测绘	查明崩塌与岩堆的地貌形态，水文地质特征等	峭壁高度、长度、坡度（包括各变坡点的高程） 崖壁新近崩塌、坍塌、剥落的痕迹并估算其体积 坠石冲击点、跳跃距离、滚动距离及其最大石块的体积、形状 岩堆的分布范围、形状、各部位的坡度变化 岩堆各部位颗粒分选状况，地表最大颗粒体积 岩堆体各部位固结（或松散）程度、稳定状况等 冲沟发育状况，如各部位切割深度、纵坡、横断面类型、沟壁稳定坡度、坡高、溯源侵蚀、泥石流发育状况 岩堆体各部位植被覆盖程度，并区分乔禾、灌木、蒿草等的分布范围
勘探	了解崩塌与岩堆的地层结构、软弱结构面、含水层的性质、地下水位以及取样试验	探明岩堆床形状、岩堆体地层结构、岩性，尤其细颗粒夹层、含腐朽植物夹层、地下水位、地质构造 勘探线应按崩塌（含坍塌、剥落）岩堆活动中心，贯穿崖顶、锥顶、岩堆前缘弧顶布置 连续分布，无明显锥顶、前缘弧顶的岩堆，应垂直地形等高线走向布置勘探线 勘探线间距不大于50m，每个岩堆体至少有1条勘探线，勘探线上勘探点不少于3个（含露头） 岩石峭壁一般只采用地层岩性描述、节理统计方法，不宜布置勘探点 岩堆体勘探以物探为主，辅以钻探验证，并有一定数量挖探，取得岩堆体地层层理产状资料及试样 钻探孔深宜钻至堆床以下2m，并应采取适当钻探工艺，以查明岩土软弱夹层、含腐殖物夹层和地下水等资料
工程地质试验	为崩塌与岩堆防治工程的设计提供依据和计算参数	崩塌范围一般取岩样做密度、相对密度、天然含水率、吸水率、抗压强度、软化系数、泊松比、抗剪强度（c、ϕ 值）试验；抗剪强度试验侧重软弱夹层和不利的节理面 岩堆体试验项目有：密度、相对密度、含水率、抗剪强度、天然休止角；也可利用天然陡坎坍塌、滑塌反算 c、ϕ 值或综合 ϕ 角，代替抗剪强度试验，也可在附近有类比条件的陡坎坍塌处进行类比反算 c、ϕ 值

（3）防治措施

1）排水。在一般道路有水活动的地段，可布置排水构筑物，以进行拦截疏导，防止水流渗入岩土体而加剧斜坡的失稳。排除地面水，可修建排水沟、截水沟；排除地下水，可修建纵、横盲沟等，如图8-7所示。

2）刷坡清除。对山坡或边坡坡面的崩塌岩块可采用全部清除的方法；若斜坡上岩石破碎，则应放缓边坡并加防护措施（图8-8和图8-9）。

3）坡面加固。边坡或自然坡面比较平整、岩石表面风化易形成小块岩石呈零星坠落时，

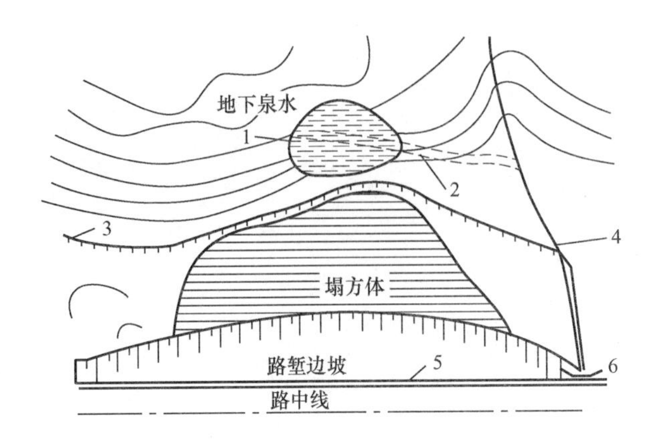

图 8-7 边坡塌方路段综合排水图示

1—渗沟 2—排水沟 3—截水沟

4—自然沟 5—边沟 6—涵洞

图 8-8 清除危岩

宜进行灌浆、勾缝等坡面防护，以阻止风化发展，防止零星坠落。对易引起崩塌的高边坡，宜采用边坡加固工程，必要地段修建挡墙、边坡锚杆、多级护墙和护面，如图 8-10 所示。

图 8-9 刷坡

图 8-10 喷锚支护

4）拦截防御。在岩体严重破碎、经常发生落石的路段，宜采用柔性防护系统或拦石墙与落石槽等拦截构造物，如图 8-11 和图 8-12 所示。拦石墙与落石槽宜配合使用，设置位置可根据地形合理布置，落石槽的槽深和底宽通过现场调查或试验确定。拦石墙墙背应设缓冲层，并按公路挡土墙设计，墙背压力应考虑崩塌冲击荷载的影响。

5）支顶工程。对在边坡上局部悬空的岩石，但是岩体仍较完整，有可能成为危岩石，可视具体情况采用浆砌片石支顶、钢筋混凝土立柱、支撑等支挡结构物加固，如图 8-13 所示。

6）遮挡工程。当崩塌体较大、发生频繁且距离路线较近但设拦截构造物有困难时，可采用明洞（图 8-14）、棚洞等遮挡构造物处理。

2. 滑坡地质问题

（1）防治原则 滑坡的防治，贯彻“以防为主，整治为辅”的原则。在选择防治措施

图 8-11　拦石网

图 8-12　拦石格栅

图 8-13　钢筋混凝土立柱支顶

图 8-14　防落石明洞

前一定要查清滑坡的地形、地质和水文地质条件，认真研究和确定滑坡的性质及其所处的发展阶段，了解产生滑坡的原因，结合工程建筑的重要程度、施工条件及其他情况进行综合考虑。

由于大型滑坡的整治工程量大，技术上也很复杂，因此，在测设时应尽可能采用绕避方案。若建成后路基不稳定，是治理还是绕避需要周密分析其经济和安全两方面的得失。

对于中、小型滑坡的地段，一般情况下不必绕避，但是应注意调整路线平面位置以求得工程量小、施工方便、经济合理的路线方案。

路线通过古滑坡时，应对滑坡体的结构、性质、规模、成因等做详细勘察后，再对路线的平、纵、横做出合理布设；对施工中开挖、切坡、弃方、填土等都要作通盘考虑，稍有不慎即可能引起滑坡的复活。

（2）勘察调查要点　为了有效地防治滑坡，首先必须对滑坡进行详细的工程地质勘察，查明滑坡形成的条件及原因，滑坡的性质、稳定程度及其对公路工程的危害性，并提供防治滑坡的措施与有关的计算参数。为此，需要对滑坡进行勘测、勘探和试验工作，有时还需要进行滑坡位移的监测工作，见表 8-6。

表8-6　滑坡勘察调查要点

方　法	目　的	要　点
测绘	查明滑坡的地貌形态、水文地质特征，弄清滑坡周界及滑坡周界内不同滑动部分的界线等	滑坡壁的形状、位置、高差及坡度 滑坡台阶的形状、位置、高差、坡度及其形成次序 滑坡体隆起和洼地范围及形成特征 滑坡裂隙分布范围、密度、特征及其力学性质 滑坡舌前缘隆起、冲刷、滑塌与人工破坏状况 滑体各部位（主轴线上）的稳定状态，如蠕动、挤压、初滑、滑动、速滑、终止 滑体上冲沟发育部位、切割深度、切割地层岩性、沟槽横断面形状、泉水的形成、沟岸稳定状况 坡脚破坏的原因与破坏速度等
勘探	了解滑体与滑床的地层结构、软弱结构面、含水层的性质、地下水位、滑动特征以及取样试验	查明滑坡体的厚度 下伏基岩表面的起伏及倾斜情况 判断滑动面的个数、位置和形状 了解滑坡体内含水层和湿带的分布情况和范围，地下水的流速及流向等 查明滑坡地带的岩性分布及地质构造情况等
工程地质试验	为滑坡防治工程的设计提供依据和计算参数	水文地质试验：测定地下水的流速、流向、流量和各含水层的水力联系及渗透系数等 物理力学试验：做劈裂试验确定滑动带土石的内摩擦角和黏聚力参数

(3) 防治措施　整治滑坡的工程措施很多，归纳起来可分为三类：一是消除或减轻水的危害；二是改变滑坡体外形、设置抗滑建筑物；三是改善滑动带土石性质，见表8-7。

表8-7　滑坡的防治措施

序　号	种　类	措　施	适用条件
1	排水	地表排水	地表径流较大的滑坡区
		地下排水	地下水比较发育的滑坡区
		冲刷防护	沿河滑坡区
2	减重和反压	减重	推移式滑坡
		反压	牵引式滑坡
3	支挡工程	抗滑桩	深层滑坡和各类非塑性流滑坡
		抗滑挡墙	滑坡中、下部有稳定的岩土锁口者
		锚（杆）索挡墙	规模较大的非岩质滑坡体
4	改善土石性质	焙烧法	含水率较大的土体滑坡
		浆砌护坡	地表径流较大的滑坡区
		化学加固	土体滑坡

1) 消除或减轻水的危害——排水。

排除地表水：整治滑坡中不可缺少的辅助措施，而且是首先采取并应长期运用的措施。其目的在于拦截、旁引滑坡外的地表水，避免地表水流入滑坡区；或将滑坡范围内的雨水及泉水尽快排除，阻止雨水、泉水进入滑坡体内。主要工程措施有：在滑坡体周围修截水沟，如图 8-15 所示；滑坡体上设置树枝状排水系统汇集旁引坡面径流于滑坡体外排出，如图 8-16 所示；整平地表，填塞裂缝和夯实松动地面；筑隔渗层，减少地表水下渗并使其尽快汇入排水沟内，防止沟渠渗漏和溢流于沟外。

图 8-15　截水沟

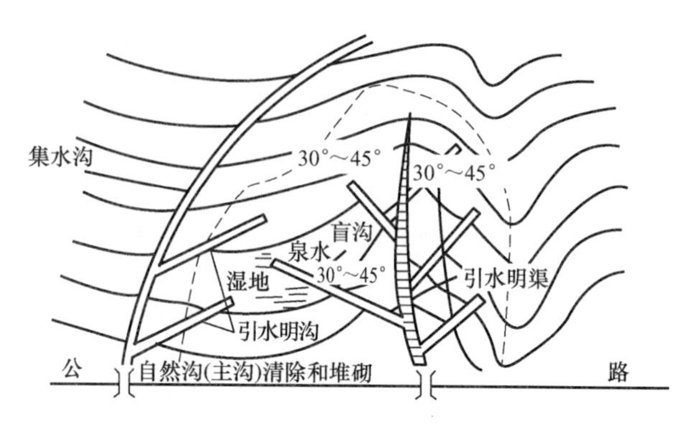

图 8-16　树枝状排水系统汇集旁引坡面径流于滑坡体外

对于地下水：可疏而不可堵。其主要工程措施有：截水盲沟用于拦截和旁引滑坡外围的地下水；支撑盲沟兼具排水和支撑作用；仰斜孔群用近于水平的钻孔把地下水引出。此外还有盲洞、渗管、渗井、垂直钻孔等排除滑体内地下水的工程措施，如图 8-17 所示。

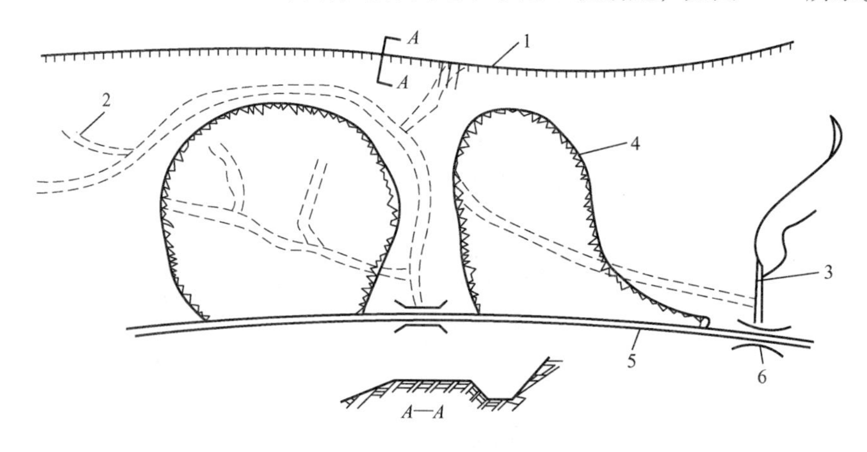

图 8-17　滑坡路段综合排水图示

1—截水沟　2—排水沟　3—自然沟　4—滑坡土体边界　5—路线　6—涵洞

冲刷防护：为了防止河水、库水对滑坡体坡脚的冲刷，可采用的主要工程措施有：护坡、护岸、护堤，在滑坡前缘抛石、铺设石笼等防护工程或导流构造物，如图 8-18 所示。

2）减重和反压。对推移式的滑坡，在上部主滑地段减重，常可以起到根治的效果。对其他性质的滑坡，在主滑地段减重也能起到减小下滑力的作用。减重一般适用于滑坡床为上陡下缓、滑坡后壁及两侧有稳定的岩土体，不致因减重而引起滑坡向上和向两侧发展造成后患的情况。对于错落转变成的滑坡，采用减重使滑坡达到平衡，效果比较显著。对有些滑坡的滑带土或滑坡体，具有卸荷膨胀的特点，减重后使滑带土松弛膨胀，尤其是地下水浸湿后，其抗滑力减小，引起滑坡。因此，具有这种特点的滑坡，不能采用减重法。另外，减重后将增大暴露面，有利于地面水渗入坡体和使坡体岩石风化，对这些不利因素都应充分进行考虑。

在滑坡的抗滑段和滑坡体外前缘堆填土石加重，如做成堤、坝等，能增大抗滑力而稳定滑坡。但是必须注意只能在抗滑段加重反压，不能填于主滑地段。而且填方时，必须做好地下排水工程，不能因填土而堵塞原有地下水出口，造成后患。

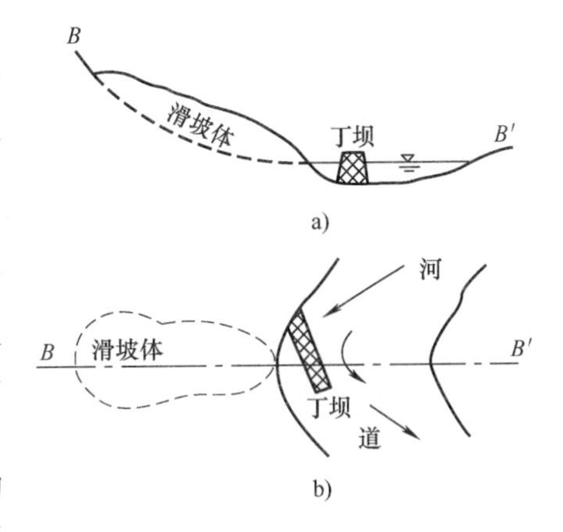

图 8-18　河岸防护堤示意图

对于某些滑坡可根据设计计算，确定需减少的下滑力大小，同时在其上部进行部分减重和下部反压。减重和反压后，应检验滑面从残存的滑体薄弱部位及反压体底面滑出的可能性，如图 8-19 所示。

3）修筑支挡工程。因失去支撑而引起滑动的滑坡，或滑坡床陡、滑动可能较快的滑坡，采用修筑支挡工程的办法，可增加滑坡的重力平衡条件，使滑体迅速恢复稳定。支挡建筑物有抗滑桩、抗滑挡墙、锚杆和锚固桩等。

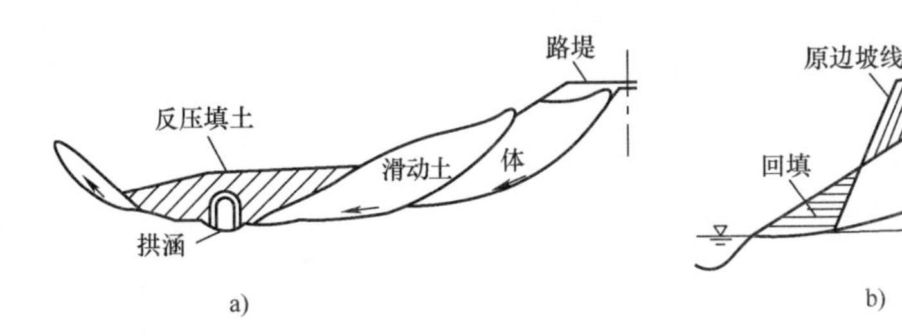

图 8-19　滑坡体上方减压和下方回填反压示意图

抗滑挡墙：一般是重力式挡墙，挡墙的设置位置一般位于滑体的前缘，如图 8-20 所示；滑坡中、下部有稳定的岩土锁口者，设置于锁口处；如滑坡为多级滑动，当推力太大，在坡脚一级支挡施工量较大时，可分级支挡，如图 8-21 所示。

图 8-20　抗滑挡墙

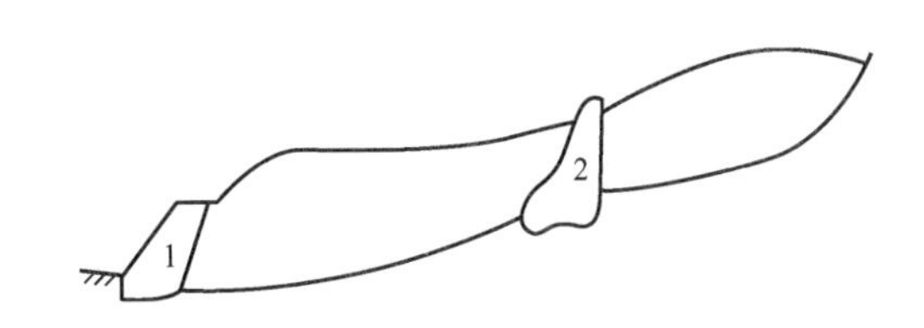

图 8-21　分级抗滑挡土墙示意图

1——级挡土墙　2—二级挡土墙

抗滑桩：适用于深层滑坡和各类非塑性流滑坡，对缺乏石料地区和处理正在活动的滑坡更为适宜。其特点是设桩位置灵活，施工简单，开挖面积小。抗滑桩布置取决于滑体密实程度、滑坡推力大小及施工条件，如图 8-22 所示。在山区岩石边坡上，经常采用预应力锚索（杆）抗滑，如图 8-23 所示。

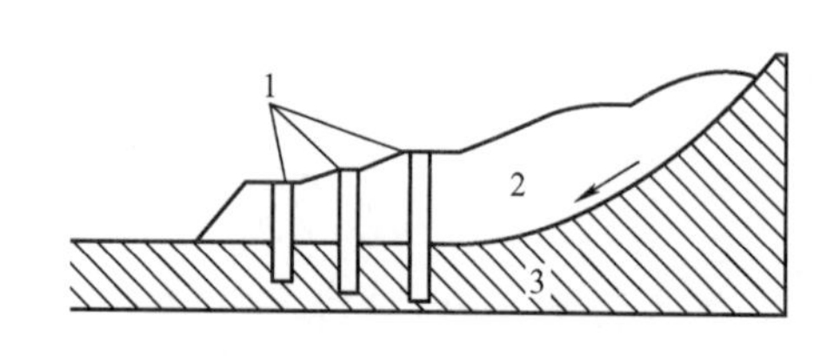

图 8-22　抗滑桩示意图

1—抗滑桩　2—滑坡体　3—稳定土体

图 8-23　预应力锚索抗滑

锚（杆）索挡墙：这是近 20 年来发展起来的新型支挡结构。它可节约材料，成功地代替庞大的混凝土挡墙。锚（杆）索挡墙，由锚杆、肋柱和挡板三部分组成，如图 8-24 所示。滑坡推力作用在挡板上，由挡板将滑坡推力传于肋柱，再由肋柱传至锚杆上，最后通过锚（杆）索传到滑动面以下的稳定地层中，通过锚（杆）索的锚固来维持整个结构的稳定，如图 8-25 所示。

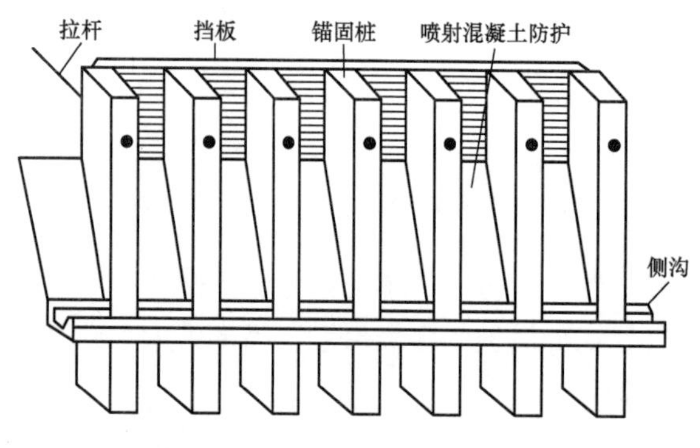

图 8-24　锚（杆）索抗滑挡土墙

图 8-25　锚（杆）索抗滑挡土墙

4）改善滑动带土石性质。一般采用焙烧法（>800℃）、压浆及化学加固等物理化学方法对滑坡进行整治，如图 8-26 和图 8-27 所示。

由于滑坡成因复杂、影响因素多，因此常常需要上述几种方法同时使用、综合治理，方能达到目的。

3. 泥石流地质问题

（1）防治原则　选线是泥石流地区公路设计的首要环节。选线恰当，则可避免或减少泥石流危害；选线不当，则可导致或增加泥石流危害。路线平面及纵面的布置，基本上决定了泥石流防治可能采取的措施。所以，

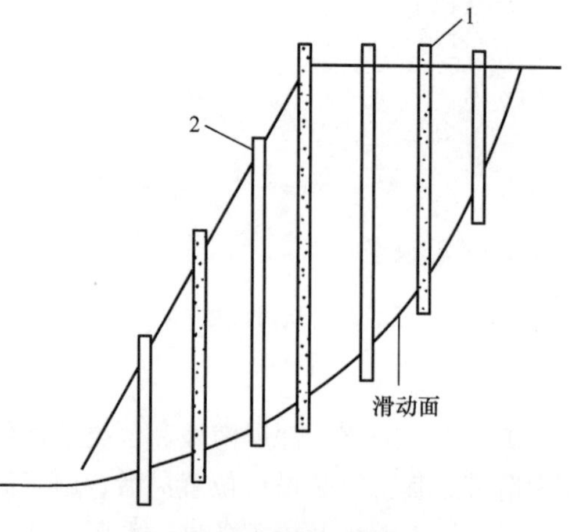

图 8-26　电化学加固法

1—铁棒　2—铁管

防治泥石流首先要从选线考虑。

高等级公路最好避开泥石流地区。当无法避开时，也应按避重就轻的原则，尽量避开规模大、危害严重、治理困难的泥石流沟，而走危害较轻的一岸或在两岸迂回穿插，如图8-28方案4所示。如果过河绕避困难或不适合时，也可在沟底以隧道或明洞穿过，如图8-28方案1所示。

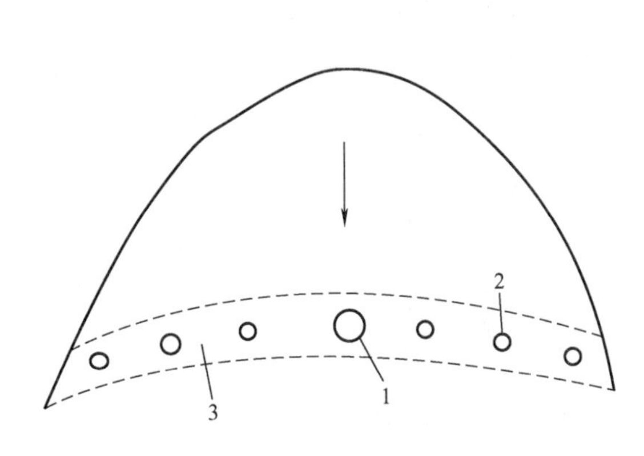

图8-27 焙烧导洞

1—中心烟道 2—垂直风道 3—焙烧导洞

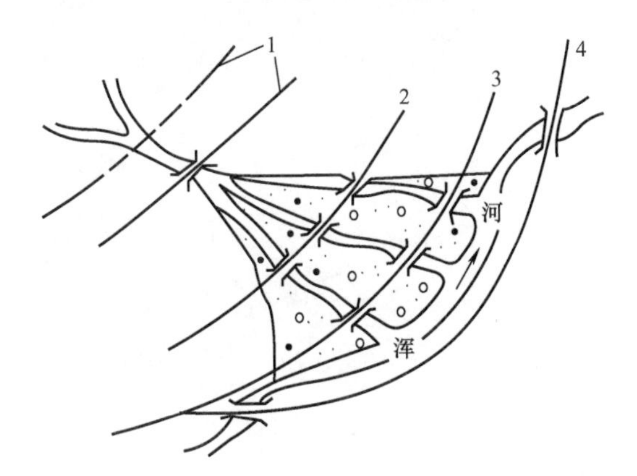

图8-28 公路跨越泥石流沟位置方案选择

1—靠山做隧道方案或以桥通过沟口 2—通过堆积区 3—沿堆积区外缘通过 4—跨河绕避

当大河的河谷很开阔，洪积扇未到达河边时，可将公路线路选在洪积扇淤积范围之外通过。这时路线线形一般比较舒顺，纵坡也比较平缓，但可能存在以下问题：洪积扇逐年向下延伸淤埋路基；大河摆动，使路基遭受水毁，如图8-28方案3所示。

路线跨越泥石流沟时，首先应考虑从流通区或沟床比较稳定、冲淤变化不大的堆积扇顶部用桥跨越。但应注意这里的泥石流搬运力及冲击力最强，还应注意这里有无转化为堆积区的趋势。因此，要预留足够的桥下排洪净空。

如泥石流的流量不大，在全面考虑的基础上，路线也可以在堆积扇中部以桥隧或过水路面的方式通过。采用桥隧时，应充分考虑两端路基的安全措施。这种方案往往很难克服排导沟的逐年淤积问题，如图8-28方案2所示。

通过散流发育并有相当固定沟槽的宽大堆积扇时，宜按天然沟床分散设桥，不宜改沟归并。如堆积扇比较窄小，散流不明显，则可集中设桥，一桥跨过。

（2）防治措施 对泥石流病害，应首先进行调查，通过访问、测绘、观测等获得第一手资料，掌握其活动规律后，再按预防为主、以避为宜、以治为辅，防、避、治相结合的方针采取有针对性的措施。泥石流的治理要因势利导，顺其自然，就地论治，因害设防和就地取材，充分发挥排、挡、固防治技术特殊作用的有效联合。

1）水土保持工程。在形成区内，封山育林、植树造林、平整山坡、修筑梯田；修筑排水系统及山坡防护工程等均属水土保持工程。水土保持虽是根治泥石流的一种方法，但需要一定的自然条件，受益时间也比较长，一般应与其他措施配合进行。

2）拦挡工程。在中游流通段，用以控制泥石流的固体物质和地表径流，用于改变沟床坡降，降低泥石流速度，以减少泥石流对下游工程的冲刷、撞击和淤埋等危害的工程设施即为拦挡工程。拦挡措施有：拦挡坝、格栅坝、停淤场等。拦挡坝适用于沟谷的中上游或下游没有排沙或停淤的地形条件且必须控制上游产沙的河道，以及流域来沙量大，沟内崩塌、滑坡较多的河段，如图 8-29 所示。格栅坝适用于拦截流量较小、大石块含量少的小型泥石流，如图 8-30 所示。

图 8-29　拦挡坝

图 8-30　格栅坝

3）排导工程。排导工程是指在泥石流下游设置排导措施，使泥石流顺利排除。其作用是改善泥石流流势、增大桥梁等建筑物的泄洪能力，使泥石流按设计意图顺利排泄。排导工程包括渡槽、排导沟、导流堤（图 8-31）等。其中排导沟适用于有排沙地形条件的路段，其出口应与主河道衔接，出口高程应高出主河道 20 年一遇的洪水水位。渡槽适用于排泄量小于 $30m^3/s$ 的泥石流，且地形条件应能满足渡槽设计纵坡及行车净空要求，路基下方用停淤场地等。

图 8-31　导流堤

4）跨越工程。桥梁适用于跨越流通区的泥石流沟或洪积扇区的稳定自然沟槽；隧道适用于路线穿过规模大、危害严重的大型或多条泥石流沟，隧道方案应与其他方案作技术、经济比较后确定。泥石流地区不宜采用涵洞，在活跃的泥石流洪积扇上禁止使用涵洞。对于三、四级公路，当泥石流规模不大、固体物质含量低、不含有较大石块并有顺直的沟槽时，方可采用涵洞；过水路面适用于穿过小型坡面泥石流沟的三、四级公路。

5）防护工程。防护工程是指对泥石流地区的桥梁、隧道、路基及其他重要工程设施，修建一定的防护建筑物，用以抵御或消除泥石流对主体建筑物的冲刷、冲击、侧蚀和淤埋等危害。防护工程主要有护坡、挡墙、顺坝和丁坝等。

对于防治泥石流，采取多种措施相结合比采用单一措施更为有效。

4. 岩溶地质问题

（1）岩溶地区选线原则　在岩溶区选线，要想完全绕避是不可能的，尤其是在我国中南和西南岩溶分布十分普遍的地区更不可能，因此，宜按“认真勘测、综合分析、全面比较、避重就轻、兴利防害”的原则选线。根据岩溶发育和分布规律，注意以下几点：

1）在可溶性岩石分布区，路线应选择在难溶岩石分布区通过。

2）路线方向不宜与岩层构造线方向平行，而应与之斜交或垂直通过。

3）路线应尽量避开河流附近或较大断层破碎带，不能避开时，宜垂直或斜交通过。

4）路线应尽量避开可溶性与非可溶性岩石或金属矿产的接触带，因这些地带往往岩溶发育强烈，甚至岩溶泉成群出露。

5）岩溶发育地区选线，应尽量在土层覆盖较厚的地段通过，因一般覆盖层起到防止岩溶继续发展、增加溶洞顶板厚度和使上部荷载扩散的作用。但应注意覆盖土层内有无土洞的存在。

6）桥位宜选在难溶岩层分布区或无深、大、密的溶洞地段。

7）隧道位置应避开漏斗、落水洞和大溶洞，并避免与暗河平行。

（2）勘察调查要点　岩溶发育区的勘察调查一般包括公路路基、桥基和隧道的工程地质勘察调查三个方面，见表8-8。

表8-8　岩溶勘察调查要点

方法	目的	要点
测绘	查明场地岩溶发育程度，能满足路线方案选择	可溶岩分布地段的地形地貌特征，地表岩溶的主要形态、规模大小、分布特点 可溶岩的岩性、分布范围、第四系地层岩性、成因类型、沉积厚度、结构特征 土洞的分布位置、规模 岩层产状、地质构造类型、新构造活动的特征、断裂和褶皱轴的位置、构造破碎带的宽度、可溶岩与非可溶岩的接触界线、岩体的节理裂隙发育程度 地下水类型、埋藏条件、补给、径流和排泄条件，地下水露头位置和高程、涌水量大小，地下水与地表水的水力联系，地表水的消水位置，各不良地质现象的成因类型、规模、稳定情况和发展趋势
勘探	了解岩溶区地层结构、岩性、含水层的性质、地下水位以及取样试验	岩溶地区公路路基的工程地质勘探，查明沿线不同路段的岩溶发育程度和分布规律，在判定的岩溶发育带和物性指标异常带应布置钻孔验证物探成果，同时查明岩溶的基本形态和规模、洞穴充填物的性状和地下水位高程等，利用人力钻和轻型机钻，查明第四系地层岩性、沉积厚度、结构特征、土洞的分布位置和规模 岩溶地区桥基的勘探首先应采用物探，查明桥位区岩溶的发育规律、不同地段的岩溶发育强度和发育特点，第四系的地层岩性、层序、沉积厚度、结构特点 隧道的工程地质勘探应以物探方法为主，并在充分分析遥感和测绘资料的基础上布置勘探工作；首先沿隧道中线和断裂破碎带、褶皱轴部、可溶岩与非可溶岩接触带布置物探勘探线，查明洞身不同地段的岩溶发育程度和分布规律、岩溶洞穴的含水特性等；在隧道的洞口和已判定的岩溶发育带，物性指标异常时，应布置钻孔，查明洞体围岩的工程特性，主要内容为岩溶发育程度、基本形态和规模、洞穴充填物性状、岩溶的富水性、补给、径流和排泄条件；钻孔深度应在隧道底板设计高程以下完整基岩钻进5～8m；在该深度遇有溶洞时，钻孔应穿过洞穴，在溶洞底板完整基岩内钻进3～5m

（续）

方　法	目　的	要　点
工程地质试验	为岩溶防治工程的设计提供依据和计算参数	对地基中的洞穴顶板岩石进行下列试验：饱和单轴抗压强度，岩石的黏聚力、内摩擦角、弹性模量、泊松比、剪切弹性模量等 对隧道洞体上部2.5倍洞径高度范围内的围岩进行下列试验：天然状态和饱和状态单轴抗压强度、弹性抗力系数、内摩擦角、弹性模量、泊松比、剪切弹性模量，有条件时测定围岩弹性波的波速 对深路堑和隧道洞身附近的岩溶含水带进行抽水试验，查明含水带的水文地质特征 为查明地下洞穴连通情况和地下水之间的水力联系，应作连通试验 对地下水和地表水作水质分析，确定其对混凝土的侵蚀情况

（3）整治措施　对岩溶和岩溶水的处理措施可以归纳为疏导、跨越、加固、堵塞等几个方面。

1）堵塞。对基本停止发展的干涸的溶洞，一般以堵塞为宜。如用片石堵塞路堑边坡上的溶洞表面并以浆砌片石封闭。对路基或桥基下埋藏较深的溶洞，一般可通过钻孔向洞内灌注水泥砂浆、混凝土、沥青等加以堵塞提高其强度，如图8-32所示。

2）疏导。对经常有水或季节性有水的空洞，一般宜疏不宜堵，应因地制宜、因势利导。路基上方的岩溶泉和冒水洞，宜采用排水沟将水截流至路基外。对于路基基底的岩溶泉和冒水洞，设置集水明沟或渗沟，将水排出路基，如图8-33所示。

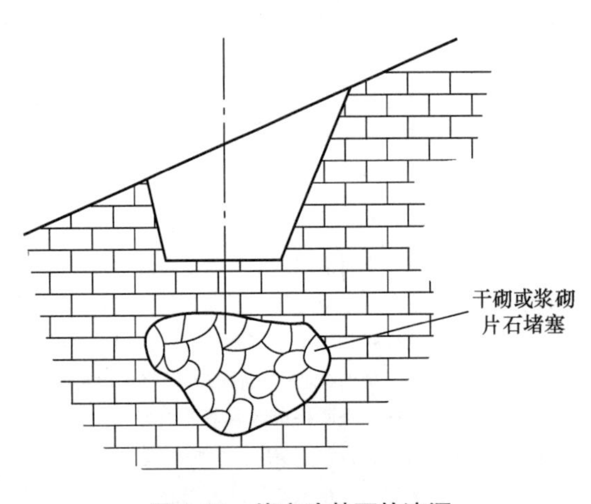

图8-32　堵塞路基下的溶洞

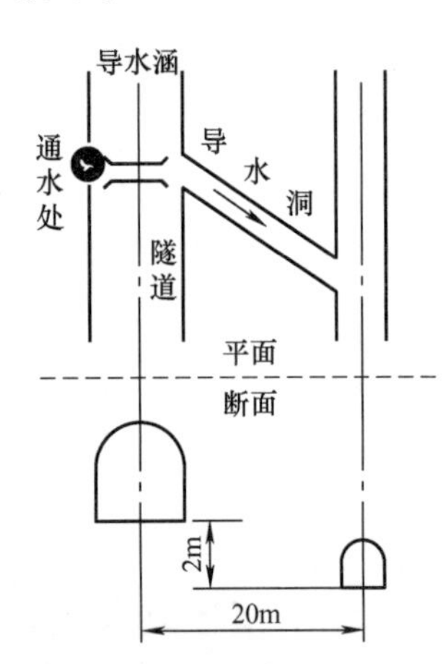

图8-33　利用水平导坑排水

3）跨越。对位于路基基底的开口干溶洞，当洞的体积较大或深度较深时，可采用构造物跨越，如图8-34所示采用天生桥隧道绕行。对于有顶板但顶板强度不足的干溶洞，可炸除顶板后进行回填，或设构造物跨越。

4）清基加固。为防止基底溶洞的坍塌及岩溶水的渗漏，经常采用如下加固方法：

洞径大，洞内施工条件好时，可采用浆砌片石支墙、支柱等加固。如需保持洞内水流畅通，可在支撑工程间设置涵管排水。

当深而小的溶洞不能使用洞内加固办法时，可采用石盖板或钢筋混凝土盖板跨越可能的破坏区。

对洞径小、顶板薄或岩层破碎的溶洞可采用爆破顶板回填片石的办法。如溶洞较深或需保持排水者，可采用拱跨或板跨的办法。

对有充填物的溶洞，宜优先采用注浆法、旋喷法进行加固，不能满足设计要求时，宜采用构造物跨越。

如需保持洞内流水畅通时，应设置排水通道。隧道工程中的岩溶处理较为复杂。隧道内常有岩溶水的活动，若水量很小，可在衬砌后压浆以阻塞渗透；对成股水流，宜设置管道引入隧道侧沟进行排出；水量大时，可另开横洞（泄水洞）；长隧道可利用平行导坑（在进水一侧），以拦截涌水。

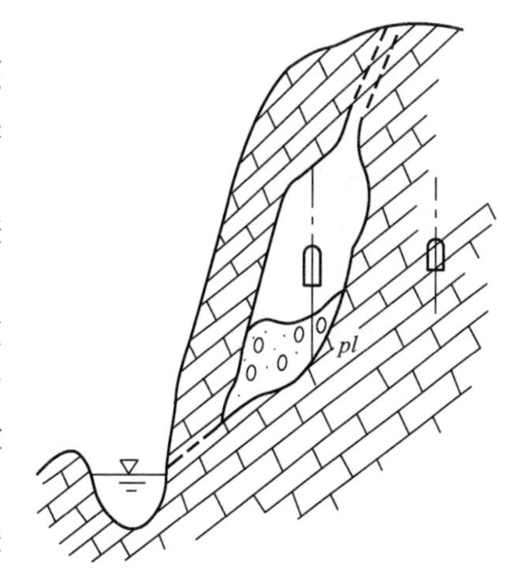

图8-34 天生桥隧道绕行

在建筑物使用期间，应经常观测岩溶发展的方向，以防岩溶作用继续发生。

5. 地震地质问题

（1）平原地区路基防震原则

1）尽量避免在地势低洼地带修筑路基。尽量避免沿河岸、水渠修筑路基，即使不得已时，也应尽量远离河、水渠。

2）在软弱地基上修筑路基时，要注意鉴别地基中可液化砂土、易触变黏土的埋藏范围与厚度，并采取相应的加固措施。

3）加强路基排水，避免路侧积水。

4）严格控制路堤压实，特别是高路堤的分层压实，尽量使路肩与行车道部分具有相同的密实度。

5）注意新老路基的结合。旧路加宽时，应在旧路基边坡上开挖台阶，并注意对新填土的压实。

6）尽量采用黏性土做填筑路堤的材料，避免使用低塑性的粉土或砂土。

7）加强桥头路堤的防护工程。

（2）山岭地区路基防震

1）沿河路线应尽量避开地震时可能发生大规模崩塌、滑坡的地段。在可能因发生崩塌、滑坡而堵河成湖时，应估计其可能淹没的范围和溃决的影响范围，合理确定路线的方案和高程。

2）尽量减少对山体自然平衡条件和自然植被的破坏，严格控制挖方边坡高度，并根据地震烈度适当放缓边坡坡度。在岩体严重松散地段和易崩塌、易滑坡的地段，应采取防护加固措施。在高烈度区岩体严重风化的地段，不宜采用大爆破施工。

3）在山坡上宜尽可能避免或减少半填半挖路基，如不可能，则应采取适当加固措施。在横坡陡于1∶3的山坡上填筑路堤时，应采取措施保证填方部分与山坡的结合，同时应注意加强上侧山坡的排水和坡脚的支挡措施。在更陡的山坡上，应用挡土墙加固，或以栈桥代替路基。

4）在烈度≥Ⅶ度地震区内，挡土墙应根据设计烈度进行抗震强度和稳定性的验算。干砌挡土墙应根据地震烈度限制墙的高度。浆砌挡土墙的砂浆强度等级，应当较一般地区适当提高。在软弱地基上修建挡土墙时，可视具体情况采取换土、加大基础面积、采用桩基等措施，同时，要保证墙身砌筑、墙背填土夯实与排水设施的施工质量。

（3）桥梁防震

1）勘测时查明对桥梁抗震有利、不利和危险的地段，按照避重就轻的原则，充分利用有利地段选定桥位。

2）在可能发生河岸液化滑坡的软弱地基上建桥时，可适当增加桥长，合理布置桥孔，避免将墩台布设在可能滑动的岸坡上和地形突变处，并适当增加基础的刚度和埋置深度，提高基础抵抗水平推力的能力。

3）当桥梁基础置于软弱黏性土层或严重不均匀土层上时，应注意减轻荷载、加大基底面积、减少基底偏心、采用桩基础。当桥梁基础置于可液化土层时，基桩应穿过可液化土层，并在稳定土层中有足够的嵌入长度。

4）尽量减轻桥梁的总质量，采用比较轻型的上部构造，避免头重脚轻。对振动周期较长的高桥，应按动力理论进行设计。

5）加强上部构造的纵横向联结，加强上部构造的整体性。选用抗震性能较好的支座，加强上、下部的联结。采取限制上部构造纵、横向位移或上抛的措施，防止落梁。

6）多孔长桥宜分节建造，化长桥为短桥，使各分节能互不依存地变形。

7）用砖、石圬工和水泥混凝土等脆性材料修建的建筑物，抗拉、抗冲击能力弱，接缝处是弱点，易发生裂纹、位移、坍塌等病害，应尽量少用，并尽可能选用抗震性能好的钢材或钢筋混凝土。

（4）主管部门对道路防震抗震的指导意见 “5·12”汶川大地震，对公路基础设施造成了严重破坏，抗震救灾工作对公路基础设施的抗震能力提出了更高要求。为总结经验，进一步提高公路基础设施防震抗震能力，2008 年 11 月 12 日，交通运输部提出如下意见。

1）提高抗震意识，增强防范能力建设。公路是经济建设和社会发展的重要基础设施，更是抗震救灾的“生命线”，其重要性在汶川抗震救灾中得到了进一步显现。为此，各级交通运输主管部门要坚持以人为本的科学发展观，充分认识和全面加强提高公路基础设施防震抗震能力建设的重要意义，增强忧患意识，始终将公路基础设施防震减灾工作放在突出重要的位置，确保“生命线”的畅通和安全，为国家经济建设和人民群众安全出行服务。

各级交通运输主管部门，特别是高烈度地震多发地区的交通运输主管部门，要从汶川抗震救灾工作中吸取经验和教训，增强公路基础设施防震抗灾的风险意识。要“居安思危”“警钟长鸣”，以对人民生命财产高度负责的精神，切实做到“有备无患”。要加大资金和技术力量投入，加强基础工作和科学研究，把公路基础设施防震抗震能力建设作为工程建设的重要内容抓紧抓好。公路基础设施建设、设计、施工等单位，要把提高公路基础设施防震抗震能力，作为确定工程建设方案、确保工程质量的重要内容。

2）科学评估，合理确定设防标准。公路基础设施防震抗震工作要坚持以防为主、防抗结合原则，各地交通运输主管部门要通过对当地地质情况的全面调查和分析，科学评估地震灾害对公路基础设施可能造成的损坏和影响。研究制订切实可行的修复重建工程措施，使公路基础设施在地震灾害发生后，能够迅速恢复原有的技术标准和使用功能，做到“小震不坏、中震可修、大震不倒”。

提高公路基础设施抗震能力的关键是科学合理地确定抗震设防标准，公路基础设施抗震设防标准，一般采用国家规定的抗震设防烈度区划标准或提高1度设防。对于有重要政治、经济、军事等功能的较低等级的公路基础设施，也可采用较高的抗震设防标准；对于特殊工程或地震后可能会产生严重次生灾害的公路基础设施，应通过地震安全性评价，确定抗震设防要求。

3）加强基础工作，科学选择建设方案。深入调查工程区域或沿线地质构造、水文、地形地貌、地震区划、地震历史等情况，重点路段要进行专门勘探，认真分析地震对公路基础设施可能造成的损害，通过合理选线或采用隧道、棚洞、优化工程结构等避让方案和措施提高工程自身的抗震能力。

路线布设应选择在无地震影响或地震影响小的地段，尽量绕避可能发生特大地震灾害的地段。当路线必须通过地震断裂带时，尽可能布设在断裂带较窄的部位；当路线必须平行于地震断裂带时，应布设在断裂的下盘上。

路基断面形式应尽量与地形相适应，控制边坡坡率，最大限度减少路基工程对山体及自然植被的破坏。对于工程水文地质条件不良的路段，其支挡设施要具有足够的抗滑能力，并加强排水措施的设置，以降低地震次生灾害对公路基础设施造成的损坏。对于软土、液化土路基，应采取有效措施，加强路基的稳定性和构造物的整体性，以减少地震造成的地基不均匀沉陷。

桥涵构造物要选用受力明确、自重轻、重心低、刚度和质量分布均匀的结构形式。优先选用抗震性能好的装配式混凝土结构或钢结构以及连续式混凝土梁桥，并采取措施提高结构的整体性。对于桥梁上部结构的设计、设置，要有切实可行的防止梁体掉落的措施。要积极采用技术先进、经济合理、便于修复加固的抗震构件、材料和措施。

隧道位置应选择在山坡稳定、地质条件较好的地段。洞口应避免设在易发生滑坡、岩堆、泥石流等处，并控制路堑边坡和仰坡的开挖高度，以防止坍塌等震害造成洞口损坏。对于悬崖陡壁下的洞口，要设置防落石设施，如采取明洞与洞口相接等措施；对于地震断裂带的隧道，要尽量采用柔性或容许变形的结构，以增强其抗震能力。

4）总结经验，加强技术研究。认真总结国内外公路基础设施抗震经验，进一步加强公路基础设施抗震防灾基础科学、抗震设防标准的研究力度，提高地震对公路基础设施破坏机理的认识，不断增强公路基础设施的抗震性能检测评价能力，以及高烈度地震区公路基础设施建设和恢复重建水平。

加强与地震多发国家的公路基础设施抗震技术交流与合作，积极引进、学习先进抗震技术和经验，进一步完善我国公路基础设施抗震相关标准规范，全面提高我国公路基础设施抗震技术水平。

8.5 桥梁工程地质问题

桥梁是公路工程建筑的重要组成部分。线路跨越河流、沟谷或道路，需要架设桥梁，桥梁也是线路通过地质灾害频繁发生地区的主要工程。

在公路工程地质勘测中，由于对桥址周围工程地质特征了解不足，在桥梁施工、运营时，遇到不少问题。如有的将墩、台设在滑坡上，基坑开挖时引起滑坡复活，而使已建成的墩、台错位，有的墩、台建在岩溶洞穴上，致使墩、台倾斜无法使用。查明建筑物场址周围的工程地质条件，确保建筑物的安全、正常使用，这对于桥梁也不例外，而桥位选择、桥梁基坑稳定性和正确选定桥基承载力，是确保桥梁安全的三个重要方面。

8.5.1 桥位选择的工程地质问题

桥梁位置的选择应该综合考虑线路方向、选线设计技术要求、城乡建设、交通水利设施的要求和地形、地质条件等多方面因素。一般，中、小桥位置由线路条件决定，特大桥或大桥则往往先选好桥位，然后再统一考虑线路条件。大桥和特大桥位置的选定，除综合考虑政治、经济等因素外，还必须十分重视桥位地段的地质、地貌特征和河流水文特征。

大中桥位通常是布设路线的控制点，桥位变动会使一定范围内的路线也随之改动。影响桥位选择的因素有：地质条件、水文条件与路线方向等。而地质条件是评价桥位的重要指标之一。桥梁工程地质勘测的任务主要有桥位、桥梁基础、引道工程、材料几个方面的工程地质。这里重点讨论桥位与桥基勘测中的主要工程地质。

1. 一般工程地质地区的桥位选择

桥位应选择在岸坡稳定、地基条件良好、无不良地质现象的地段；应尽可能避开大断裂带，尤其不可在未胶结的断层破碎带和具有活动可能的断裂带上造桥。从河流的情况来看，最理想的桥位应选择在水流集中、河床稳定、河道顺直、坡降均匀、河谷较窄的地段，桥梁的轴线与河流方向垂直。

（1）桥位选择对地形、地貌、地物等方面的要求

1）山区河流桥位要求：桥位尽可能选在河道顺直、水流通畅地段，两岸有山嘴或高地等河岸稳固的河段，避免在河湾、沙洲、河心孤石突起及河道急剧展宽等河段通过；避免在两河交汇或支流入主流的河口段通过；避免两河洪水涨落时间不同，冲淤变化复杂，影响建筑物的安全。

2）平原区河流桥位要求：当桥位位于河流稳定河段时应选在河道的顺直河段、河床深槽地段，桥梁中线宜与河流两岸垂直；当桥位位于次稳定河段时，则应注意河床的天然演变，一般可把桥位选在河湾顶部中间部位跨越，不宜设在两河湾间直线过渡段，以免河湾下移，引起桥下斜流冲刷，危及墩、台安全；当桥位位于游荡性河段，桥位应选在有坚固抗冲的岸壁或人工建筑物河堤处，必要时要采取导流措施保护桥梁安全。

3）桥位应避免选在其上、下游有山嘴、石梁、沙洲等干扰水流畅通的地段。

4）桥位应尽量避免选在地面、地下已有重要设施而需要拆迁的地段。

5）桥位选择应考虑施工场地布置和材料运输等方面的要求。当峡谷段水深流急，一跨不成，必须在河中建墩时，为避免基础施工困难，也可在开阔段通过。

（2）桥位选择对工程地质条件的要求

1）桥位应选在基岩和坚硬土层外露或埋藏较浅、地质条件简单、地基稳定处。

2）桥位不宜选在活动断层、滑坡、泥石流、岩溶以及其他不良地质发育的地段。

2. 特殊地质地区的桥位选择

特殊地质地区桥位选择，除应满足一般地区桥位选择要求外，还应满足以下各项的有关要求。

（1）泥石流地区的桥位选择：

1）在强泥石流地区，桥位应采取绕避方案。

2）当路线必须通过泥石流地区时，桥位应选在沟床稳定的流通区的直线段上，且桥轴线应与主流正交；不应选在沟床纵坡由陡变缓、断面突然收缩或扩散以及弯道的转折处。

3）在泥石流地区，严禁开挖设桥，亦不得改沟并桥。

4）当路线通过泥石流堆积扇时，桥位宜避开扇腰、扇顶部位，宜选在扇缘尾部，路线应沿等高线走线，桥梁宜分散设置。如堆积扇受大河水流切割时，桥位选择应考虑切割发展，留有一定的余地。

5）当路线通过泥石流堆积扇群时，桥位宜选在各沟出山口处或横切各扇缘尾部。

（2）岩溶地区桥位选择

1）桥位选择应避开岩溶发育地段；若难于避开，需在岩溶发育地段设桥时，则应选在岩层比较完整、洞穴顶板厚度尺寸足够处。

2）当路线跨越岩溶地区的构造破碎带时，桥位应避开构造破碎带；当无法避开时，应使桥位垂直或以较大的斜交角通过。

3）当不能绕避岩溶区时，桥位应避开大洞室和大竖井部位。

4）桥位不宜设在可溶岩层与非可溶岩层的接触带，而宜设在非可溶岩层上。

5）路线跨越岩溶丘陵区的峰间谷地时，桥位不宜选在漏斗、落水溶洞、岩溶泉、地下通道及地下河出露处。如必须通过时，应探明岩溶的位置和水文条件，采取相应的工程措施。

6）岩溶塌陷区的桥位选择。桥位应选在工业与民用取水点所形成的地下水位下降漏斗范围以外；桥位应选在覆盖层较厚、土层稳固、洞穴和地下水位稳定处；如塌陷范围小，可用单孔跨越；地下河范围内不宜设桥，也不宜靠近设桥。

（3）滑坡地区桥位选择

1）桥位应绕避大型滑坡地带。

2）当路线必须通过滑坡地区时，桥位应选在边坡、沟床稳定而对桥梁无危害的地段。

3）通过桥位区工程地质条件的综合分析，预测施工及建桥后岩土体可能发生的变化及其对桥梁稳定性的影响，并做出评价。

（4）沼泽地区桥位选择　桥位应选在两岸地势较高的地点，桥头引道应尽量避免通过。淤泥、软土、古河道等不良地质地段；如无法避开时，应选在基岩或硬土埋藏浅、软弱地层厚度薄的地段。

（5）黄土地区桥位选择

1）桥位宜选择在沟岸较低、冲沟较窄、抗冲性强而比较稳定的地段；桥位处应有利于处理沟底冲刷和沟岸防护。

2）桥位不宜选在黄土陷穴、溶洞和易于崩解、潜蚀、顶冲以及发育不稳定的地段。

8.5.2　桥梁水毁成因

1）桥梁排洪能力不足。桥梁的设计孔径不够大，桥梁排泄能力满足不了相应等级公路规定的排泄频率，致使桥梁冲毁或将防护工程引道冲毁。

2）养护不到位。检查和维修不够及时，没有根据历年洪水规律添建和改建必要调治结构物。对已建成的木桥，定期防腐注意不够；对大中型桥梁，汛期缺乏组织专门力量，采取防险措施；受养护资金限制，桥梁养护费用严重不足，使桥梁锥坡及防护工程的轻微损坏

（如沉陷或勾缝脱落）不能及时得到处理；洪水来临不能抵抗洪水侵袭，以及锥坡和防护工程毁坏，造成桥梁局部冲毁。

3）桥梁墩台基础埋深不够。桥梁设计多为浅基防护基础，且桥梁从设计到施工各阶段普遍存在重主体、轻防护的现象。同时，由于小桥不作水力计算，埋深只是从原河床算起，一些桥梁未做护底。近年来，众多河流上游流域自然环境破坏，常降雨年限水流比以前集中、流速快、冲刷加深，基础埋深相对降低，一旦洪水来临，必将使墩台基础因掏空而倾覆。

4）桥梁调治与防护设施不完善、桥梁调治构造物的功能是调治水流，使桥孔通畅泄洪。如果桥梁缺乏必要的调治与防护设施，洪水主流摆动往往偏离桥孔中心，使桥下有效泄洪面积减小，从而加剧墩台的局部冲刷。桥梁防护工程是桥梁的组成部分，其可起到保护桥或导流，阻止、减少水流冲刷等作用，因此必须加以重视。

5）河道变迁的影响。一般桥位上游大都是耕种用地，水土流失量大，河床上容易沉积泥沙，形成各式各样的岛状河滩，增加了环流强度。一方面继续冲刷凹岸，另一方面促使凸岸推进，使河道变迁加剧，改变了原建桥时河水的流向，使水流方向与桥梁形成偏角，直接冲击墩台，冲刷增深，基础外露。洪水来临时，墩台因很难再承受水流的冲刷而倾覆。

6）河道内漂浮物造成桥梁水毁。洪水夹带大量漂浮物，主要是树木和杂草，漂浮物堵塞桥孔，造成过高的桥前壅水，对桥梁产生过大推力和浮力，使桥梁被推倒或冲走。特别是对小跨径桥和拱桥的影响尤为严重。大型漂浮物还会撞击墩台，使桥遭到破坏。

8.5.3 桥梁水毁防治

1. 防治原则

各级养护部门要认真贯彻“预防为主，防治结合”的公路水毁治理方针。要吸取1998年水毁的教训，树立“防重于抢”的意识。

1）加强对新建桥梁的水毁预防工作。新、改建桥梁必须满足其相应技术标准要求的设计洪水频率，进行水文调查和外业勘测，根据桥位河段的河道演变特征、水情及地貌特征，选择较好的桥位，推算设计洪水流量，确定合适的桥孔位置，进行桥孔长度、高度、桥梁调治构造物以及桥头引道路堤等的水力设计，以充分满足防治水毁的要求，避免把可能的水毁隐患留给养护部门。

从1998年桥梁水毁情况来看，钻孔桩基础的桥梁只有部分锥坡、防护等冲毁，而桥主体无恙。所以，在有可能的情况下，应尽量设计钻孔桩。

2）加强对现有桥梁的防治工作。各级公路养护部门要把对现有公路桥梁的水毁防治工作作为提高公路通行能力、保障公路完好畅通的一项重要工作，切实抓紧抓好，有科学依据地进行水毁预防和修复工作。做到精心设计、精心施工，修一处、保一处，积累丰富的工程设计施工经验，提高投资效益，提高桥梁抗洪能力，减少水毁损失和防治费用。

3）依靠科学进步，进行水毁治理。防治公路桥梁水毁，必须加强对有关科学技术的研究及其成果的推广应用工作。贯彻科研与生产实际相结合的原则，将已经通过鉴定的成果应用到水毁治理工作中，减少盲目性和主观臆断性。养护部门充分收集有关资料，根据水文计算确定坝长、坝基深，选派技术精湛的队伍驻地监理、严格施工、规范管理。建成后观察是否已达到设计的效果。

2. 防治措施

（1）正确进行桥位选择及桥孔设计　桥位选择不合理，洪水不能顺利宣泄，易导致桥梁水毁。以下是桥位选择中常出现的问题，应引起重视：

1）桥位选择在易变迁的河段。

2）桥位选择在河湾河段，或将桥位布置在洪水股流位置，使洪水主流偏离了桥孔中心。

3）桥位上游（一般指 3 ~ 5 倍河槽宽度）的河段有支流汇入或流出。

4）忽视桥位勘察，直接按选线确定的路线跨河位置确定桥位，导致桥位与河流斜交。

5）桥位选择在泥石流易沉积的宽滩漫流河段，桥孔因泥石流淤塞导致水毁。

综上所述，桥位选择不合理将为桥梁水毁埋下隐患。因此，桥位选择必须经过详细的水文调查及工程地质勘察，选择滩槽稳定、河道顺直、桥位地质条件良好，且有利于通畅泄洪的桥位河段。桥孔设计应准确把握桥位河流特性、河道历史最高洪水位、洪水比降、流域面积及糙率等水文要素，通过水力设计确定合理的桥孔长度；还要对桥孔大小、墩台基础埋深、桥头引道及桥梁调治构造物布设进行综合考虑，使桥孔不过多压缩河床，尽可能保持桥位水流的自然状态。

（2）确定合理的墩台结构形式及其埋置深度　墩台形式直接影响到墩台的局部冲刷深度。一般情况下，由于柱式墩台在抗冲刷方面较重力式墩台更优越，所以应优先选择钻孔灌注桩基础及柱式墩台。过去，低等级公路上修建的桥梁多为浅基桥梁，因基础埋深不足发生水毁的频率较高；目前，新建大中型桥梁一般采用灌注桩基础，有效解决了墩台埋深不足使桥梁遭受水毁的问题。因此，桥梁基础埋深应根据水文水力计算，并结合桥位工程地质，确定桥梁在通过设计洪水流量时的墩台基础安全埋置深度，保证桥梁在遭遇设计洪水时不发生水毁。另外，在桥梁设计中应验算桥梁在可能遇到的最不利水力条件下的冲刷情况。漫水桥的冲刷试验表明，桥梁遇到的水力条件（墩台冲刷、动水压力及浮力等）在洪水位与桥面齐平时最不利，若洪水继续上涨淹没桥面，桥梁遭遇的水力条件一般比水位与桥面齐平时有利。因此，在桥梁设计中，如果将洪水与桥面齐平时的水力条件考虑进去，则不论桥梁在任何条件下遭遇洪水，其安全问题都会有保障。

（3）完善桥梁的调治与防护工程　桥梁的调治与防护工程具有稳定河岸、改善水流流态、减轻水流冲刷、保障桥梁安全的作用。特别是宽浅变迁性河流，应将桥梁的调治与防护工程视为桥梁设计的重要组成部分。否则，河道变迁使洪水主流斜向冲击墩台及锥坡基础，易造成桥梁水毁。

（4）桥梁水毁的预防性养护与治理

1）桥梁排洪能力检查。汛期应根据河道上游汇水面积大小及气象部门的汛情预报，做好降雨量及河道洪峰流量的预测，检验桥梁的排洪能力。若桥孔不能满足排洪需求，应采取分流、导流、清淤等工程措施进行治理，确保桥梁安全度汛。

2）桥梁及其防护设施的安全质量检查。汛期应对桥梁及其调治与防护设施进行雨前、雨中、雨后的“三雨”检查，即检验桥梁墩台是否沉陷、开裂，墩台外表是否风化剥落，锥坡及翼墙基础是否发生裂缝、倾斜，桥梁的其他调治与防护工程设施是否完好。如有破损应及时修补，防止桥梁因出现安全质量问题发生水毁。

3）墩台的防护与加固。汛期应检查桥梁墩台及桥址河床的冲刷情况。因为很多桥梁水毁是由于河床冲刷下切以及墩台局部冲刷加剧使桥梁基础埋深不足所致。因此，应及时采取措施进行防护与加固。

① 拦淤墙防冲刷。若河床持续冲刷下切，应在桥位下游50～100m的河槽内修筑拦淤墙对桥梁墩台进行冲刷防护。拦淤墙基础埋深应根据冲刷情况确定，其顶面高程一般与现有河槽底面高程一致。若墩台埋深较浅，拦淤墙顶面可略高于主河槽底面高程，这样更有利于拦洪落淤。实践证明，拦淤墙能有效遏制河床冲刷下切而导致的桥梁水毁。

② 河床铺砌加固。河床持续冲刷使桥梁墩台基础埋深不足。为防止河床冲刷下切，应对桥下河床进行铺砌加固。综合运用抛石防护、石笼截水墙、丁坝等。

③ 桥墩局部冲刷防护。桥墩局部冲刷防护包括平面冲刷防护及立面冲刷防护。平面防护主要是按冲刷坑尺寸范围采用抛石防护、干砌或浆砌片石防护；立面防护是在冲刷坑内按冲刷坑深度要求设置防护围幕。上述防护措施均应将其顶面设置于最大自然冲刷水深床面以下。否则，若防护设施顶面凸出河床顶面会加剧墩台局部冲刷，引发更严重的桥梁水毁。

（5）生物防护与工程防护相结合　桥梁的生物防护是工程防护无法替代的。在河两岸植树能降低河水流速、拦洪落淤、稳固河岸，有效遏制河道变迁导致的桥梁水毁。特别是将桥梁的生物防护与工程防护完美结合，能使二者的防护作用相互完善、相互融合。

1）桥位河湾的防护。洪水淘刷河岸易形成河湾，河湾引发洪水主流偏离桥孔中心，对桥孔通畅泄洪极为不利，因此应及时采取生物防护与工程防护相结合的综合措施进行治理。具体做法如下：

① 在河湾凹岸布设丁坝、顺坝等导流构造物，待丁坝、顺坝间落淤稳定，再于其间配植树木进行生物防护。

② 在易形成河湾的桥头引道两侧及导流堤与锥坡附近植防水林，这样随着树木的成长，河湾区域会逐年淤积增高，并形成稳定的新河岸，能有效防止因河道变迁导致的桥梁水毁。

2）桥位河段的防护。由于洪水泛滥，桥位河段往往是冲沟交错、滩石裸露，生态环境十分脆弱。解决这一矛盾的有效措施就是结合公路绿化对桥位河段实施生物防护，这样不仅能减小桥梁的防护工程规模，还能有效防护这类工程设施免遭水毁。

3）桥位流域的综合治理。桥梁水毁的综合防治是一项系统工程，公路部门应与农牧林水等部门相配合，做好桥位上游流域的综合治理工作，改善生态环境，从根本上实现桥梁防灾减灾。

思考与练习

1. 路基水毁、翻浆的防治措施分别有哪些？
2. 路基翻浆的防治原则是什么？路基翻浆治理措施有哪些？
3. 滑坡的防治原则是什么？滑坡的治理措施有哪些？
4. 各种特殊土的治理措施有哪些？
5. 各种不良地质灾害的防治原则是什么？各种不良地质灾害的治理措施有哪些？
6. 桥梁水毁的防治措施有哪些？

课题9 工程地质勘察

学习目标

1. 了解各勘察阶段的划分、任务和要求；
2. 掌握工程地质勘察的基本方法和技术要求；
3. 了解现场原位测试的常用试验方法；
4. 能够合理地选择勘探手段及原位测试方法展开工程地质勘察任务；
5. 掌握工程地质勘察报告所包括的主要内容及阅读与分析方法；
6. 熟悉工程地质勘察资料整理、数据分析处理及报告编制。

学习重点

工程地质勘察阶段划分；工程地质勘察各阶段任务与要求；工程地质勘察的基本方法和技术要求；现场原位测试方法；工程地质勘察报告。

学习难点

工程地质勘察的基本方法；现场原位测试方法；工程地质勘察资料整理、数据分析处理及报告编制。

9.1 工程地质勘察的任务与阶段划分

9.1.1 工程地质勘察的目的和任务

“万丈高楼平地起”，所有工程建筑都修建在地壳表层，工程的安全性、结构形式、施工方案和造价高低都和所在场地的工程地质条件紧密相连。我国相关法律法规明确规定各项建设工程在设计和施工之前，必须按照基本建设程序进行工程地质勘察。工程地质勘察的目的就是运用工程地质理论和各种勘察测试技术手段和方法，为工程的规划、设计、施工以及岩土体治理、加固、开挖、支护和降水等工程提供翔实的、科学的工程地质资料和合理的技术参数及可靠的地质依据。以充分利用有利的自然地质条件，避开或改造不利的地质因素，从而保证建筑物的安全和正常使用。

工程地质勘察的主要任务包括以下几点：

1）查明建设区域和建筑场地的工程地质条件，指出场地内不良地质现象发育情况及其对工程建设的影响，对区域稳定性和场地的稳定性、适宜性做出评价，选择地质条件好的建筑场地。

2）研究区域内的地质现象，分析建筑场地可能发生的工程地质问题，为建筑物的设计、施工和运行提供可靠的地质依据、合理的方案。

3）查明地基岩土层的岩性、构造、成因、分布、性状，地下水类型、埋深及分布变化，为建筑总平面布置，建筑物的结构、尺寸及施工方案提出合理建议。

4）提出对地基基础、基坑支护、工程降水和地基处理设计与施工方案的建议。

5）对不符合建筑物安全稳定性要求的不利地质条件，提出拟定措施及处理方法。

6）预测拟建建筑物对地质环境和周围建筑物的影响，提出处理意见和防治措施。

7）对于抗震设防烈度等于或大于6度的场地，进行场地与地基的地震效应评价。

9.1.2 工程地质勘察阶段划分及基本要求

建设工程项目设计一般可分为可行性研究阶段、初步设计阶段和施工图设计阶段三个阶段。为了提供各设计阶段所需的工程地质资料，工程地质勘察工作也相应地划分为可行性研究勘察、初步勘察、详细勘察三个阶段。可行性研究勘察应符合选择场址方案的要求；初步勘察应符合初步设计的要求；详细勘察应符合施工图设计的要求；场地条件复杂或有特殊要求的工程宜进行施工勘察。但由于各行业设计阶段的划分不完全一致，工程的规模和要求也各不尽相同，场地和地基的复杂程度也差别很大，因此要求每个工程都分阶段勘察，是不切实际的也是不必要的。所以场地较小且无特殊要求的工程也可合并勘察阶段。当建筑物平面布置已经确定，且场地或其附近已有岩土工程资料时，可根据实际情况，直接进行详细勘察。

各勘察阶段的任务和工作内容简述如下：

1. 可行性研究勘察阶段

可行性研究勘察阶段，即选址勘察阶段。本勘察阶段工作对大型工程是非常重要的环节，其目的在于从总体上判定拟建场地的工程地质条件能否适应工程建设项目。一般通过取得几个候选址的工程地质资料进行对比分析，对各拟选场址的稳定性和适宜性做出工程地质评价。可行性研究勘察阶段应进行下列工作：

1）搜索区域地质、地形地貌、地震、矿产、当地工程地质、岩土工程和建筑经验等资料。

2）在充分搜集和分析已有资料的基础上，通过踏勘了解场地的地层、构造、岩性、不良地质作用和地下水等工程地质条件。

3）当拟建场地工程地质条件复杂，已有资料不能满足要求时，应根据具体情况进行工程地质测绘和必要的勘探工作。

选址时，应进行技术经济分析，一般情况下宜避开下列工程地质条件恶劣的地区或地段：

① 不良地质现象发育且对场地稳定性有直接危害或潜在威胁的地段。

② 地基土性质严重的不良地段。

③ 对建筑抗震不利的地段，如设计烈度为8度或9度且临近发震断裂带的场区。

④ 洪水或地下水对场地有严重不良影响且又难以有效控制的地段。

⑤ 地下有未开采的有价值矿藏、文物古迹或未稳定的地下采空区上的地段。

2. 初步勘察阶段

初步勘察是在选定的建设场地上进行的，主要满足初步设计对工程地质资料的要求。其目的是：为初步设计或者扩大初步设计提供依据，对场地内建筑地段的稳定性做出评价，为确定建筑总平面布置、主要建筑物地基基础设计方案以及不良地质作用的防治方案等提供必要的资料，做出工程地质论证。本阶段的主要工作如下：

1）搜集本项目的有关文件、工程地质和岩土工程资料以及工程场地范围的地形图（一般比例尺为1∶2000～1∶5000）。

2）初步查明地质构造、地层结构、岩土工程特性、地下水的埋藏条件。

3）查明不良地质作用的成因、分布、规模、发展趋势，并对场地稳定性做出评价。当场地条件复杂时，应进行工程地质测绘与调查。

4）对抗震设防烈度等于或大于6度的场地，应对场地和地基的地震效应做出初步评价。

5）季节性冻土地区，应调查场地土的标准冻结深度。

6）初步判定水和土对建筑材料的腐蚀性。

7）高层建筑初步勘察时，应对可能采取的地基基础类型、基坑开挖和支护、工程降水方案进行初步分析评价。

初步勘察时，在搜集分析已有资料的基础上，根据需要和场地条件还应进行工程勘探、测试以及地球物理勘探工作。

3. 详细勘察阶段

在初步设计完成后进行详细勘察，为施工图设计提供资料。此时场地工程地质条件已基本查明。因此详细勘察的目的主要是提出满足技术设计或施工图设计所需的工程地质条件的各项技术参数，一般应对工程的地基条件做出分析和评价，对基础设计、地基处理、基坑支护、工程降水、不良地质现象的防治等具体方案做出结论和论证。本勘察阶段主要进行以下工作：

1）搜集附有坐标和地形的建筑总平面图，场区的地面整平标高，建筑物的性质、规模、荷载、结构特点、基础形式、埋置深度、地基允许变形等资料。

2）查明不良地质作用的类型、成因、分布范围、发展趋势和危害程度，提出整治方案的建议。

3）查明建筑范围内岩土层类型、深度、分布、工程特性，分析和评价地基的稳定性、均匀性和承载力。

4）对需要进行沉降计算的建筑物，提供地基变形计算参数，预测建筑物的变形特征。

5）查明埋藏的河道、沟浜、墓穴、防空洞、孤石等对工程不利的埋藏物。

6）查明地下水的埋藏条件，提供地下水位及其变化幅度。当需基坑降水设计时，尚应提供地层的渗透系数。

7）提供深基坑开挖的边坡稳定计算和支护设计所需的岩土技术参数，论证和评论基坑开挖、降水等邻近工程和环境的影响。

8）在季节性冻土地区，提供场地土的标准冻结深度。

9）判定水和土对建筑材料的腐蚀性。

10）为选择桩的类型、长度，确定单桩承载力以及选择施工方案提供岩土技术参数。

详细勘察阶段主要手段以勘探、原位测试、室内土工试验为主，必要时可以补充一些地球物理勘探、工程地质测绘和调查工作。详细勘察的勘探工作量，应按场地类别、建筑物特点及建筑物的安全等级和重要性来确定。对于复杂场地，必要时可以选择具有代表性的地段布置适量探井。

4. 施工勘察阶段

施工勘察的目的和任务是配合设计、施工单位进行勘察，解决与施工有关的岩土工程问题，并提供相应的勘察资料。遇到下列情况时，应该进行施工勘察：

1）基坑或基槽开挖后，岩土条件与勘察资料不符。

2）基坑开挖后，地质条件与原勘察资料不符，并可能影响工程质量。

3）深基坑设计及施工中，需进行有关地基监测工作。

4）地基处理加固时，需进行设计和检验工作。

5）地基中溶洞或土洞较发育，需进一步查明及处理。

6）在施工中或使用期间，当边坡土体、地下水等发生未曾估计到的变化时，应进行监测，并对其对施工和环境的影响进行分析评价。

9.2 工程地质勘察常见方法

9.2.1 工程地质测绘和调查

工程地质测绘与调查是工程地质勘察中的一项基础工作，在可行性研究或初步勘察阶段，工程地质测绘和调查往往是主要勘察手段，实质上是运用地质学、工程地质学理论对地面地质体和地质现象进行观察描述，根据野外调查测绘结果在一定比例尺的地形底图上填绘测区内工程地质条件的主要因素，并绘制工程地质图，为确定勘探、测试工作及对场地工程分区与评价提供依据。

1. 基本要求

工程地质测绘和调查的范围，应包括场地及其附近地段，在一般情况下应大于建筑占地面积，以解决实际问题需要为前提。测绘的比例尺，可行性研究勘察阶段可选用1∶5000～1∶50000；初步勘察阶段可选用1∶2000～1∶10000；详细勘察阶段可选用1∶500～1∶2000；在地质条件较为复杂地段，比例尺可以适当放大。对工程有重要影响的地质单元体（滑坡、断层、软弱夹层、洞穴）可采用扩大比例尺来表示。对于建筑地段地质界限和地质观测点的测绘精度在图上的误差不应低于3mm。

2. 工程地质测绘与调查内容

（1）地形地貌条件　查明地形、地貌特征及其与地层、构造、不良地质作用的关系，并划分地貌单元。

（2）地层岩性　查明地层岩性是研究各种地质现象的基础，因此应调查地层岩土的性质、成因、年代、厚度和分布，对岩层应确定其风化程度，对土层应区分新近沉积土、各种特殊性土。

（3）地质构造　主要研究测区内各种构造形迹的产状、分布、形态、规模及结构面的力学性质，分析所属构造体系，明确各类构造的工程地质特性。分析其对地貌形态、水文地质、岩体风化等方面的影响，还应注意新构造活动的特点及其与地震活动的关系。

（4）水文地质条件　查明地下水的类型、补给来源、排泄途径及径流条件，井、泉的位置、含水层的岩性特征、埋藏深度、水位变化、污染情况及其与地表水体的关系等。

（5）不良地质现象　查明岩溶、土洞、滑坡、泥石流、崩塌、冲沟、断裂、地震震害和岸坡冲刷等不良地质现象的形成、分布、形态、规模、发育程度及其对工程建设的影响；调查人类工程活动对场地稳定性的影响，包括人工洞穴、地下采空、大挖大填、抽水排水及水库诱发地震等。

3. 野外观测点、线的布置

在地质构造线、地质接触线、岩性分界线、标准层和每个地质单元体上应有地质观测点。地质观测点的密度应根据场地的地貌、地质条件、成图比例尺和工程要求等确定，并应具代表性。地质观测点应充分利用天然和已有的人工露头，当露头少时，应根据具体情况布置一定数量的探坑或探槽。地质观测点的定位应根据精度要求选用目测法、半仪器法和仪器法。地质构造线、地层接触线、岩性分界线、软弱夹层、地下水露头和不良地质作用等特殊地质观测点，宜用仪器法定位。

4. 工程地质测绘方法

工程地质测绘的方法有像片成图法和实地测绘法。像片成图法是利用地面摄影或航空（卫星）摄影的像片，在室内根据判释标志，结合所掌握的区域地质资料，把判明的地层岩性、地质构造、地貌、水系和不良地质现象等，调绘在单张像片上，并在像片上选择需要调查的若干地点和路线，然后据此做实地调查，进行核对、修正和补充。将调查的结果转绘在地形图上而成工程地质图。当该地区没有航测等像片时，工程地质调查测绘主要依靠野外工作，即实地测绘法。常用的实地测绘法有 3 种。

（1）路线法　沿着一定的路线，穿越测绘场地，将沿线所测绘或调查的地层、构造、地质现象、水文地质、地质界限和地貌界限等填绘在地形图上。线路可为直线形或折线形。观测路线应选择在露头及覆盖层较薄的地方；观测路线方向大致与岩层走向、构造线方向及地貌单元相垂直，如图 9-1 所示。这样就可以用较少的工作量而获得较多的工程地质资料，这种方法适用于地质条件不太复杂或小比例尺的工程地质图的测绘。

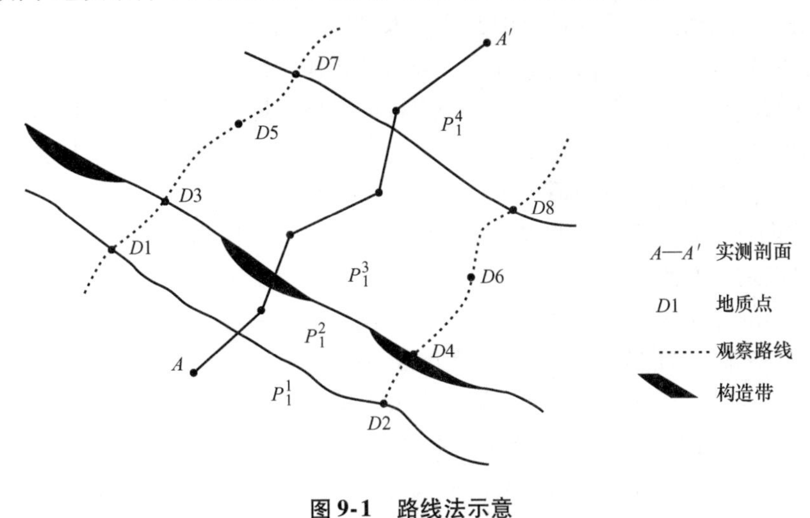

图 9-1　路线法示意

（2）布点法　布点法是工程地质测绘的基本方法，根据不同的比例尺预先在地形图上布置一定数量的观测点及观测路线。观测路线的长度必须满足要求，路线力求避免重复，使一定的观测路线达到最广泛地观察地质现象的目的。布点法适用于大、中比例尺的工程地质图的测绘。

（3）追索法　这是一种辅助方法。它是沿着地层走向或某一地质构造线，或某些不良地质现象界限进行布点追索，主要目的是查明局部的工程地质问题。

5. 成果资料

工程地质测绘与调查是整个工程地质勘察工作中最基本、最重要的工作，不仅靠它获取大量所需的各种基本地质资料，也是正确指导下一步勘探、测试等项工作的基础。因此，调查测绘的原始记录资料，应准确可靠、条理清晰、文图相符，重要的、代表性强的观测点，应用素描图或照片以补充文字说明。

9.2.2 工程地质勘探

工程地质勘探是在地质测绘的基础上，为进一步查明有关的工程地质问题，取得地下深部更详细的地质资料而进行的，它是工程地质勘察中的重要手段。其主要任务有：

① 探明建筑场地的岩性及地质构造，如各地层的厚度、性质及其变化规律；基岩的风化程度、风化带厚度；岩层的产状、裂隙发育程度及其随深度的变化情况；褶皱、断层的空间分布和变化等。

② 探明水文地质条件，即含水层、隔水层的分布、埋藏、厚度、性质及地下水位等。

③ 探明地貌及不良地质现象，如河谷阶地、冲洪积扇、坡积层的位置和土层结构；岩溶的规模及发育程度；滑坡、崩塌及泥石流的分布、范围、特性等。

④ 提取岩土样及水样，提供野外试验条件。从钻孔或勘探点取岩土样和水样，供室内试验、分析、鉴定所用。勘探形成的坑孔可为现场原位测试，如岩土力学性质试验、地应力测量、水文地质试验等提供场所和条件。

工程地质勘探主要方式有工程钻探、坑探、物探。

1. 钻探

钻探是用人力或动力机械在地层中钻孔，以鉴别和划分地层，并可以沿孔取样，用以测定岩石和土层的物理力学性质的勘探方法。与坑探相比，钻探的深度大，且选位一般不受地形、地质条件的限制；与物探相比，钻探是直接的勘探手段，精度高、准确可靠，因此在工程地质勘察中常被广泛采用。钻探工程按照动力来源可分为轻便勘探和机械钻探，前者主要适用于松散土层，浅孔，后者则适用于各类岩土层。

（1）轻便勘探　轻便勘探（图9-2）的优点是工具轻、体积小、操作简单、进尺快、劳动强度小；缺点是不方便采取原状土样或不能取样，在密实坚硬的岩土层中不易钻进或不能钻进。目前常用的轻便勘探工具有洛阳铲、锥具及小螺纹钻等。

1）洛阳铲勘探。借助洛阳铲的重力及人力，将铲头冲入土中，完成直径较小而深度较大的圆形孔，可以取出扰动土样。冲入深度一般土层中约10m，在黄土中可达30m。

2）锥探。一般用锥具向下冲入土中，凭感觉来探明疏松覆盖层厚度。探深可达10m以上。用它查明沼泽和软土厚度、黄土陷穴等最为有效。

3）小螺纹钻勘探。小螺纹钻由人力加压回转钻进，能取出扰动土样，适用于黏性土及砂性类土层，一般挖深在6m以内。

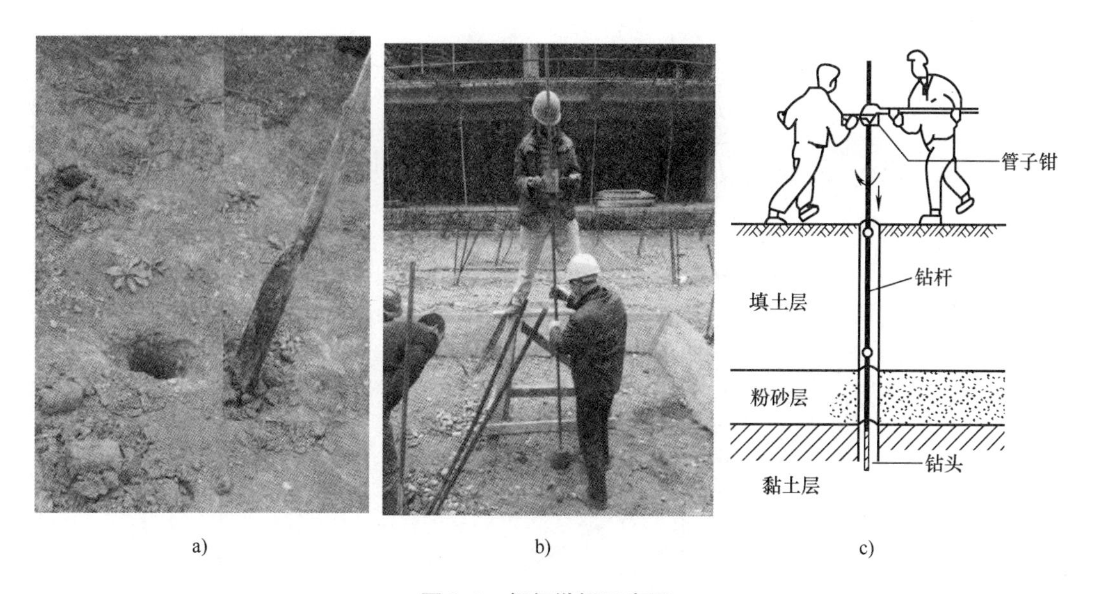

图9-2　轻便勘探示意图

a）洛阳铲勘探　b）锥探　c）小螺纹钻勘探

（2）机械钻探　机械钻探是获取地下准确地质资料的重要方法。通过钻机（图9-3）在地层内钻成直径较小并且具有相当深度的圆筒形孔眼的孔称为钻孔。钻孔的基本要素（孔口、孔壁、孔底、孔径、孔深、换径）如图9-4所示。钻孔的直径、深度、方向等，应根据工程要求、地质条件和钻探方法综合确定。钻探的常规口径为开孔168mm，终孔91mm。为了鉴别和划分地层，终孔直径不宜小于33mm；为了采取原状土样，取样段的孔径不宜小于108mm，对于硬质岩不宜小于89mm。作孔内试验时，试验段的孔径应按试验要求确定。钻探可分为回转钻进、冲击钻进、振动钻进、冲洗钻进四种方法。

1）回转钻进。指通过钻杆将旋转力矩传递至孔底钻头，同时施加一定的轴向压力使钻头在回转中切入岩土层实现钻进。

2）冲击钻进。利用卷扬机借助钢丝绳将钻具提升到一定高度，利用钻具自重，迅猛放落，钻具在下落过程中产生冲击动能，冲击孔底岩土后，使岩土达到破碎之目的而加深钻孔。

3）振动钻进。是将振动器产生的振动通过钻杆及钻头传递到钻头周围的土中，使土的抗剪强度急剧减小，同时钻头依靠钻具的重力及振动器重力切削土层进行钻进。

4）冲洗钻进。通过高压射水破坏孔底土层实现钻进。土层被破碎后由水流冲出地面。该方法适用于砂层、粉土层和不太坚硬的黏性土层，是一种简单、快捷、成本低廉的钻探方法。

5）冲击-回转钻进。该法也称综合钻进，钻进过程是在冲击与回转综合作用下进行的。它适用于各种不同的地层，能采取岩芯，在工程地质勘探中应用也比较广泛。

（3）岩土采取　在工程地质钻探过程中，为研究地基土的性质，需要从钻孔中采取土试样。要使土工试验得到的土的物理力学指标比较可靠，在取样过程中应该保留天然结构的原状试样。若试样的天然结构遭到破坏，则称为扰动样。对于岩芯试样，由于其坚硬性，它的天然结构难于破坏，而土样则相对容易受到扰动，并且由于采样时取土器的切入，采样过

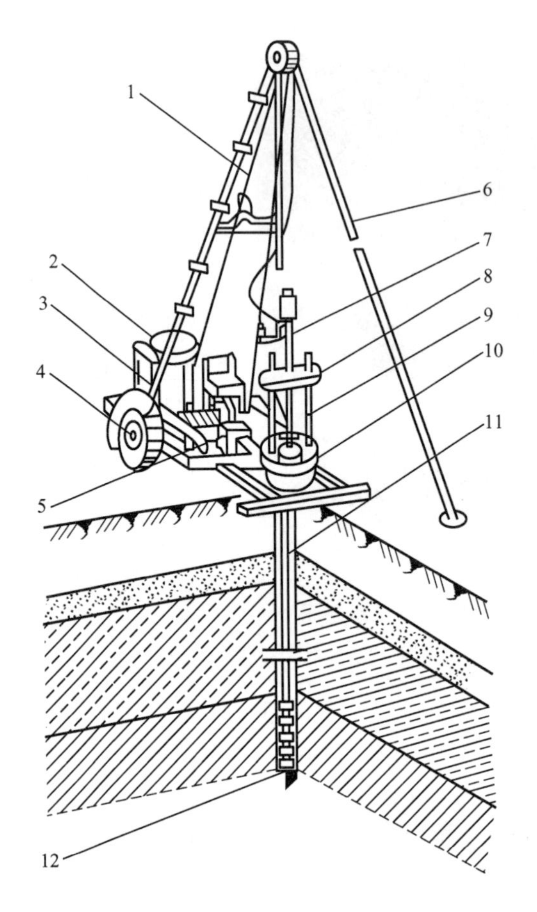

图 9-3 钻机钻进示意图

1—钢丝绳 2—柴油机 3—卷扬机 4—车轮 5—变速箱及操纵杆
6—支腿 7—钻杆 8—钻杆夹 9—拔棍 10—转盘 11—钻孔 12—钻头

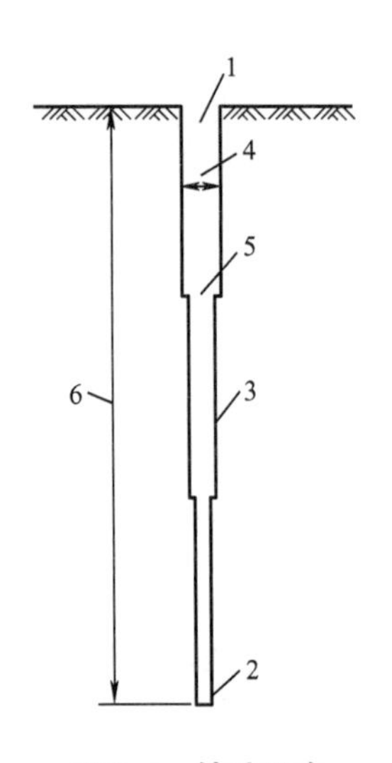

图 9-4 钻孔要素

1—孔口 2—孔底 3—孔壁
4—孔径 5—换径 6—孔深

程中土体应力状态的改变等原因，使得土样受到不同程度的扰动。因此，应该力求使试样的扰动程度降至尽可能低的程度。《岩土工程勘察规范》（GB 50021—2001）（2009 年版）按照取样过程中受扰动程度，将土试样划分为四个质量等级，并对各级试样可以测试的项目规定了方法和试验目的，将土样的扰动程度分为四个等级，见表 9-1。

表 9-1 土试样质量等级划分

级 别	扰动程度	试验内容
Ⅰ	不扰动	土类定名、含水量、密度、强度试验、固结试验
Ⅱ	轻微扰动	土类定名、含水量、密度
Ⅲ	显著扰动	土类定名、含水量
Ⅳ	完全扰动	土类定名

注：1. 不扰动是指原位应力状态虽已改变，但是土的结构、密度、含水量变化很小，能满足室内试验各项要求。
2. 除了地基基础设计等级为甲级的工程外，在工程技术要求允许的情况下可用Ⅱ级土样进行强度和固结试验，但宜先对土样受扰动程度作抽样鉴定，判定用于试验的适宜性，并结合地区经验使用试验结果。

采取原状土试样时，为了保证天然状态下的土层不受扰动，应注意以下事项：

1）选择合理的钻进方法，在结构性敏感土层和较疏松砂层中需要采用回转钻进，而不得采用冲击钻进，并以泥浆护壁孔，可以减少扰动。

2）合理选择取土器和取样方法，一般宜采用标准薄壁取土器，也可以用束节式取土器取代薄壁取土器。

3）取土钻孔的孔径要适当，取土器与孔壁之间要有一定的空隙，避免取土器切削孔壁，挤进过多的废土。

4）取土前的一次钻进不宜过深，以免下部拟取土样部位的土层受干扰。

5）在土样封存、运输和开土样做试验时，都应避免扰动，严防振动、日晒、雨淋和冻结。

2. 坑探

当钻探方法难以查明地下地质情况时，可以结合坑探进行勘察。坑探主要是人力开挖，也有用机械开挖。与钻探相比，采用坑探时，勘察人员能直接观察到地质结构，准确可靠，便于素描，绘制出展视图（图9-5）。而且可不受限制地从中采取原状岩土样进行物理力学特性试验和大型原位测试。尤其对研究断层破碎带、软弱泥化夹层和滑动面（带）等的空间分布特点及其工程性质等具有其他勘察手段无法取代的地位。工程地质勘探中常用坑探工程有探槽、试坑、浅井、竖井（斜井）、平硐和石门（平巷），如图9-6所示。其中前三种为轻型坑探工程，后三种为重型坑探工程。其缺点是：使用时往往受自然地质条件的限制，勘探周期长而且耗费资金量大；尤其是重型坑探工程不可轻易采用。各种坑探工程的特点和适用条件见表9-2。

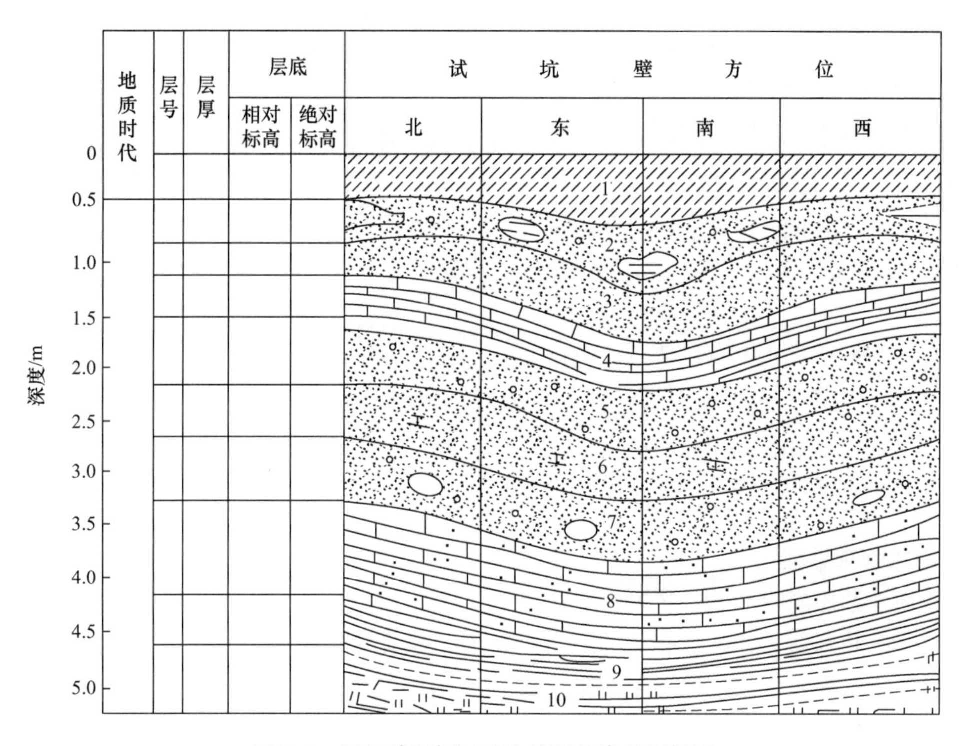

图9-5 用四壁平行展开法绘制的浅井展视图

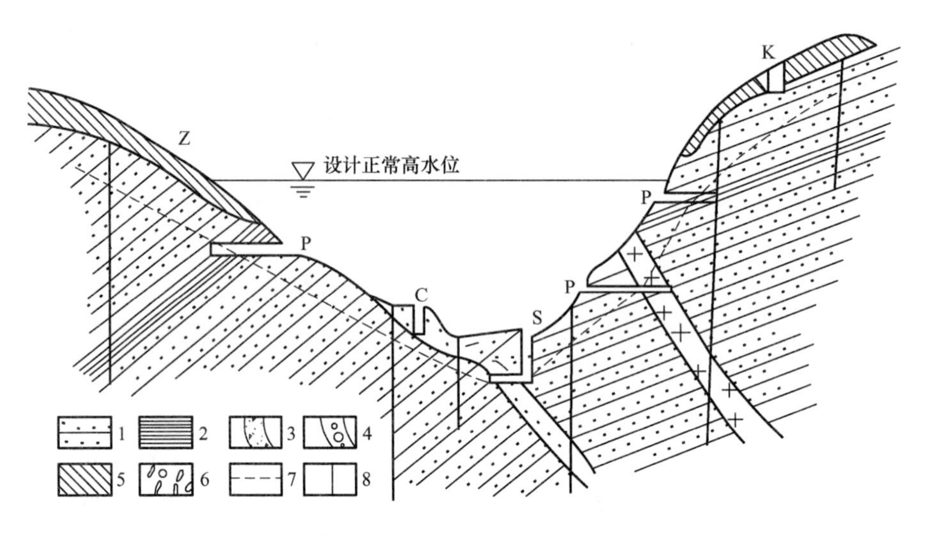

图 9-6 某工程坑探布置示意图

1—砂岩 2—页岩 3—花岗岩脉 4—断层带 5—坡积层 6——冲积层
7—风化层界线 8—钻孔 P—平硐 S—竖井 K—探井 Z—探槽 C—浅井

表 9-2 各种坑探工程的特点和适用条件

名 称	特 点	适 用 条 件
探槽	在地表深度小于 3 ~ 5m 的长条形槽子	剥除地表覆土，揭露基岩，划分地层岩性，研究断层破碎带；探查残、坡积层的厚度、矿物成分及结构
试坑	从地表向下，铅直的、深度小于3 ~ 5m 的圆形或方形小坑	局部剥除覆土，揭露基岩；做载荷试验、渗水试验，取原状土样
浅井	从地表向下，铅直的、深度 5 ~ 15m 的圆形或方形井	确定覆盖层及风化层的岩性及厚度；做载荷试验，取原状土样
竖井（斜井）	形状与浅井相同，但深度大于 15m，有时需支护	了解覆盖层的厚度和性质，做风化壳分带、软弱夹层分布、断层破裂带及岩溶发育情况、滑坡体结构及滑动面等；布置在地形较平缓、岩层又较缓倾的地段
平硐	在地面有出口的水平坑道，深度较大，有时需支护	调查斜坡地质结构，查明河谷地段的地层岩性、软弱夹层、破碎带、风化岩层等；做原位岩体力学试验及地应力量测、取样；分布在地形较陡的山坡地段
石门（平巷）	不出露地面而与竖井相连的水平坑道，石门垂直岩层走向，平巷平行	了解河底地质结构，做试验等

3. 地球物理勘探

地球物理勘探简称“物探”，是利用专门仪器探测地壳表层各种地质体的物理场，通过对数据的分析和判断，并结合有关的地质资料推断地质性状的勘探方法。不同成分、不同结构、不同产状的地质体，在地下半无限空间呈不同的物理场分布，如电场、重力场、磁场、弹性波应力场、辐射场等。按照利用岩土物理性质的不同，可分为电法勘探、地震法勘探、重力勘探、磁法勘探、钻孔电视、声波探测及放射性勘探等方法。下面对应用最广的电法勘探和地震法勘探作简单介绍。

（1）电法勘探　电法勘探的种类很多，其中比较常用的是电阻率法勘探，是研究地下地质体电阻率差异的一种物探方法。该法通常是通过电测仪测定人工或天然电场中岩土地质体的导电性大小及其变化，再经过专门的量板解释从而区分地层、构造以及覆盖层和风化层厚度、含水层分布和深度、古河道、主导充水裂隙方向等。电阻率是岩土的一个重要电学参数，它表示岩土的导电特性。它在数值上等于电流在材料里均匀分布时该种材料单位立方体所呈现的电阻，单位一般采用欧姆·米。影响岩土电阻率大小的因素很多，主要是岩石成分、结构、构造、空隙、含水性等。如第四纪的松散土层中，干燥的砂砾石电阻率高达几百到几千欧姆·米，饱水的砂砾石电阻率只有几十欧姆·米，电阻率明显降低。在同样的饱水条件下，粗颗粒的砂砾石电阻率比细颗粒的细砂、粉砂高。潜水位以下的高阻层位反映粗颗粒含水层的存在，作为隔水层的黏土电阻率远比含水层低。正是因为存在电阻率的差异，才可以用电阻率法勘探砂砾石层与黏土层的分布。

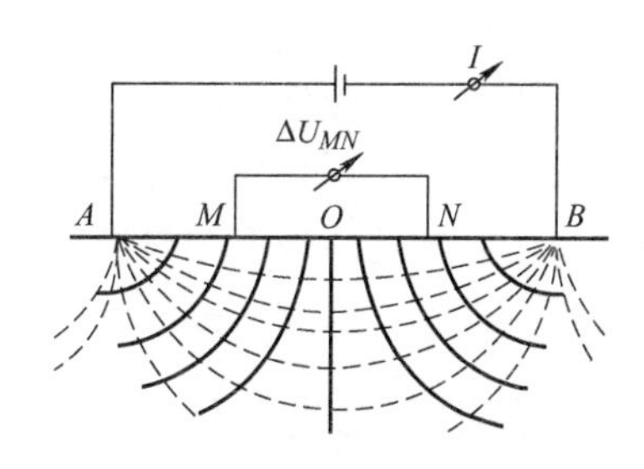

图 9-7　电阻率法勘探原理示意图

注：虚线表示电流线分布图，实线表示电位线。

岩层电阻率的测定：设地下岩层为均质且各向同性，当向地表下通过电流时，地层电阻率的大小都不一样，电流线的分布如图 9-7 所示。A、B 为两个供电电极，M、N 为测量电极。用仪器可测得 M、N 两点间的电流强度 I 及电位差 ΔU_{MN}，则按下式可求出该地层的视电阻率

$$\rho = K\frac{\Delta U_{MN}}{I} \tag{9-1}$$

式中　ρ——地层的视电阻率；

ΔU_{MN}——M、N 两极的电位差，$\Delta U_{MN}=\Delta U_M-\Delta U_N$，其中 U_M，U_N 分别为在观测点 M，N 处产生的电位；

I——测得的电流值；

K——装置系数，与供电和测量电极间距有关。

在各向同性的均质岩层中测量时，理论上，无论电极装置如何，所得的电阻率应当相等，即地层的真电阻率。但实际地面的岩层既非各向同性，又不均匀，所得的电阻率并非真实电阻率，而是非均质体的综合反映，所以，称这个所得的电阻率为视电阻率。由于电极极距的装置不同，所反映的地质情况也不同，因此根据极距的装置可将电阻率法分为电测深法、电剖面法和中间梯度法等。

1）电测深法。电测深法是指在地表以某一点（此点称为常测点）为中心，用不同供电极距测量不同深度岩层的视电阻率值，以获取该点处的地质断面的方法。

以图 9-7 为例，选定中心点 O 的位置后，逐渐加大 A、B 的间距和相应加大 M、N 的间距来测定中心点 O 下不同深度处的电阻率值。A、B 的间距越大，输送电流的入地深度越大，因而测量深度越大。连续测量后，用得到的资料绘制测深曲线。将测深曲线和理论曲线进行对比，就能推断出岩土层的深度、厚度或有无地下水存在。

2）电剖面法。电剖面法是指测量电极和供电电极的装置不变，而测点沿某一方向移动，用于探测一定深度处岩层视电阻率值的水平变化规律的方法。

在图9-7中，将具有固定供电极距和测量极距的*AMNB*装置，沿规定的测绘线方向移动，每变换一个测点，测量一次电阻率，从而得到某深度处岩土层电阻率值在平面上的分布情况。当需要了解岩土层的不均匀程度时，在平面上应测量若干剖面。

3）中间梯度法。中间梯度法是指将供电电极*A*、*B*的间距固定不变，电极*M*、*N*在其中部约1/3的地段沿*AB*线或平行于*AB*线测量，这样的电场被认为是均匀的。若测量范围内有高低电阻不均匀地质体时，则电阻率反映出极大或极小值。一般用来探测陡倾角高阻的带状构造，测线应垂直带状构造分布。

（2）地震勘探法　地震勘探法是广泛用于工程地质勘探的方法之一。它是利用地质介质的波动性来探测地质现象的一种物探方法。基本原理是利用爆炸或敲击的方法向岩体内激发地震波，地震波以弹性波动方式在岩体内传播。根据不同介质弹性波传递的速度差异来判断地质现象。此方法可以用于了解地下地质构造，如基岩面、覆盖层厚度、风化层、断层等。根据要了解的地质现象的深度和范围的不同，可以采用不同频率的地震勘探方法。一般来讲，地震勘探较其他物探方法准确，而且能探测地表以下很大深度。

9.2.3　工程地质试验及长期监测

（1）工程地质试验　在工程地质勘察中，试验工作十分重要，它是取得工程设计所需要的各种计算指标的重要手段。试验工作分为室内试验和野外试验两种。室内试验是用仪器对采取的土样、岩样、水样等进行试验、分析，并取得所需的数据；野外试验是在现场天然条件下进行的原位试验。室内试验的试样较小，以及野外取样、保存、运输等可能引起的误差，它代表天然条件下的地质情况有一定的限制；野外试验在勘察现场直接进行，更符合实际，代表性强、可靠性较大。也有些试验只在室内是无法进行的，如静、动力触探和抽水及压水试验以及灌浆试验等，这类试验耗费人力、物力较多，设备和试验技术也较复杂，所以一般是两种方法配合使用。

工程地质试验的种类，包括岩土物理力学性质试验和地基强度试验（室内土工试验、荷载试验、触探试验、钻孔旁压试验、十字板剪力试验、原位剪切试验等）、水文地质试验（钻孔抽水试验、压水试验、渗水试验、岩溶连通试验、地下水实际流速和流向测定试验等）。

（2）长期监测　由于某些地质条件和现象具有随时间变化的特性，因此需要进行长期监测工作。长期监测工作是工程地质勘察的一项重要工作，它从可行性研究阶段就开始，贯穿以后各勘察阶段，有的项目在工程完工以后仍需继续进行监测。

监测工作之所以重要，是因为工程地质条件的变化及其对建筑物的影响，不是在短期内就能反映出来的。例如，物理地质现象的发生和发展、地下水位的变化、水质和水量的动态规律，都需要进行多年的季节性监测，才能了解其一般规律，并利用监测资料去预测未来发展的趋势和危害，以便采取防治措施，保证建筑物的安全和正常使用。地质监测项目，主要有以下三个：

1）与工程有密切关系的物理地质作用或现象的监测，如滑坡、崩塌、泥石流的监测以及河流冲刷与堆积、岩石风化速度的监测等。

2）岩土体变形监测，如人工边坡、地基沉降变形、地下洞室变形等项目的监测。

3）地下水动态监测，如地下水水位、化学成分、水量变化及孔隙水压力的监测等。

长期观测点应能有效地将变化的不均匀性和方向性表示出来，观测线应布置在地质条件变化程度差异最大的方向上。

9.3　工程地质勘察报告书

工程地质勘察结束后，应将所获得的各项地质资料进行全面系统的整理和深入细致的分析、统计、研究，找出其内在的联系和规律性，最后编制正式的文字报告和地质图件、数据统计表。

9.3.1　工程地质勘察报告书的文字内容

工程地质勘察的最终成果是以报告书的形式提出的。勘察工作结束后，把取得的野外原始编录资料和室内试验的记录和数据以及搜集到的各种直接和间接资料分析整理、检查校对、归纳总结后做出建筑场地的工程地质评价。这些内容，最终以简要明确的文字和图表汇编成报告书。

工程地质勘察报告书的编制必须配合相应的勘察阶段，针对场地的地质条件和建筑物的性质、规模以及设计和施工的要求，对场地的适宜性、稳定性进行定性和定量的评价，提出选择地基基础方案的依据和设计计算参数，指出存在的问题以及解决问题的途径和办法。工程地质勘察报告一般应遵循勘察纲要，主要包括以下内容：

1）勘察目的、任务要求和依据的技术标准。

2）拟建工程概况。主要包括建筑物的功能、体型、平面尺寸、层数、结构类型、荷载（有条件时列出荷载组合）、拟采用基础类型及其大概的尺寸和有关特殊要求的叙述。

3）勘察方法和勘察工作量布置。

4）场地地形、地貌、地层、地质构造、岩土性质及其均匀性。

5）各项岩土性质指标、岩土的强度参数、变形参数、地基承载力的建议值。

6）地下水埋藏情况、类型、水位及其变化。

7）土和水对建筑材料的腐蚀性。

8）可能影响工程稳定的不良地质作用的描述和对工程危害程度的评价。

9）场地稳定性和适宜性评价。

10）对岩土利用、整治和改造的方案进行分析论证、提出建议；对工程施工和使用期间可能发生的岩土工程问题进行预测，提出监控和预防措施的建议。

9.3.2　工程地质图表

工程地质图表是工程地质测绘、勘探和试验工作的总结性成果，这些图表可以直观、形象地反映拟建场地的工程地质条件及岩土参数，它与工程地质勘察报告书一起作为工程地质勘察工作的基本文件。不同的勘察阶段，要求提供的图表也不尽相同，现将几种常见的图表简要说明如下：

（1）勘探点平面布置图　在拟建建筑场地地形图上，把建筑物的位置，各类勘探、测试点的编号、位置用不同的图例表示出来。并注明各勘探、测试点的标高和深度、剖面线及编号等。

（2）钻孔柱状图　这是根据钻孔的现场记录整理出来的。记录中除标明钻进的工具、方法和具体事项外，其主要的内容是关于地层的分布（层面的深度、层厚）和地层的名称和特征的描述。绘制柱状图之前，应根据土工试验成果及保存于钻孔岩芯箱中的土样对分层情况和野外鉴别记录进行认真的校核，并做好分层工作。绘制柱状图时，应自上而下对地层编号和描述，并用一定的比例尺、图例和符号绘制。在柱状图中还应同时标出取土深度、地下水位等资料。

（3）工程地质剖面图　柱状图只反映场地某一勘探点处地层的竖向分布情况；剖面图则反映某一勘探线上的地层沿竖向和水平方向的分布情况。勘探线的布置常与主要地貌单元或地质构造线垂直或与建筑物轴线一致，所以工程地质剖面图是勘察报告的最基本的图件。剖面图的垂直距离和水平距离可以采用不同的比例尺。绘图时，先将勘探线的地形剖面线画出，标出勘探线上各钻孔中的地层层面，然后在钻孔的两侧分别标出层面的高度和深度，再将相邻钻孔中相同的土层分界点以直线相连。当某地层在相邻近钻孔中缺失时，该层可假定于相邻两孔中间尖灭。剖面图中应标出原状土样的取样位置和地下水位深度。各土层应用一定的图例表示，可以只绘出某一段的图例，该层未绘出图例部分可由地层编号识别，这样可使图面更清晰。

在柱状图和剖面图上也可同时附上土的主要物理力学性质指标及某些试验曲线（如触探和标准贯入试验曲线等）。

（4）综合地质柱状图　为了简明扼要地表示所勘察的地层的层次及主要特征和性质，可将该地区的地层按新老次序自上而下以一定的比例绘成柱状图。图上标明层号、层位名称、层厚、地质年代、取样深度等，并对岩石或土的特征进行概括的描述。

（5）土工试验成果总表　土的物理力学指标是地基基础设计的重要依据，应将室内土工试验和现场原位测试所得成果汇总列表表示。

9.4 案例

目　录

6 岩土工程分析与评价

7 场地边坡工程

8 结论及建议与说明

附图表

附 1 勘探点平面布置图（1∶500）

附 2 工程地质剖面图

附 3 钻孔柱状图

附 4 勘察委托书及岩土工程地质勘察技术要求

附 5 岩石物理、力学试验成果表

附 6 重型动力触探试验数据一览表

×××××有限公司办公楼扩建项目

工程地质勘察报告（详勘）

1 前 言

1.1 工程概况

本工程位于××市××开发区×××××有限公司院内，南临西陵二路。本工程为原办公室楼西侧扩建项目，拟扩建办公楼的建筑面积 $2475m^2$。本工程抗震设防分类为丙类，柱距 7.80m×8.20m，拟采用天然地基或桩基础。主要建筑物及结构形式见表 1。

表 1 主要建筑物及其结构形式

楼 名	层数	结构类型	高度/m	地面或±0.0设计标高	基础埋置深度/m	中柱荷重/(kN/m^2)	边柱荷重/(kN/m^2)
拟扩建办公楼	5 层	框架结构	19.96	115.86	1.80	4700	3500

本工程由××××建筑设计有限责任公司设计，受建设单位×××××有限公司的委托，由××××设计院承担了本工程的工程地质详细勘察工作。

根据《岩土工程勘察规范》（GB 50021—2001）（2009 年版）的有关规定，拟建筑物层高 5 层，工程重要性等级为三级，场地等级为三级（简单场地），地基等级为二级（中等复杂地基），综合分析，本次岩土工程勘察等级为乙级，建筑桩基设计等级为乙级。

1.2 勘察依据

本次勘察主要依据设计要求及下列规范、规程：

1）《岩土工程勘察规范》（GB 50021—2001）（2009 年版）。

2）《建筑抗震设计规范》（GB 50011—2010）。

3）《建筑地基基础设计规范》（GB 50007—2011）。

4）《建筑桩基技术规范》（JGJ 94—2008）。

5）湖北省《建筑地基基础技术规范》（DB 42/242—2003）。

6）湖北省《岩土工程勘察工作规程》（DB 42/169—2003）。

7）《建筑边坡工程技术规范》（GB 50330—2002）。

8）《工程岩体试验方法标准》（GB/T 50266—1999）。

9）建设单位提供的附有地形的建筑平面定位总图及设计单位提供的勘察委托书及岩土

工程勘察技术要求。

1.3　勘察任务、目的和要求

根据设计单位提出的勘察技术要求并结合拟建建筑物特点及场地周边地质条件，依据相关规范、规程要求确定本次工程地质勘察的主要目的和工作内容如下：

1）搜集附有坐标和地形的建筑物总平面布置图，场区的地面整平标高，建筑物的性质、规模、荷载、结构特点，基础形式、尺寸、埋置深度，对地基基础设计的特殊要求等。

2）查明场地不良地质作用的类型、成因、分布范围、发展趋势和危害程度，提出整治方案的建议。

3）查明建筑物范围内岩土层的类别、结构、分布、工程特性，分析和评价地基的稳定性、均匀性和承载力。

4）对需要计算沉降的建筑物，提供地基变形计算参数，预测建筑物的变形特征。

5）查明埋藏的河道、沟浜、墓穴、防空洞、孤石等对工程不利的埋藏物。

6）查明场区地下水的类型、埋藏条件、水位变化幅度及规律，评价地下水对场地稳定性的影响。

7）划分场地土类型和场地类别，对场地和地基的地震效应做出评价。

8）判定场区地下水对建筑材料的腐蚀性。

9）提出建筑物的地基基础方案的比较和建议。

10）若采用桩基，对桩基类型、适宜性、持力层选择提出建议；提供桩基的侧阻、端阻和变形计算的有关参数；对沉桩的可行性、施工对环境的影响及桩基础施工中应注意的问题提出意见。

1.4　勘察方法及完成的工作量

在钻探设备进场前，有关技术人员到现场进行实地踏勘，并收集附近的地质资料。根据拟建建筑物特点、场地地层结构及建设方的要求，编制了详细的勘察方案，并按纲要的要求向勘察技术员下达外业工作任务书；同时层层签订勘察质量责任书，以确保勘察质量，满足设计要求，指导施工。

1. 钻孔布置

根据拟建建筑物的特点及有关规范要求，本次勘察勘探孔主要沿建筑物周边线、角点及柱列线布设，建筑物勘探孔间距控制在13.80～16.00m之间。本次勘察布置了6个勘探孔，勘探孔间距全部符合规范要求。

2. 钻孔深度

根据场地的地层及建筑物结构特点、荷载大小，本次勘察按天然地基与桩基础两种基础形式考虑，本次勘察勘探孔终孔深度按进入中风化泥质粉砂岩层不小于5m控制。勘探点深度均符合规范要求。

3. 勘察方法

根据场地的地层特点，本次勘察主要采用钻探全孔取芯、原位测试、调查走访及现场鉴别描述等手段，在填土层中进行钻探取芯和连续的重型动力触探、在岩层中以取芯为主并取样做岩石抗压强度试验。

原位测试工作在素填土层进行，由于素填土的主要成分为黏性土及砂岩块石等，所以采用重型动力触探试验。本次勘察原位测试试验操作均严格按照规范要求执行，试验设备符合规范规定，勘察手段满足要求。

4. 勘察时间及完成的工作量

本次野外勘察工作于 2012 年 12 月 1 日开始，于 12 月 4 日完成野外工作，历时 4 天。本次勘察投入 GY-100 型钻机 1 台套，共完成钻孔 6 孔。勘探点主要数据见表 2。

表 2　钻孔主要数据一览表

勘探点编号	坐标		孔口高程/m	孔深/m	备注
	X	*Y*			
ZK1	11.309	31.611	117.67	17.30	控制孔
ZK2	24.909	31.611	117.07	8.50	
ZK3	40.709	31.611	115.86	6.70	控制孔
ZK4	9.915	15.221	118.07	13.50	控制孔
ZK5	25.209	15.211	118.06	10.10	
ZK6	40.709	15.211	115.87	6.50	控制孔

各孔平面定位及高程测量均采用全站仪进行，钻孔坐标及高程引测自甲方提供的平面图，数据由甲方提供，钻孔坐标为相对坐标，高程为黄海高程，钻孔坐标及高程引测点位于×××厂招待所房角点，做有水泥桩，具体位置详见附后的勘探点平面布置图。

本次勘察完成的工作量见表 3。

表 3　完成的工作量统计

序号	工作项目		工作量
1	测量	测放孔位	6 点次
2	勘探	钻孔	62.60m/6 孔
3	取样	岩样	6 组
4	室内试验	岩石试验	6 组
5	原位测试	动探 $N_{63.5}$	9.60m/2 孔

2　场区地理位置及地形、地貌

2.1　场地地理位置及地形、地貌

本工程位于××市××开发区×××××有限公司院内，场区交通方便。该建筑场地标高为 115.86～118.07m，地形高差 2.21m，目前场地地形较平坦。

本场区原始地貌为构造侵蚀、剥蚀丘陵地貌。

2.2　场地地质构造

根据工程地质调查，××市城区位于扬子准地台中西部，江汉断陷西缘，亦为上扬子台褶带与江汉凹陷交界部位，宏观上叠置在黄陵背斜东翼之上的中、新生代断陷盆地——亦称××凹陷。××凹陷的构造简单，褶皱、断裂不发育，基本为一倾向 SE 倾角 4°～8°的单斜构造。城区被周围区域主要构造断裂带——雾渡河断裂带、仙女山断裂带、天阳坪断裂带和九湾溪断裂带等（均为微活动或不活动断裂）从不同方向围绕，形成一个稳定的“安全岛”。深部构造较简单，工程区以东的重力梯级带属中国东部近南北向巨型梯级带的一部分，在工程区主要是向北西缓倾斜坡，其西部鄂西山地为幔凹，东部江汉平原为幔隆，不存

在与之对应的深大断裂。

2.3　场地区域地质环境

1. 气象资料

××城区气候温和，属亚热带大陆性季风型湿润气候。据××气象站多年的统计资料，年降水量640～1830mm，年平均降水量为1155.2mm；1d最大降水量曾达385.5mm，24h暴雨极值曾达443.3mm，3d暴雨极值曾达706.5mm，7d暴雨极值曾达963.4mm（均出现在1935年7月）；5～9月为多雨季节，约占年降水量的60%～70%。最大积雪深度20cm。无霜期一般为270天以上，日照率为38%，属全国太阳能第四、五等。极端最低气温－12°（1977年1月30日）；极端最高气温为43.9°（1892年8月1日），年平均气温为16.8°。夏季以东南风为主，定时最大风速20m/s，瞬时最大风速34m/s（1966年8月10日），基本风压为250Pa。

2. 水文资料

××市水系属长江水系，长江为××市区流经最大水系，多年平均流量1.93m^3/s，多年平均平水期水位标高为43.97m，枯水期水位标高为38.67m。平均径流模数为13.8$m^3/(s \cdot km^2)$。

3. 区域地震资料

××市城区没有构造断裂带，被周围区域主要构造断裂带雾渡河断裂带、仙女山断裂带、天阳坪断裂带和九湾溪断裂带等（均为微活动或不活动断裂）从不同方向所围绕，秭归—渔洋关地震带和兴山—黔江地震带，几次较大震级的地震为1969年保康马良坪4.8级地震、1961年宜都潘家湾4.9级地震、1979年秭归龙会观5.1级地震，这3次地震影响到××市城区，地震烈度均小于5度。××市地震基本烈度为6度。

×××水利枢纽建成后，本区域地震强度、频度均无增加趋势。×××水利枢纽建设前，进行了水库地震的专项研究，预测可能产生的水库诱发地震最大强度为$M_s=5.5\sim6.0$级，影响到××大坝坝址和××城区的烈度低于6度。

4. 工程地质环境

根据现场地质调查和钻探表明，勘察场地未见滑坡、土洞和地下水强烈潜蚀等不良地质现象；地质环境基本未遭破坏，无地下采空、地面沉降、地裂隙、化学污染、水位上升等现象。

3　场地岩土工程条件

3.1　地层结构及空间分布

据勘探揭示，本场地地层分布较简单，自上而下可分为：①素填土（Q^{ml}）；②泥质粉砂岩层（K_1^W）（未揭穿）。据相关区域资料，本层总厚度达1874m，岩层产状为160°～180°∠5°～8°，根据其风化程度不同，第②层又可分为两个亚层：②-1强风化泥质粉砂岩层、②-2中风化泥质粉砂岩层。现分述如下：

① 素填土（Q^{ml}）：黄褐色、褐红色，稍密，局部松散状，稍湿，主要成分由泥质粉砂岩强风化及泥质粉砂岩块石组成，场地西侧ZK1孔深0～3.00m为回填煤渣灰。骨架粒径约2～8cm，含量一般为10%～20%。回填时间约十年。

本层主要厚度分布在场地西侧，厚度0.40～10.50m，平均厚度为3.12m。

②-1强风化泥质粉砂岩（K_1^W）：紫红色、褐红色，岩石风化呈半岩半土状，锹镐可以挖动，遇水易软化、崩解。原岩结构大部分已破坏，层理不清晰，质软不易取芯。

本层全场地内均有分布，厚度0.60～3.00m，平均厚度为1.55m。

②-2中风化泥质粉砂岩（K_1^W）：紫红色，局部为灰白色，粉砂质结构，中厚层状构造，

主要矿物成分为石英、长石和云母等，泥质胶结为主，局部为钙质胶结，本层夹薄层紫红色粉砂质泥岩及灰白色细砂岩。节理裂隙不发育，岩芯较完整，质地较硬，岩芯呈柱状，少量呈短柱状，节长约5~40cm。岩芯断面不平整，少量呈锥形，锤击较易碎。岩芯采取率80%左右。金刚石给水钻进较慢，返水呈紫红色、间或为灰白色。

本层全场地内均有分布，埋深1.00~12.20m。层面标高105.47~114.87m，平均标高为112.43m。

各岩土分层情况详见表4及工程地质剖面图。

表4　岩土分层情况一览表

钻孔编号	孔口高程/m	终孔深度/m	① 素填土		②-1 强风化泥质粉砂岩		②-2 中风化泥质粉砂岩	
			埋深/m	厚度/m	埋深/m	厚度/m	埋深/m	厚度/m
ZK1	117.67	17.30	—	10.50	10.50	1.70	12.20	5.10
ZK2	117.07	8.50	—	2.20	2.20	1.00	3.20	5.30
ZK3	115.86	6.70	—	0.50	0.50	0.70	1.20	5.50
ZK4	118.07	13.50	—	3.80	3.80	2.30	6.10	7.40
ZK5	118.06	10.10	—	1.30	1.30	3.00	4.30	5.80
ZK6	115.87	6.50	—	0.40	0.40	0.60	1.00	5.50
合计		62.60		18.70		9.30		34.60

3.2　岩土层物理力学参数的统计、分析与选用

① 素填土层：本次勘察在该层中进行了2孔的连续重型动力触探试验，试验统计结果见表5。

表5　①素填土层各钻孔重型动力触探$N_{63.5}$试验统计

钻孔编号	个数	min	max	μ	标准差σ	变异系数δ
ZK1	61	3.8	13.8	8.4	2.325	0.28
ZK4	21	4.8	8.7	6.4	1.323	0.21

根据重型动力触探试验统计结果，按照有关规范取值，建议本层土承载力特征值f_{ak}=100kPa，压缩模量E_s=4.0MPa。

②-1 强风化泥质粉砂岩：由于其分布较薄，质软不易取芯，故只能根据经验确定相关的物理力学指标，建议f_{ak}=300kPa，E_o=42.0MPa。

②-2 中风化泥质粉砂岩：本次勘察在本层取了6组泥质粉砂岩样进行饱和抗压强度试验，其试验统计结果见表6。

表6　②-2 中风化泥质粉砂岩饱和抗压强度试验结果统计

统计个数	最大值	最小值	平均值	标准差	变异系数	修正系数	标准值
6	9.4	5.5	7.2	1.367	0.19	0.89	6.4

根据试验结果，则该层承载力特征值f_{ak}=1700kPa，f_{rk}取6.4MPa，视为不可压缩层。场

地②-2 中风化泥质粉砂岩属软岩，岩体较完整，其基本质量等级为Ⅳ级。

综合以上相关岩土工程参数，各岩土层的承载力和压缩（变形）模量综合成果见表 7。

表 7　各岩土层的承载力和压缩（变形）模量综合成果

层　号	承载力特征值 $f_{ak}(f_a)$/kPa	压缩模量 E_s/MPa	变形模量 E_o/MPa	饱和状态下单轴抗压强度标准值 f_{rk}/MPa
①	100	4.0		
②-1	300		42.0	
②-2	(1700)		视为不可压缩层	6.4

4　场地水文地质条件

场区水文地质条件简单，地下水类型属上层滞水，覆盖层中素填土为透水层，其下基岩为相对隔水层。地下水主要来源于大气降水及周边居民生活废水补给，受季节影响较明显。

场区地势开阔，排水通畅，主要通过蒸发及径流排泄，其水量甚小。勘察期间钻孔中未见地下水，场地周边无污染源，结合区域水文地质资料、场地周边地质环境，可以判定场区地下水对混凝土及混凝土内的钢筋无腐蚀性，对裸露的钢结构具有弱腐蚀性。

5　场地地震效应评价

1. 场地土类型和建筑场地类别

依据《建筑抗震设计规范》（GB 50011—2010）和本场地地层条件分析，场地覆盖土层主要为素填土和强风化泥质粉砂岩，按最不利地质条件进行等效剪切波速计算如下：

素填土、强风化泥质粉砂岩的等效剪切波速取 140m/s、400m/s，以 ZK1 计算：V_{se} = 12.2 ÷ (10.5 ÷ 140 + 1.7 ÷ 400) m/s = 153.9m/s，则 140m/s < V_{se} = 153.9m/s ≤ 250m/s，其场地土的类型属中软场地土。

本场地最大覆盖层厚度为 12.20m，介于 3 ~ 50m 之间，故建筑场地类别为Ⅱ类。

本建筑场地为可进行建设的一般地段。

2. 地震烈度

根据《建筑抗震设计规范》（GB 50011—2010）的有关规定，××市建筑抗震设防烈度为 6 度，故本工程可按 6 度进行抗震设防。其设计地震分组为第一组，设计基本地震加速度为 0.05g，对应的特征周期 0.35s。

建筑场地内没有可液化土层，可不考虑液化影响。

6　岩土工程分析与评价

1. 场地稳定性评价

根据区域地质资料分析，结合钻探资料，场区未发现不良地质作用。

场地整体稳定性评价如下：场内岩土层种类较简单，建筑场地附近没有滑坡、滑移、崩塌、塌陷、泥石流、采空区等不良地质作用，没有可液化土层，地基土无软弱夹层和下卧层，地下水水文地质较简单。

综上所述，场地稳定性好，适宜本项目的工程建设。

2. 地层评价

① 素填土层：本层土质不均匀，厚度变化大，承载力低，压缩性高。本层土不宜作拟

建建筑物的基础持力层。

②-1 强风化泥质粉砂岩层：厚度变化较大，承载力较低，施工时易受扰动以致强度及承载力降低，不宜用作拟建建筑物的基础持力层。

②-2 中风化泥质粉砂岩层：承载力高，视为不可压缩层。根据试验结果，该层属软岩，岩体较完整，岩体结构面主要是近水平层面，岩体基本质量等级为Ⅳ级。据勘察结果并结合宜昌地区区域地质资料表明，本岩层无洞穴、临空面、破碎岩体，本层为拟扩建办公楼的良好的基础持力层。

3. 持力层的选择和基础形式的建议

原办公楼基础埋深1.70m，采用条形基础，以中风化泥质粉砂岩作为持力层。拟扩建办公楼±0.00设计标高为115.86m，而场地②-2中风化泥质粉砂岩层面标高105.47～114.87m，场地整平后，基底距②-2中风化泥质粉砂岩层最大厚度约1～10.40m，因此，建议拟扩建办公楼可采用天然地基与桩（墩）基相结合的基础形式，以第②-2中风化泥质粉砂岩层作为基础持力层。

4. 成桩可行性评价及桩基设计参数

根据××地区经验，桩基施工可采用人工挖孔灌注桩。

由于场地地层结构较简单，地下水不丰富，可采用人工挖孔灌注桩施工，成桩较易，以第②-2中风化泥质粉砂岩层作为基础持力层，桩端应进入中风化泥质粉砂岩层不少于500mm，施工时应采取护壁措施，护壁应做到基岩面，以确保施工人员安全。

桩基设计参数见表8。

表8 人工挖孔灌注桩设计参数

地层编号	岩土名称	桩侧土的摩阻力特征值 q_{sia}/kPa	桩端土的端阻力特征值 q_{pa}/kPa
①	素填土	9	
②-1	强风化泥质粉砂岩	60	
②-2	中风化泥质粉砂岩	150	2200

7 场地边坡工程

1. 边坡概况

拟扩建办公楼北侧为一自然岩、土质边坡，坡高约5.00m，目前坡度约为1∶0.60，处于自稳状态。

2. 边坡工程重要性等级

本边坡高约5.00m，属岩、土质边坡，根据《建筑边坡工程技术规范》（GB 50330—2002）有关规定，本边坡重要性等级为二级。

3. 边坡稳定性评价

本边坡高约5.00m，属岩、土质边坡，目前处于自稳状态，当场地办公楼基础施工后，对边坡造成了破坏，在无支护条件下，局部边坡会崩塌失稳，必须采取相应的支护措施。

4. 边坡整治设计方案

边坡最大高度约5.00m，根据边坡支护经验，建议本边坡采用重力式挡土墙支护，选用第②-2层中风化泥质粉砂层作为基础持力层，建议边坡支护参数按表9取值。

表 9 边坡支护参数取值

土层名称	重度 $\gamma/(kN/m^3)$	凝聚力 c_k/kPa	内摩擦角 $\phi_k/(°)$	基底摩擦系数 μ	f/kPa
①素填土	18.0	8	20.0		25
②-1 强风化泥质粉砂岩	20.0	35	20.0	0.3	60
②-2 中风化泥质粉砂岩	25.0	300	25.0	0.5	180

注：1. c_k、ϕ_k 为直接快剪标准值。

2. f 为锚杆和土钉锚固体与土体的极限摩擦力。

具体支护结构设计应由有资质单位进行。

5. 边坡工程施工监测建议

1）边坡设计应注意设置排水措施。

2）边坡施工期间应做好监测工作。

8 结论及建议与说明

1. 结论

1）拟建建筑物重要性等级为三级，场地等级为三级，地基等级为二级，综合分析评定，本次岩土工程勘察等级为乙级，建筑桩基设计等级为乙级。

2）拟建场地原始地貌属构造侵蚀、剥蚀丘陵地貌。

3）本场地未发现不良地质现象，场地较稳定，适宜本项目的工程建设。

4）场地地下水主要为上层滞水，受大气降水和城市管网漏水的补给，地下水量小，对基础施工无影响。场地地下水对混凝土及混凝土内的钢筋无腐蚀性，对裸露的钢结构具有弱腐蚀性。

5）本建筑场地土类型为中软场地土，建筑场地类别为Ⅱ类，场地建筑抗震地段划分为可进行建设的一般地段。本工程可按 6 度进行抗震设防，其设计地震分组为第一组，设计基本地震加速度为 $0.05g$，对应的特征周期 0.35s。建筑场地内没有可液化土层，可不考虑液化影响。

2. 建议

1）根据场地岩土工程条件和拟建建筑物结构特点、荷载大小，建议拟扩建办公楼可采用天然地基与桩（墩）基相结合的基础形式，以第②-2 中风化泥质粉砂岩层作为基础持力层。

2）建议本工程边坡可采用重力式挡土墙支护，选用第②-2 层中风化泥质粉砂层作为基础持力层。

3）人工挖孔桩终孔时，应进行桩端持力层检验，对单柱单桩的大直径嵌岩桩，应视岩性检验桩底下 3d 或 5m 深度范围内有无空洞、破碎带、软弱夹层等不良地质条件。

4）由于局部基岩面坡度大于 10%，建议设计进行桩基稳定性验算。

3. 说明

1）本报告使用的高程为黄海高程，坐标为相对坐标，钻孔标高和坐标采用全站仪测定。

2）本次钻探过程中未发现地下管线等障碍物，施工前应详查明。

3）工程施工开挖、基础施工时，请及时通知岩土工程师验槽。

4）由于边坡支护挡土墙位置未确定，因此，本次勘察未布置边坡勘探点。

附图表

附1 勘探点平面布置图（1∶500）

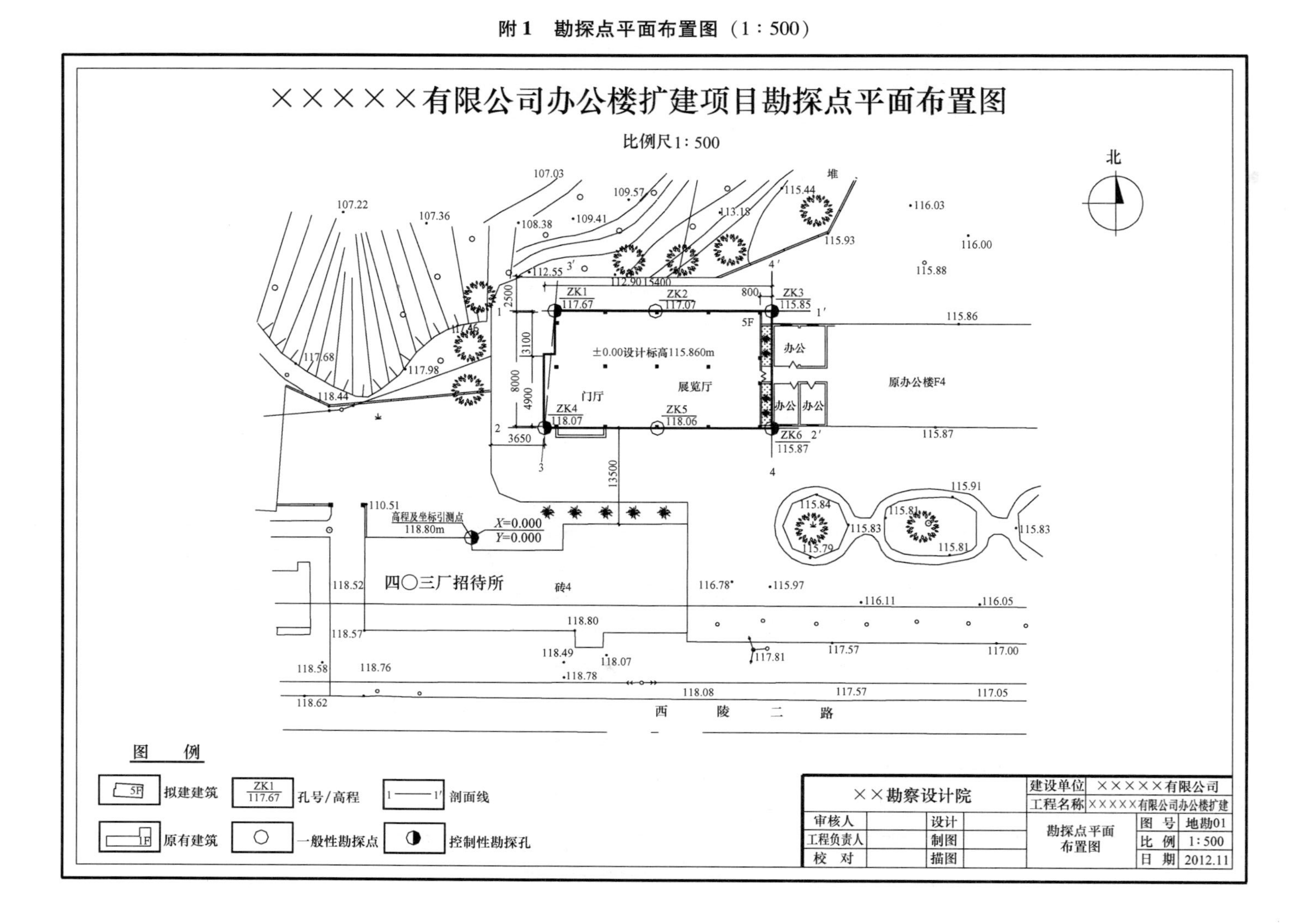

附 2　工程地质剖面图

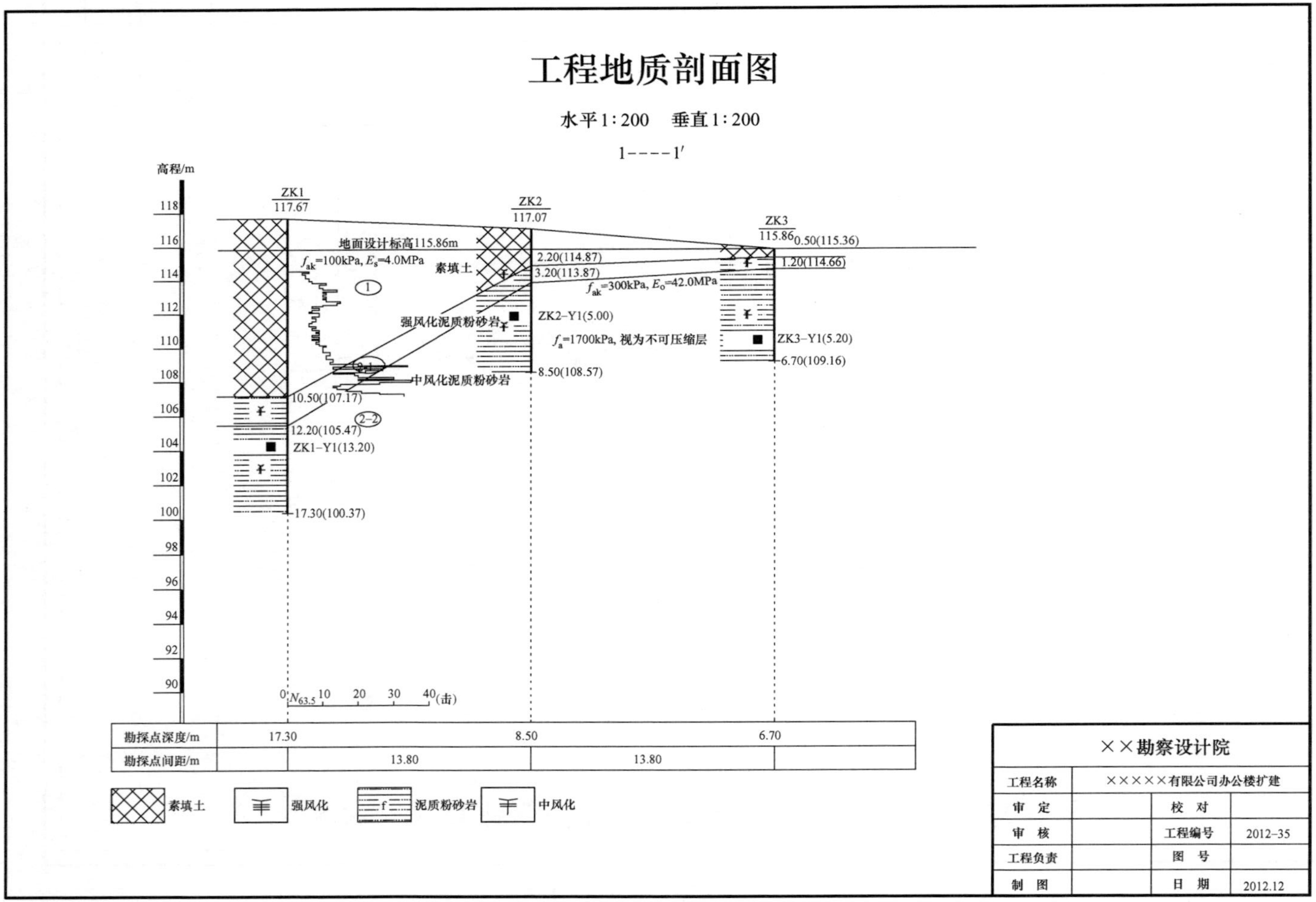

工程地质剖面图

水平 1∶200　垂直 1∶200

1----1′

高程/m

118
116
114
112
110
108
106
104
102
100
98
96
94
92
90

ZK1 117.67

ZK2 117.07

ZK3 115.86

地面设计标高115.86m

f_{ak}=100kPa, E_s=4.0MPa

①

素填土

2.20(114.87)

3.20(113.87)

0.50(115.36)

1.20(114.66)

f_{ak}=300kPa, E_o=42.0MPa

ZK2-Y1(5.00)

强风化泥质粉砂岩

f_a=1700kPa, 视为不可压缩层

ZK3-Y1(5.20)

6.70(109.16)

②-1

中风化泥质粉砂岩

8.50(108.57)

10.50(107.17)

②-2

12.20(105.47)

ZK1-Y1(13.20)

17.30(100.37)

0 $N_{63.5}$ 10 20 30 40(击)

勘探点深度/m	17.30		8.50		6.70	
勘探点间距/m		13.80		13.80		

素填土　强风化　泥质粉砂岩　中风化

××勘察设计院			
工程名称	×××××有限公司办公楼扩建		
审　定		校　对	
审　核		工程编号	2012-35
工程负责		图　号	
制　图		日　期	2012.12

附3 钻孔柱状图

工程名称	×××××有限公司办公楼扩建项目			勘察单位	××勘察设计院		
钻孔编号	ZK1	坐标	X:	钻孔深度	17.30 m	初见水位	m
孔口标高	117.67 m		Y:	钻孔日期	2012年12月3日	稳定水位	m

地质时代及成因	层序	层底标高/m	层底深度/m	分层厚度/m	柱状图 1:100	岩土描述	采取率(%)	标准贯入 击数 / 深度/m	岩土样 土样编号 / 深度/m	备注
Q^{ml}	1	107.17	10.50	10.50		素填土:灰黑色、稍密，局部松散状，稍湿，主要成分为回填煤渣灰。骨架粒径约2～3cm，含量一般为20%。回填时间约十年				
K_1^W	2-1	105.47	12.20	1.70		强风化泥质粉砂岩:紫红色、褐红色，岩石风化呈半岩半土状，锹镐可以挖动，遇水易软化、崩解。原岩结构大部分已破坏，层理不清晰，质软不易取芯				
K_1^W	2-2	100.37	17.30	5.10		中风化泥质粉砂岩:紫红色，局部为灰白色，粉砂质结构，中厚层状构造，主要矿物成分为石英、长石和云母等，泥质胶结为主，局部为钙质胶结，本层夹薄层紫红色粉砂质泥岩及灰白色细砂岩。节理裂隙不发育，岩芯较完整，质地较硬，岩芯呈柱状，少量呈短柱状，节长约5～40cm			ZK1-Y1 / 13.20~13.70	

▼标贯位置 ■岩样位置 ●原状土样位置 ○扰动土样位置

附 4　勘察委托书及岩土工程地质勘察技术要求

工程名称：　　　　　　　　　　地点：　　　　　　　　　　设计阶段：详细勘察

建筑物或构筑物名称	建筑物层数及规模	重要性等级	抗震设防分类	结构类型	高度/m	起重机类型及荷重/kN	地面或±0.0设计标高/m	基础埋置深度/m	基础类型及荷重						拟采用天然地基或人工地基的设想和是否采用变形设计	有关地基处理的情况
									条基		中柱		边柱			
									宽度/m	荷重/(kN/m^2)	(长/m)×(宽/m)	荷重/(kN/m)	(长/m)×(宽/m)	荷重/(kN/m)		
拟扩建办公楼	5层	三级	丙类	框架	19.96		115.86	1.8				4700		3500	墩基或桩基	

任务说明

1. 按现行勘察规范及设计要求执行。
2. 查明勘察场地内地层、厚度、岩性及分布特征和地下水条件。
3. 查明场地地基的稳定性及不良地质条件。
4. 提供各岩土层的物理力学性参数。
5. 对场地内高差处边坡形式提供建议及相关计算参数。
6. 对地基与基础设计方案进行评价和提出建议。

填表说明

一、本任务书均需附相应图样；初步设计附 1：1000～1：2000 带坐标地形图，画出勘察范围，山区建厂尚需 1：5000～1：10000 地形图，施工图附 1：500～1：1000 总平面图。

二、勘察任务书的技术要求可填写在“任务说明”栏内，并说明建筑物的特殊要求（不够可加附页），单体建（构）筑物具体设计条件应填写在上表相应栏内。

三、任务说明中应注意是否属震陷敏感的乙类建筑。

设计单位（盖章）：　　　　设计项目负责人：　　　　编制人：　　　　年　　月　　日

勘察委托书

年　　月　　日

委托单位		建设性质	
上级批准文号及资金来源			
征用土地文号			
勘察区已有资料情况介绍			
委托书附件			
设计单位		施工单位	
要求提交资料日期			

委托单位（盖章）：　　　　联系人：

电　　话：________　　　　传　　真：

通信地址：________　　　　邮　　编：

勘察单位：　　　　地点：　　　　电话：　　　　邮政编码：

注：1. 本表内容由业主提供或由业主商设计单位后提供，经业主、设计单位、勘察单位三方确认后签章。

2. 本表至少一式三份，业主、设计单位、勘察单位应各执一份。

附5　岩石物理、力学试验成果表

报告编号：　　　　工程名称：　　　　委托单位：　　　　年　月　日　　　　共2页　第1页

来样编号	来样名称	取样深度/m	试件编号	物理性质指标					力学性质指标						试验状态	备注
				饱和重度/（kN/m^3）	相对密度	吸水率（%）	饱水率（%）	软化系数	单轴抗压强度/MPa		抗剪强度		弹性模量/10^4MPa	泊松比μ		
									单值	平均值	c/MPa	ϕ/（°）				
			A						4.7							
ZK1-Y1	泥质粉砂岩	13.20～13.70	B	—	—	—	—	—	6.5	5.5	—	—	—	—	饱和	
			C						5.3							
			A						6.9							
ZK2-Y1	泥质粉砂岩	5.00～5.70	B	—	—	—	—	—	6.1	6.8	—	—	—	—	饱和	
			C						7.5							
			A						7.4							
ZK3-Y1	泥质粉砂岩	5.20～5.70	B	—	—	—	—	—	8.8	8.0	—	—	—	—	饱和	
			C						7.6							
			A						8.4							
ZK4-Y1	泥质粉砂岩	8.00～8.50	B	—	—	—	—	—	10.6	9.4	—	—	—	—	饱和	
			C						9.2							
			A						6.1							
ZK5-Y1	泥质粉砂岩	6.60～7.10	B	—	—	—	—	—	5.7	6.3	—	—	—	—	饱和	
			C						7.0							
			A						6.4							
ZK6-Y1	泥质粉砂岩	3.80～4.30	B	—	—	—	—	—	7.8	7.2	—	—	—	—	饱和	
			C						7.3							

批准：　　　　校核：　　　　试验：　　　　执行标准：GB/T 50266—1999

附6　重型动力触探试验数据一览表

序号	孔　　号	深度/m	实 测 击 数	修 正 击 数	序号	孔　　号	深度/m	实 测 击 数	修 正 击 数
1	ZK1	3.1	6	5.6	37	ZK1	6.7	8	7
2	ZK1	3.2	4	3.8	38	ZK1	6.8	9	7.8
3	ZK1	3.3	5	4.7	39	ZK1	6.9	7	6.2
4	ZK1	3.4	5	4.7	40	ZK1	7	9	7.8
5	ZK1	3.5	6	5.6	41	ZK1	7.1	7	6.2
6	ZK1	3.6	6	5.6	42	ZK1	7.2	9	7.8
7	ZK1	3.7	7	6.5	43	ZK1	7.3	8	7
8	ZK1	3.8	11	10.1	44	ZK1	7.4	9	7.8
9	ZK1	3.9	9	8.3	45	ZK1	7.5	11	9.3
10	ZK1	4	9	8.3	46	ZK1	7.6	10	8.6
11	ZK1	4.1	10	9.2	47	ZK1	7.7	10	8.6
12	ZK1	4.2	14	12.6	48	ZK1	7.8	10	8.6
13	ZK1	4.3	10	9.2	49	ZK1	7.9	12	10.1
14	ZK1	4.4	11	10.1	50	ZK1	8	12	10.1
15	ZK1	4.5	10	9.2	51	ZK1	8.1	11	9.3
16	ZK1	4.6	11	10.1	52	ZK1	8.2	11	9.3
17	ZK1	4.7	10	9.2	53	ZK1	8.3	13	10.9
18	ZK1	4.8	11	10.1	54	ZK1	8.4	13	10.9
19	ZK1	4.9	15	13.5	55	ZK1	8.5	12	10.1
20	ZK1	5	14	12.6	56	ZK1	8.6	20	15.8
21	ZK1	5.1	10	8.6	57	ZK1	8.7	34	24.6
22	ZK1	5.2	7	6.2	58	ZK1	8.8	13	10.9
23	ZK1	5.3	9	7.8	59	ZK1	8.9	27	20.4
24	ZK1	5.4	7	6.2	60	ZK1	9	22	17.2
25	ZK1	5.5	6	5.3	61	ZK1	9.1	13	10.9
26	ZK1	5.6	9	7.8	62	ZK1	9.2	19	15.2
27	ZK1	5.7	9	7.8	63	ZK1	9.3	20	15.8
28	ZK1	5.8	7	6.2	64	ZK1	9.4	30	22.2
29	ZK1	5.9	8	7	65	ZK1	9.5	20	15.8
30	ZK1	6	8	7	66	ZK1	9.6	35	25.2
31	ZK1	6.1	7	6.2	67	ZK1	9.7	26	19.7
32	ZK1	6.2	6	5.3	68	ZK1	9.8	15	12.4
33	ZK1	6.3	6	5.3	69	ZK1	9.9	13	10.9
34	ZK1	6.4	8	7	70	ZK1	10	14	11.6
35	ZK1	6.5	7	6.2	71	ZK1	10.1	17	13.8
36	ZK1	6.6	9	7.8	72	ZK1	10.2	21	16.5

（续）

序号	孔　号	深度/m	实测击数	修正击数	序号	孔　号	深度/m	实测击数	修正击数
73	ZK1	10.3	26	19.7	92	ZK4	2.6	9	8.7
74	ZK1	10.4	33	24.1	93	ZK4	2.7	7	6.8
75	ZK1	10.5	33	24.1	94	ZK4	2.8	6	5.8
76	ZK4	1	5	4.8	95	ZK4	2.9	6	5.8
77	ZK4	1.1	5	4.8	96	ZK4	3	9	8.7
78	ZK4	1.2	6	5.8					
79	ZK4	1.3	5	4.8					
80	ZK4	1.4	8	7.7					
81	ZK4	1.5	7	6.8					
82	ZK4	1.6	5	4.8					
83	ZK4	1.7	6	5.8					
84	ZK4	1.8	9	8.7					
85	ZK4	1.9	8	7.7					
86	ZK4	2	5	4.8					
87	ZK4	2.1	6	5.8					
88	ZK4	2.2	7	6.8					
89	ZK4	2.3	7	6.8					
90	ZK4	2.4	6	5.8					
91	ZK4	2.5	7	6.8					

思考与练习

1. 工程地质勘察的目的与任务是什么？
2. 工程地质勘察阶段的划分及各阶段的任务和要求是什么？
3. 工程地质勘察方法有哪些？它们各解决哪些问题？
4. 工程地质测绘的主要方法有哪些？
5. 什么是物探？常用的物探有哪些方法？假若工程地质勘察过程中只进行物探可以吗？为什么？
6. 通过网络搜集一份工程地质勘察报告，看看它由哪些内容组成。分析工程地质勘察报告为设计部门提供了哪些参数。

单元 4

工程地质技能训练

课题 10　室内地质技能训练

学习目标

1. 掌握肉眼鉴定矿物的方法；
2. 了解岩浆岩的矿物成分和结构构造；
3. 了解变质岩的矿物成分和结构构造；
4. 了解沉积岩的矿物成分和结构构造。

学习重点

肉眼鉴定矿物的方法；岩浆岩、变质岩、沉积岩的鉴定特征；掌握肉眼鉴定岩浆岩、变质岩、沉积岩的基本方法。

学习难点

常见造岩矿物的肉眼鉴定；岩浆岩、变质岩、沉积岩的鉴定特征。

10.1　矿物鉴别

10.1.1　矿物的鉴定方法和步骤

使用简单的工具：小刀、指甲、瓷板、放大镜、稀盐酸等，认识矿物的一般物理性质，如硬度、解理、颜色、形态、条痕、断口、光泽、透明度及与稀盐酸的反应特征等。

1. 矿物特性的观察

（1）矿物形态的观察　矿物的形态反映了矿物的外观特征，可分为单体形态和集合体形态，主要观察晶体的外形和发育情况，观察时注意在新鲜面上进行。

1）矿物单体形态的观察。石英（水晶）为六方双锥（或六方柱）；方解石为菱面体；石榴子石为菱形多面体；普通角闪石为长柱状或纤维状；普通辉石为短柱状；板状石膏、长石为板状；云母为片状。

2）矿物集合体形态的观察。石英晶簇为晶簇状；橄榄石为粒状；绿泥石为鳞片状；石棉、（纤维）石膏为纤维状；（鲕状、豆状、肾状）赤铁矿为结核状；高岭土、蒙脱土为土状。

（2）矿物光学性质的观察　矿物的光学性质主要包括颜色、条痕、光泽和透明度，观察时注意在新鲜面上进行。

1）矿物的颜色。观察时以基色调为主，如方解石、石英为白色；橄榄石为深绿色；黄铁矿为铜黄色；褐铁矿为褐色；赤铁矿为铁红色等。

2）矿物的条痕。观察方解石、角闪石、斜长石、橄榄石的条痕。观察对比黄铁矿、黄铜矿、赤铁矿等矿物的条痕与颜色之间的关系。

3）矿物的光泽。将标本放在阳光下，看其反射光线的性质来确定它属于哪种光泽。黄铁矿、黄铜为金属光泽；赤铁矿为半金属光泽；石英（晶面）为玻璃光泽；叶蜡石、蛇纹石为蜡状光；滑石、石英（断面）为油脂光泽；高岭土为土状光泽；石棉、（纤维）石膏为丝绢光泽；白云母、冰洲石（透明方解石）为珍珠光泽。

4）矿物的透明度。白云母、石英（水晶）为透明的；蛋白石为半透明的；黄铁矿、磁铁矿为不透明的。

（3）矿物力学性质的观察

1）矿物的解理与断口。解理是矿物受到外力后自然断开的光滑平整的面，既要注意在同一方向上对应侧面解理的一致性，又要观察解理面光滑平整的程度。如：云母为一组极完全解理；方解石为三组完全解理；长石为一组完全解理，一组中等解理；石英为极不完全解理（贝壳状断口）；黄铁矿为参差状断口。矿物的解理与断口是互为消长的。

2）矿物的硬度。利用指甲（硬度2.5）、小刀（硬度5.5）和摩氏硬度计测定与比较石英、方解石、长石、黄铁矿、白云石的硬度。具体测定方法是（以摩氏硬度计为例）：取摩氏硬度计中一种标准矿物，用其棱角刻划被鉴定矿物上的一个新鲜而较完整的平面，擦去粉末，若在面上留有刻痕，则说明被鉴定矿物的硬度小于选用标准矿物的硬度。反之，若未在面上留下刻痕，则说明被鉴定矿物的硬度大于或等于选用标准矿物的硬度。经过多次刻划比较，直到确定被鉴定矿物的硬度介于两个相邻标准矿物硬度之间或接近二者之一时，即已测知被鉴定矿物的硬度。如云母不能被石膏（硬度2）刻动，而能被方解石（硬度3）刻动，故其硬度介于2~3，用2.5表示。

若被鉴定矿物难于找出平整的面，而标准矿物上有较好的平面时，也可以用被鉴定矿物的棱角去刻划标准矿物的平面。

（4）矿物其他特性的观察　云母具有弹性；蒙脱土遇水膨胀，有崩解性；碳酸盐类的矿物可与盐酸反应。碳酸盐类矿物，如方解石、白云石，与稀盐酸会产生化学反应，逸出二氧化碳，形成气泡。一般来说，方解石遇稀盐酸后，起泡剧烈，而白云石则需用小刀刻划成粉末后滴稀盐酸，才可见微弱的起泡现象。

2. 常见造岩矿物鉴定特征的综合观察

无论是在实验室内，还是在野外地质工作中，都需要准确地认识矿物和鉴定矿物。鉴定矿物的方法很多，但最基本的是肉眼鉴定。造岩矿物的肉眼鉴定法实质是凭借肉眼和一些简单的工具（小刀、放大镜、条痕板、摩氏硬度计等），来分辨矿物的外表特征（有时也配合一些简易的化学方法），从而对矿物进行鉴定。这种方法虽然简便，但可借以正确地鉴别许多常见的矿物。

矿物的肉眼鉴定法，通常情况下，可参照下列步骤进行：

1）首先观察矿物的光泽。确定它是金属光泽，还是非金属光泽，借以确定是金属矿物还是非金属矿物。岩石中经常见的大都是非金属光泽的矿物。

2）然后试验矿物的硬度。确定它的硬度是大于还是小于指甲的硬度，是大于还是小于小刀的硬度。

3）再观察矿物的颜色。如已确定被鉴定的矿物硬度大于小刀，为金属光泽，而且呈铜黄色，那么容易确定它是黄铁矿而非黄铜矿，然后再检查一下其他特征就可以确定下来。如果被鉴定的矿物硬度小于小刀而大于指甲，并属于玻璃光泽，就绝不会是石英、长石（硬度都大于小刀），也不可能是辉石、角闪石（呈黑色）。

4）进一步观察矿物的形态和其他物理性质。针对有限的几种可能性，逐步地缩小范围，认真观察，仔细分析，最终鉴定出矿物，定出矿物名称。

按照上面的步骤进行肉眼鉴定矿物的方法，也称为逐步排除法，即对于一块矿物标本最好先看矿物颜色，分出浅色和深色，再依次分辨硬度、光泽、透明度等，逐步缩小鉴定范围，然后根据被鉴定矿物的主要特征，即可定出矿物名称。例如，所鉴定的矿物标本是一块浅色矿物，而常见的浅色造岩矿物可能是石英、长石、方解石、高岭石、滑石、萤石、石膏等。若小刀刻划不动，表示硬度大于5，则应为石英或长石。若为油脂光泽，断口为贝壳状，且无解理，则可确定为石英。若具玻璃光泽，断口为参差状，两组完全解理，则可确定为长石，再进一步观察解理面上有无平行条纹，若有，则为斜长石；若无，则为正长石。有了这样的轮廓，逐步地缩小鉴定范围，找出矿物的典型特征，就能正确地定出矿物的名称。

10.1.2 矿物鉴定时应注意的事项

1. 鉴定矿物时要结合各类矿物的共同特点

1）具有金属光泽而呈铁黑色多为金属氧化物。如磁铁矿、赤铁矿、软锰矿及硬锰矿等。

2）具有金属光泽而呈铜黄、铅灰等金属色的，则多是金属硫化物类，如黄铜矿、黄铁矿、方铅矿、辉锑矿等。

3）含氧盐类及卤化物类矿物，一般呈玻璃光泽，浅色、透明或半透明。

4）如果硬度大于小刀或近于小刀，可能是硅酸盐类矿物（云母、滑石除外）。

5）如果硬度小于小刀，能与稀盐酸作用，则应是碳酸盐类矿物；不与稀盐酸作用，则可能是硫酸盐、磷酸盐等其他含氧盐类矿物。

2. 鉴定矿物时要善于抓住矿物的主要特征

矿物的各项物理特性，在同一块标本上不一定能全部显示出来，所以在观察时，必须善于抓住矿物的主要特征，尤其是那些有鉴定意义的特征，如赤铁矿的砖红色条痕、方解石的菱面体解理等。另外，还要注意相似矿物的对比分析，如石英、斜长石、方解石、石膏等矿物都是白色或乳白色，但在硬度、解理、晶形、盐酸反应方面却有较大差别。

3. 鉴定矿物时要做到认真观察、仔细分析、相互比较

采用肉眼鉴定法鉴定造岩矿物，应对常见的矿物标本认真观察，仔细分析，相互比较，反复练习，对一些相似矿物间的差异，更应悉心思考，从而对矿物特征建立比较牢固的感性认识。

4. 鉴定矿物时应注意鉴定方法的适用性

肉眼鉴定矿物是有一定限制的。因为矿物颗粒太小，超出肉眼鉴定的能力范围时，必须采用其他更详细的方法鉴定和研究。常见矿物的各项物理特征见表 10-1。

表 10-1　主要造岩矿物的物理性质

编号	颜色	形态	条痕	光泽	硬度	解理	断口	相对密度	其他	矿物名称
1	白色	块状	无	油脂	7	无	贝壳状	2.5～2.8	半透明	石英
2	肉红色	板状	无	玻璃	6～6.5	2 组	阶梯状	2.57	—	正长石
3	白色	薄片状	无	珍珠	2～3	1 组	锯齿状	2.79～3.1	薄片具有弹性	白云母
4	黑色	薄片状	浅黑	珍珠	2～3	1 组	锯齿状	3.02～3.12	薄片具有弹性	黑云母
5	黑绿色	长柱状	浅绿	玻璃	5.5～6	2 组	参差状	3.1～3.3	—	普通角闪石
6	浅黄色	粒状	无	玻璃	6.5～7	无	贝壳状	3.3～3.5	—	橄榄石
7	白色	菱面体	无	玻璃	3	3 组	—	2.6～2.8	滴盐酸起泡	方解石
8	白色	块状	无	玻璃	3.5～4	3 组	参差状	2.0～2.1	镁试剂变蓝	白云石
9	灰白色	鳞片状	白色	油脂	1	1 组	—	2.7～2.8	有滑感	滑石
10	白色	纤维状	白色	玻璃	2	1 组	锯齿状	2.3	—	石膏
11	白色	土状	白色	无	1	无	土状	2.58～2.6	遇水可塑	高岭石

10.1.3　三大岩类的鉴别方法

肉眼鉴别岩石时，应首先鉴定岩石的所属类别，然后再按每类岩石的鉴别方法进行鉴别。三大岩类的区别主要从岩石的结构和构造两方面下手。

1. 结构上

岩浆岩具有明显的晶质结构，沉积岩具有明显的沉积环境特征，而变质岩在结构上与原岩既有一定的继承性又有一定的独特性，矿物成分具有定向性。

2. 构造上

岩浆岩因岩浆性质、产出条件和凝结过程中运动状态的不同，常形成块状、流纹状、气孔状、杏仁状等构造，沉积岩因沉积环境的不同，常形成层状构造的特征，而变质岩因受变质作用的影响，常形成片状、板状构造。

10.2　岩浆岩的鉴别方法

10.2.1　鉴别岩浆岩中的各种矿物成分

岩浆岩中的矿物成分反映了该岩浆岩的化学性质，其中二氧化硅的含量具有决定性的作用。当二氧化硅的含量大于65%时，为酸性岩浆岩，其主要特征是富含石英；当二氧化硅的含量饱和，即为65%～52%时，为中性岩浆岩，其特征为少含或不含石英，而富含长石；当二氧化硅的含量较少，即为52%～45%时，为基性岩浆岩，其特征为不含或少含石英，除长石外，开始出现大量深色铁镁矿物；当二氧化硅的含量极少，即小于45%时，则为超基性岩浆岩，其特征为既不含石英，也不含长石，以大量深色铁镁矿物为主。

1. 石英

观察花岗岩、流纹岩，石英在岩石中多呈粒状，具油脂光泽，烟灰色，硬度为7，易与灰白色的斜长石相混淆。

2. 长石

观察花岗岩、闪长岩和安山岩，长石具玻璃光泽，硬度为6，正长石多为肉红色，斜长石多为灰白色，详细观察，斜长石具有许多平行的晶纹，而正长石的新鲜解理面在光的照射下，往往可见明暗程度有显著差异的两部分。

3. 云母

观察黑云母花岗岩，云母最明显的特征是用小刀极易剥出云母碎片。

4. 辉石与角闪石

观察辉长岩和闪长岩，辉石和角闪石在火成岩中均为深灰色至黑色，光泽也甚相似。但在形状和断面上有所差异，辉石纵断面呈短柱状，横断面为八边形（近似正方形）；角闪石纵断面为长柱状，横断面为六边形；辉石往往与橄榄石共生，角闪石往往与黑云母共生，角闪石两组中等解理呈124°或56°斜交，而辉石的两组中等解理近于正交。

10.2.2 鉴别岩浆岩的结构和构造

由于岩浆岩生成的条件不同，故反映这种生成条件的结构和构造也不相同。肉眼鉴别岩石结构主要观察其结晶程度、晶粒大小及晶粒间组合方式。

1. 矿物的结晶程度

花岗岩为全晶质结构；浮岩为非晶质（玻璃质）结构。

2. 矿物颗粒大小

粗粒花岗岩为粗粒结构；中粒辉长岩为中粒结构；细晶岩或细粒闪长岩为细粒结构；辉绿岩为隐晶质结构；伟晶岩为伟晶结构。

3. 矿物颗粒相对大小

花岗岩、闪长岩为等粒结构；正长斑岩、闪长玢岩为斑状结构；花岗斑岩为似斑状结构。

4. 矿物间的相互关系

文象花岗岩为文象结构。

岩浆岩的构造大多数为致密块状（花岗岩、闪长岩、辉长岩），少数为气孔状（浮岩、粗面岩）、杏仁状（玄武岩）、流纹状（流纹岩）。

10.2.3 岩浆岩的颜色

对于结晶不好或没有结晶的岩浆岩，应当根据其颜色来判断它所含的矿物成分和化学成分。酸性岩浆岩主要成分是石英和长石，颜色较浅，包括浅灰、玫瑰、红、黄色等；基性岩浆岩主要成分为铁镁矿物，颜色较深，如深灰、深黄、棕、深绿、黑色等。根据岩浆岩的上述主要特征，经仔细观察，标本盒里的岩浆岩的主要矿物成分、结构和构造见表10-2。

表10-2　主要岩浆岩特征

编　号	主要矿物成分	结　构	构　造	岩石名称
1	石英、正长石、斜长石、角闪石、黑云母	粗粒结构	块状	粗粒花岗石
2	石英、正长石、斜长石、角闪石、黑云母	中粒结构	块状	中粒花岗石
3	石英、正长石、斜长石、角闪石、黑云母	细粒结构	块状	细粒花岗石
4	石英、正长石、斜长石、黑云母	（紫红）隐晶质结构	流纹状	流纹岩
5	斜长石、角闪石	中粒结构	块状	闪长岩
6	正长石、斜长石	斑状结构	块状	正长斑岩
7	斜长石、角闪石	斑状结构	块状	闪长玢岩
8	斜长石、角闪石	黑绿色隐晶质结构 含少量斜长石斑晶	块状	安山岩
9	斜长石、辉石	中粒结构	块状	辉长岩
10	斜长石、辉石	微粒结构（辉绿结构）	块状	辉绿岩
11	斜长石、辉石	黑色隐晶质结构	块状	玄武岩
12	火山灰	灰绿色隐晶质	块状	火山泥球岩
13	火山玻璃	非晶质结构	块状	黑曜岩
14	火山玻璃	非晶质结构	多孔状	浮岩
15	斜长石、辉石	灰绿色隐晶质	气孔状	气孔状玄武岩

10.2.4　岩浆岩的命名

岩浆岩主要根据岩石中含量最多的主要矿物命名。在野外工作中，常采用颜色+结构+构造+特征矿物+基本名称的综合性描述来定名。如黑色等粒结构致密块状构造黑云母花岗岩。

10.3　变质岩的鉴别方法

10.3.1　变质岩内常见的矿物

1）浅色的：石英、长石、白云母、绢云母、方解石及滑石等。

2）深色的：角闪石、辉石、黑云母、绿泥石等。

其中，除绢云母、滑石及绿泥石等为变质作用生成的变质岩所特有的矿物，其余的为原岩所具有的矿物。

10.3.2　变质岩的结构

变质岩中除少数岩石（如板岩、千枚岩等轻变质岩）具有隐晶结构，其余大多数变质岩均为显晶结构。故可根据矿物鉴别特征把每种岩石中的主要矿物成分鉴别出来。结晶程度的好坏反映了岩石变质程度的深浅。

10.3.3 变质岩的构造

变质岩的构造特征是变质岩区别于其他岩石的最重要的特征。除石英、大理岩为块状构造，其余均以片理构造为特征。具片理构造的称片岩，具片麻状构造的称片麻岩，具千枚状构造的称千枚岩，具板状构造的称板岩。这四种片理构造的特征对比如下。

1. 片岩

片岩多为一种主要矿物（片状、针状、柱状）占绝对优势，并以此矿物命名，可有少量粒状矿物。岩石中的矿物（片状、针状、柱状）成平行定向排列，一般颜色较杂，硬度较低。

2. 片麻岩

片麻岩多由两种以上既有深色又有浅色的矿物组成，其中粒状矿物占多数，常为浅色。片状、针状、柱状矿物成平行定向排列，一般颜色较深。岩石硬度较高。在片麻岩中，若个别浅色矿物颗粒聚集成眼球状（两眼球角连线方向与变质作用受力方向垂直），则称为眼球状构造。若片麻岩中矿物沿受力垂直的方向平行延伸排列，矿物颗粒深浅颜色有较明显的变化，呈相间排列，则此时称条带状构造。

3. 千枚岩和板岩

千枚岩和板岩为轻变质岩石，原岩中的矿物成分未能全部结晶出来，故其矿物成分不易辨认，但千枚状构造及板状构造则能把它们与其他岩石区别开来。

对于变质岩的鉴定，通过仔细观察，正确地鉴别岩石的矿物成分、结构和构造，其主要鉴定特征见表10-3。

表10-3 主要变质岩特征

编 号	主要矿物成分	结 构	构 造	岩石名称
1	黏土矿物、绢云母等	变余结构	板状	板岩
2	石英、绢云母、绿泥石	显微鳞片变晶结构	千枚状	千枚岩
3	角闪石、石英	中粒柱状变晶结构	片状	角闪石片岩
4	黑云母、石英	中粒片状变晶结构	片状	黑云母片岩
5	白云母、石英	中粒片状变晶结构	片状	白云母岩
6	滑石	中粒片状变晶结构	片状	滑石片岩
7	绿泥石	中粒片状变晶结构	片状	绿泥石片岩
8	角闪石、石英、长石	粗粒变晶结构	片麻状	闪长片麻岩
9	角闪石、石英、长石	粗粒变晶结构	片麻状	花岗片麻岩
10	角闪石、石英、长石	粗粒变晶结构	条带状	条带状片麻岩
11	石英	粗粒变晶结构	块状	石英岩
12	方解石、白云石	粗粒变晶结构	块状	大理岩

10.3.4　变质岩的命名

在结构构造的基础上进一步鉴别主要矿物成分和特征矿物作为定名的依据。在野外工作中，常采用颜色+结构+构造+次要矿物+主要矿物+基本名称的综合性描述来定名。如黑灰色显晶结构片麻状构造片麻岩。

10.4　沉积岩的鉴别方法

10.4.1　沉积岩的结构特征

由于沉积岩多为碎屑或隐晶的，故沉积岩的结构侧重于它的颗粒大小和形状。

1. 碎屑岩类

颗粒直径大于0.005mm者为碎屑岩类，可根据颗粒的大小、形状、主要及次要矿物成分特征划分为砾状结构、砂状结构及泥状结构。

1）砾状结构　在碎屑岩中，颗粒直径大于2mm者为砾状结构，据颗粒形状又可分为磨圆度较好的圆砾状结构和磨圆度不好的角砾状结构。

2）砂状结构　直径为2～0.005mm的是砂状结构。按直径大小又可分为粗、中、细、粉砂状结构四级。

3）泥状结构　直径小于0.005mm者为泥状结构。

2. 黏土岩类

直径小于0.005mm者为黏土岩类。主要根据有无明显层理特征来区分，页理发育的是页岩，页理不发育的是泥岩。

3. 化学岩类

化学岩类主要根据它们对稀盐酸的反应情况来区分，石灰岩剧烈反应；白云岩微弱反应；泥灰岩剧烈反应，但泡沫混浊，干后留有泥点。

颗粒大小及形状对碎屑岩及黏土岩的定名及性质起决定性作用，而对化学岩的重要性则小得多。化学岩多为隐晶结构。

10.4.2　沉积岩的构造特征

沉积岩的构造特征可从宏观（大构造）和微观（小构造）两个方面来看：宏观主要指层状构造，除非是薄层的沉积岩，一般不易在标本上观察到，多在野外进行观察；微观则指层理构造、尖灭或透镜构造、层面构造及均匀块状构造等。总的说来，构造特征是区别三大类岩石中的沉积岩的最重要的特征之一，但对于鉴别具体沉积岩的名称及性质作用较小。

10.4.3　沉积岩的矿物成分与胶结物

沉积岩的矿物成分和胶结物是决定沉积岩的名称和性质的另一个重要特征。对于碎屑岩来说，颗粒的矿物成分和胶结物的矿物成分是同等重要的，例如某种粗砂颗粒主要由长石组成，胶结物为碳质，则定名为碳质粗粒长石砂岩；胶结物为硅质，则定名为硅质粗粒长石砂岩。两者工程性质相差较大。对于泥质页岩及泥岩来说，由于其颗粒直径多在0.005mm以下，颗粒矿物多为黏土类矿物如高岭石等，故其命名和性质在很大程度上取决于胶结物。按鉴别矿物的方法对各种常见的胶结物进行鉴别，其特征见表10-4。

表10-4 胶结物主要特征鉴别

胶结物类型	颜 色	硬 度	其他特征
硅质	色浅（灰白等）	坚硬，小刀划不动	
钙质	色浅（灰白等）	较硬，小刀可划动	滴盐酸起泡
铁质	色深（紫红等）	较硬，小刀可划动	
泥质	色深（紫红等）	软，易刻划，易碎	

对于化学岩及生物化学岩来讲，矿物成分则是最重要的鉴别特征。常见的沉积岩的矿物成分、胶结物成分、结构和构造见表10-5。

表10-5 主要沉积岩的鉴定特征

编 号	主要矿物成分	胶结物	结 构	构 造	岩石名称
1	石灰岩碎屑	钙质	角砾状	块状	角砾岩
2	石英、燧石	硅质	圆砾状	块状	砾岩
3	石英	硅质	粗砂状	块状	粗砂岩
4	石英	硅质	中砂状	块状	石英中砂岩
5	石英	铁、钙质	细砂状	块状	红砂岩
6	石英	铁质	细砂状	层理	细砂岩
7	黏土矿物	铁质	泥状	层理	紫色白云质页岩
8	黏土矿物	炭质	泥状	层理	炭质页岩
9	黏土矿物	钙质	泥状	层理	黑色钙质页岩
10	方解石	钙质	竹叶状	块状	竹叶状灰岩
11	方解石	钙质	鲕状	块状	鲕状灰岩
12	方解石、生物碎屑	钙质	生物化学结构	块状	生物碎屑灰岩
13	二氧化硅		化学结构	块状	燧石
14	方解石、黏土矿物	泥质	化学结构	块状	泥灰岩
15	方解石		化学结构	块状	石灰岩

10.4.4 沉积岩的命名

沉积岩主要根据结构特征来命名。在野外工作中，常采用综合性描述来定名。

1）碎屑岩类：颜色+结构+构造+胶结物+成分+基本名称。

2）黏土岩类：颜色+黏土矿物+混入物+基本名称。

3）化学岩类：颜色+结构+构造+成分+基本名称。

10.5 注意事项

在试验过程中要注意以下方面：

1）注意观察颗粒大小与颗粒矿物成分的关系，随着颗粒逐渐减小，深色矿物首先消失，然后是长石，最后剩下的多为细小的石英颗粒。这与沉积物的形成、搬运过程对碎屑物风化、侵蚀有关。

2）沉积岩碎屑颗粒的矿物成分如石英、长石、云母等都是原岩经过风化后保留下来的。此外，在沉积岩生成过程中又产生了一些新矿物，称为沉积矿物。最常见的沉积矿物有方解石、白云石、石膏、高岭石、燧石等，含有这些沉积物是沉积岩鉴定特征之一。

3）在观察碎屑岩类时，注意观察沉积的碎屑岩系与火山碎屑岩系的异同。

4）注意沉积岩与岩浆岩的区别，在物质组成上，黏土矿物、方解石、白云石、有机质是沉积岩所特有的；在构造上，层理构造、层面特征和含有化石是沉积岩区别于岩浆岩的特征。

5）沉积岩覆盖地球表面 3/4，是野外工作中遇到的最多的岩石，故要求牢记砾岩、角砾岩、砂岩、页岩、石灰岩、白云岩、燧石等几种最常见沉积岩的鉴定特征。

经过前面的室内鉴别试验以后，对于所给的任意一块岩石标本应该能做到以下几点：

1）根据三大类岩石的结构、构造特征，鉴定属于哪一类岩石类型。

2）在每一大类岩石中，根据其颜色的深浅、颗粒的大小、形态、矿物成分区分为哪一种岩石类型。例如岩浆岩可分为浅色的和深色的矿物，其结构有全晶质、半晶质、非晶质三类；沉积岩可分为碎屑岩、黏土岩、化学岩三类，从宏观上讲沉积岩均具有层理状构造，碎屑岩的碎屑颗粒由于经过风化、搬运，故成分较单一，具较好的磨圆度，并由胶结物胶结；变质岩主要是根据其构造分为片理的或非片理的两类，片理的又可分为片状的、片麻状的等，其结构均为变晶结构。

3）再准确定出岩石名称。三大岩类的区别见表 10-6。

表 10-6　岩浆岩、沉积岩、变质岩的产状、结构、构造的区别

内　容	类　别		
	岩　浆　岩	沉　积　岩	变　质　岩
矿物成分	均为原生矿物，成分复杂，常见的有石英、长石、角闪石、辉石、橄榄石、黑云母等矿物成分	除石英、长石、白云母等原生矿物，次生矿物占相当数量，如方解石、白云石、高岭石、海绿石等	除具有原岩的矿物成分，尚有典型的变质矿物，如绢云母、石榴子石
结构	以粒状结晶、斑状结构为其特征	以碎屑、泥质及生物碎屑、化学结构为其特征	以变晶、变余、压碎结构为其特征
构造	具流纹、气孔、杏仁、块状构造	多具层理构造，有些含生物化石	具片理、片麻理、块状等构造
产状	多以侵入体出现，少数为喷发岩，呈不规则状	有规律的层状	随原岩产状而定
分布	花岗岩、玄武岩分布最广	黏土岩分布最广，其次是砂岩、石灰岩	区域变质岩分布最广，次为接触变质岩和动力变质岩

思考与练习

1. 矿物的颜色、条痕、透明度、光泽之间有何关系？

2. 鉴定矿物硬度应注意哪些事项？
3. 鉴别岩浆岩、变质岩和沉积岩应注意哪些事项？
4. 如何区别岩浆岩、变质岩和沉积岩？
5. 如何描述岩浆岩、变质岩和沉积岩？

课题 11　野外地质技能训练

学习目标

1. 知道野外工作的基本方法和技能；
2. 知道地质野外调查的内容和一般方法；
3. 知道地质现象的野外观察描述、地质测绘的步骤与方法；
4. 知道地质实习报告的编写内容与要求。

学习重点

野外工作的基本方法和技能；地质野外调查的内容和方法；地质实习报告的编写内容。

学习难点

野外工作的基本方法和技能；地质实习报告的编写内容与要求。

11.1　野外地质实习的内容及安排

1. 实习目的与要求

野外地质实习是本课程教学内容中重要环节之一。野外地质实习可以到起复习和巩固课堂讲授的基本概念和基本理论的作用，还可以接触到工程地质野外调查的基本方法，使学生初步懂得如何利用地质理论联系工程实际来分析地质与工程的关系。其次，通过野外地质教学实习，使学生从自然界许多具体的地质事物和现象中获得一些生动的感性认识，以验证和巩固课堂所学的基本理论，并对某些路段的不良地质现象及岩体稳定性问题做出分析、论证，从而为今后路桥工程的测设、施工等方面的专业课学习，奠定必备的工程地质知识。对此，提出如下基本要求：

1）针对野外具体的岩石和土层，能借助简易工具和试剂对其性质、结构、构造、类别做出鉴别和描述；能够估测岩石的工程强度和石料品位等级。

2）运用地质罗盘仪测量岩体结构面的产状，识别不同类型的地质构造，并分析它们对路桥工程稳定性的影响。

3）认识和区分一般中、小型地貌，以及不同地貌形态对路线测设、施工、养护等方面的影响。

4）识别山区常见不良地质现象，分析其发生的原因，对道路与桥梁的危害，并从中了解和探讨一些有关预防和整治的措施。

5）初步了解公路工程地质调查的内容和一般方法。

2. 组织领导及实习日程安排

1）成立教学实习小组，每班分为4~5组，每组设学生组长1人。确定指导教师，负责实习中的业务、安全、纪律、后勤、生活等事宜。

2）实习具体日程安排：实习时间为一周，可参考表11-1进行安排。

3）实习装备：皮尺、实习实测记录表格、地质罗盘仪、标本袋、铅笔、小刀、铁锤、放大镜等。

表11-1　实习日程安排

时　间	实习安排	备　注
一	召开实习动员大会，强调安全纪律；宣布实习领导小组成员及实习计划，借领野外实习装备等 实习地区地质条件概括介绍	
二	离校，开赴实习地区，全天路线观察实习	
三	全天路线观察实习	
四	全天路线观察及技能考核	
五	召开实习总结大会，布置编写实习报告的纲要，归还实习装备，整理野外记录及资料，编写个人实习报告	

3. 实习地点

实习地点应尽量选在能满足教学实习的要求，地质类型比较齐全，具有一定代表性的拟建或已建的建筑工程地区。若建筑工程地区不能满足实习要求，亦可增加几个地质典型地点进行补充实习。

4. 实习成绩考核

本实习成绩按照国家教委有关规定应单独考核、评定，不及格者，无补考机会。实习成绩实行百分制或按优秀、良好、中等、及格和不及格进行考核。具体评定方法见表11-2和表11-3。

表11-2　地质实习总成绩表

<table>
<tr><td colspan="6">实习态度（X_1）</td><td colspan="6">实习报告（X_2）</td><td colspan="2">笔试（X_3）</td><td colspan="2">现场考核（X_4）</td></tr>
<tr><td rowspan="2">定等</td><td>A</td><td>B</td><td>C</td><td>D</td><td>E</td><td rowspan="2">定等</td><td>A</td><td>B</td><td>C</td><td>D</td><td>E</td><td>实施办法</td><td>统一考试
统一改卷</td><td>实施办法</td><td>另有表格</td></tr>
<tr><td></td><td></td><td></td><td></td><td></td><td></td><td></td><td></td><td></td><td></td><td>得分</td><td></td><td>得分</td><td></td></tr>
<tr><td colspan="16">总得分　$X=0.1X_1+0.2X_2+0.3X_3+0.4X_4=$</td></tr>
</table>

（续）

内涵及标准	X_1：在教师指导下，理论联系实际，勤观察、勤动手、勤动脑、勤请教、勤讨论 X_2：对实习作业方面和思想方面小结，既比较全面又重点突出 X_3：以野外所见、教师所讲的地质现象为主，联系书本知识，使认识产生一个飞跃 A = 90 优　B = 80 良　C = 70 中　D = 60 及格　E < 60 不及格

表 11-3　现场考核成绩表

项目	罗盘的使用（X_1）					野外地质记录（X_2）					地质现象观察（X_3）				
定等	A	B	C	D	E	A	B	C	D	E	A	B	C	D	E
总评分	$X_4 = 0.2X_1 + 0.3X_2 + 0.5X_3 =$														
内涵及标准	X_1：能正确地判定和区分层面和断面，并能熟练地使用罗盘准确地测量其产状 X_2：能较准确地绘制实测地质剖面图和地质素描图，注记齐全，文字记录简明、精练、规范 X_3：应用学过的基本理论、基本概念，正确解释教师指定的常见地质现象 A = 90 优　B = 80 良　C = 70 中　D = 60 及格　E < 60 不及格														

说明：

①“罗盘的使用”一项，在指定的岩石露头范围内分组分批进行考核，该项最后成绩的给定参考学生平时的操作表现。

②“野外地质记录”考核包括考核路线的实测地质剖面、指定地质现象的地质素描和相应的文字描述，由学生独立完成。该项成绩最后评定时，参考学生平时的野外记录。

③“地质现象观察”在考核路线上选三项观察内容：一是确认地层和岩性描述；二是节理的观察和描述；三是流水堆积物的识别及描述。采用现场学生独立观察、书面回答的方式进行。

④ 将每个学生考核的各项成绩一一列入表中，量化计算，得出每个学生考核的总得分。

11.2　野外工作的基本方法和技能

1. 地质罗盘仪的使用

地质罗盘仪是进行野外地质工作必不可少的一种工具。借助它可以定出方向和观察点的所在位置，测出任何一个观察面的空间位置（如岩层层面、褶皱轴面、断层面、节理面等构造面的空间位置），以及测定火成岩的各种构造要素，矿体的产状等。因此必须学会使用地质罗盘仪。

（1）地质罗盘的结构　地质罗盘式样很多，但结构基本是一致的，我们常用的是圆盒式地质罗盘仪。由磁针、刻度盘、测斜仪、瞄准觇板、水准器等几部分，安装在铜、铝或木制的圆盘内组成。

（2）岩层产状要素的测量　岩层的空间位置决定于其产状要素，岩层产状要素包括岩层的走向、倾向和倾角。测量岩层产状是野外地质工作的最基本的工作方法之一，必须熟练掌握。

1）岩层走向的测定：岩层走向是岩层层面与水平面交线的方向也就是岩层任一高度上水平线的延伸方向。测量时将罗盘长边与层面紧贴，然后转动罗盘，使底盘水准器的水泡居中，读出指针所指刻度即为岩层之走向。

因为走向是代表一条直线的方向，它可以两边延伸，指南针或指北针所读数正是该直线之两端延伸方向，如 NE30°与 SW210°均可代表该岩层之走向。

2）岩层倾向的测定：岩层倾向是指岩层向下最大倾斜方向线在水平面上的投影，恒与岩层走向垂直。测量时，将罗盘北端或接物觇板指向倾斜方向，罗盘南端紧靠着层面并转动罗盘，使底盘水准器水泡居中，读指北针所指刻度即为岩层的倾向。假若在岩层顶面上进行测量有困难，也可以在岩层底面上测量，仍用对物觇板指向岩层倾斜方向，罗盘北端紧靠底面，读指北针即可，假若测量底面读指北针受障碍时，则用罗盘南端紧靠岩层底面，读指南针亦可。

3）岩层倾角的测定：岩层倾角是岩层层面与假想水平面间的最大夹角，即真倾角，它是沿着岩层的真倾斜方向测量得到的，沿其他方向所测得的倾角是视倾角。视倾角恒小于真倾角，也就是说岩层层面上的真倾斜线与水平面的夹角为真倾角，层面上视倾斜线与水平面之夹角为视倾角。野外分辨层面之真倾斜方向甚为重要，它恒与走向垂直，此外可用小石子使之在层面上滚动或滴水使之在层面上流动，此滚动或流动之方向即为层面之真倾斜方向。

测量时将罗盘直立，并以长边靠着岩层的真倾斜线，沿着层面左右移动罗盘，并用中指搬动罗盘底部之活动扳手，使测斜水准器水泡居中，读出悬锥中尖所指最大读数，即为岩层之真倾角。

（3）岩层产状的记录方式　岩层产状的记录通常采用这种方式：即方位角记录方式。如果测量出某一岩层走向为 310°，倾向为 220°，倾角 35°，则记录为 NW310°/SW∠35°或 220°∠35°。

野外测量岩层产状时需要在岩层露头测量，不能在转石（滚石）上测量，因此要区分露头和滚石。区别露头和滚石，主要是多观察和追索并要善于判断。测量岩层面的产状时，如果岩层凹凸不平，可把记录本平放在岩层上当作层面以便进行测量。

（4）实习报告　用罗盘测量方位角、坡度角、目估水平距离的结果填写在表 11-4 中，按 1∶2000 的比例尺画两点方位角和坡度角的平面图和剖面图。

表 11-4　地质罗盘仪实习报告

姓名：　　　　　　　　　　　　　　　　　　　　班级：

模型号	走向	倾向	倾角	观测位置	方位角	坡度角	距离（目估）

时间：　　　年　　月　　日

2. 野外地质的记录

（1）记录的要求　包括详细记录地质内容和具体地点两方面；客观地反映实际情况；

记录清晰、美观，文字通顺；图文并茂等。

（2）记录的类型和方式　地质记录有两种类型和方式。一种是专题研究的记录，专门观察研究某一地质问题。一种是综合性地质观察的记录，应用于对某一地区进行全面且综合性的地质调查。

3. 绘制路线地质剖面图方法

1）选取作图比例尺。其原则是根据作图精度要求及路线长度，最好是将地质剖面图的长度控制在记录簿的长度以内。如果路线长，地质内容复杂，剖面图可以绘长一些。

2）绘地形剖面。目估水平距离和地形转折处的高差及坡角大小，按比例尺的要求绘出地形剖面起伏。初学者易犯的错误是将山坡绘陡了。一般山坡坡角不超过30°，更陡的山坡是人难以攀越的。

3）填图。在地形起伏线的相应点上按实测的层面和断层面产状画出各地层的分界面及断层位置、倾向与倾角，在相应部位画出火成岩体的位置和形态。相当层面用线连结以反映褶皱及其横剖面特征。

4）标注地层及岩体的花纹，断层的动向，地层和岩体的代号，化石产出部位及采样位置等。

5）整饰修饰已成的草图并写出图名、比例尺、方向、地物名称、绘制图例及写图注。如为通用图例，则可省略图例的说明。

4. 绘制野外地质素描图

在野外所见到的典型地质现象，其规模小的如一块标本或一个露头上的原生沉积构造、构造变形、剥蚀风化现象，其规模大的如一个山头甚至许多山头范围内的地质构造特征或内外动力地质现象（如冰蚀地形、河谷阶地、火山口地貌）等均可用地质素描图表示。

地质素描类似于照相，但照相是纯直观的反映，而地质素描则可突出地质的重点，作者可以有所取舍。照相需要条件，地质素描则可随时进行。因而地质工作者应当学习地质素描的方法，作为进行地质调查的手段。

5. 标本的采集

野外地质工作的过程是收集地质资料的过程，地质资料除了文字的记录和各种图件以外，标本也是不可缺少的。有了各种标本就可以在室内作进一步的分析研究，使认识深化。因此，在野外必须注意采集标本。

根据用途可分为地层标本、岩石标本、化石标本、矿石标本以及专门用（薄片鉴定、同位素年龄测定、光谱分析、化学分析、构造定向等）的标本等。标本应是新鲜的而不是风化的。

常用的是地层标本和岩石标本，对于这类标本的大小、形态有所要求，一般是长方形，规格为3cm×6cm×9cm。应在采石场、矿坑等人工开采地点或有利的自然露头上进行采集，并进行加工。

化石标本力求是完整的，矿石标本要求能反映矿石的特征。

薄片鉴定、化学分析、光谱分析等标本不求形状，但求新鲜，有适当数量即可。

标本采集后要立即编号并用油漆或其他代用品写在标本的边角上，使不致被磨掉，同时在剖面图或平面图上用相应的符号标出标本采集位置和编号，并在标本登记簿上登记，填写标签并包装。

化石标本要用棉花妥善包装，避免破损。

11.3 各种地质现象的野外观察

1. 地质构造的野外观察

地质构造的规模有大有小。大的如构造带，可以纵横数千公里，小的如岩石中的片理，不到1mm。尽管规模大小不同，但它们都是地壳运动造成的永久变形和岩石发生相对位移的踪迹，因而，它们在形成、发展和空间分布上，都存在密切的内部联系。

野外的构造研究是从露头上可见的小型构造入手，观察描述其形态、结构要素和产状类型等，查明不同构造之间的空间组合关系和时间上的发育顺序。对于公路与桥梁专业的学生来说，对于地质构造的研究主要是在野外能识别出各种构造现象并分析其对公路与桥梁等工程的影响。

（1）构造的野外观察　由于地壳运动，使原始水平产状的岩层发生构造变动，形成倾斜岩层。当岩层层面和大地水平面的夹角介于10°~70°之间时，称为单斜构造，这是最简单的一种构造变动，也是层状岩石最常见的一种产状状态。由单斜构造组成的地貌称为单面山；由大于40°倾斜岩层构成的山岭称为猪背岭。

（2）褶皱构造的野外观察　空间上地层的对称重复是确定褶皱的基本方法。多数情况下，在一定区域内应选择和确定标志层，并对其进行追索，以确定剖面上是否存在转折端，平面上是否存在倾状或扬起端。

褶皱构造的一个弯曲称为褶曲。褶曲的基本形态包括向斜和背斜。褶曲野外观察有穿越法和追索法。

穿越法：沿选定的调查路线，垂直岩层走向进行观察。此法便于了解岩层的产状、层序及其新老关系，如果在路线通过地带的岩层呈有规律的重复出现，则必为褶皱构造，再依据层序及其新老关系，判断是背斜还是向斜，然后进一步分析两翼岩层产状和两翼与轴面的关系，判断褶曲的形成类型。

追索法：平行岩层走向进行观察。此法便于查明褶曲延伸方向及其构造变化情况，一般两翼岩层在平面上平行展布时为水平褶曲，两翼岩层在转折端闭合时为倾伏褶曲。

（3）节理的野外观察　节理，是岩块未发生明显相对位移的断裂现象。

1）观察点的选择 野外观察点是根据所要解决的问题选定的。每一观测点范围视节理的发育情况而定，一般要求几十条节理可供观测，而且最好将观测点布置在既有平面又有剖面的露头上，以利于全面研究节理。

2）观测节理 在任何地段观测节理，首先要了解区域褶皱、断裂的分布点及观察点所在的构造部位，然后根据不同的目的、任务，区分不同的岩性地层，观察和测量其中不同性质节理，其记录格式见表11-5。

区分节理的力学性质（是张节理、剪节理)，并根据其性质作进一步的细分。

节理若被脉体充填，调查时要尽量收集脉的产状、规模、形态、间隔、充填矿物的成分及生长方向等数据。

在选定地点内，对所有节理产状进行系统测量。测定方法和岩层产状要素测定的方法一样。

表 11-5 节理记录格式

点号及位置	所在褶皱或断层部位	节理产状			节理面及充填物特征	节理的力学性质	节理密度
		走向	倾向	倾角			

（4）断层的野外观察　断层是地壳的主要构造形迹之一，断层的性质、特征及规模在很大程度上控制一个地区的复杂程度。断层的野外识别标志包括以下几点。

1）地层特征：岩层重复或缺失，岩脉错断等可能是断层的存在标志。

2）地貌特征：当断层断距较大时，上升盘的前缘常形成断层崖，经剥蚀形成断层三角面地形，断层破碎带下切形成峡谷地形。此外，山背错开，河谷跌水瀑布等地貌均可能是断层存在的标志，所以，地质学上有一种说法即逢沟必断。

3）断层伴生构造现象，它是断层存在的可靠标志。

2. 岩石的野外观察

（1）岩性描述内容　各类岩石岩性野外观察的描述内容，一般包括：岩石名称、颜色（新鲜的、风化的）、结构与构造、坚硬程度、产状、岩相变化、成因类型、特征标志、厚度、地层时代及接触关系等。岩类不同，野外观察描述的侧重点也不同。

（2）成岩构造观察

1）沉积岩的层理与层序观察：在沉积岩地区，正确识别岩层层理和确定其层序是地质构造研究的基础。

2）火成岩的原生构造观察：火成岩的原生构造是指岩浆侵入或喷出活动过程中产生的流动构造和原生节理。在岩浆早期冷凝时形成原生流动构造，在晚期冷凝时则形成原生节理。

3）变质岩的片理观察：变质岩的片理等定向构造，往往是继承原岩层理而来的。根据野外观察得知，许多情况下，变质岩的这种定向构造，其展布方位通常在一个较大的范围内显示出良好的一致性。

3. 地貌调查

地貌调查就是通过对地表形态及其组成物质进行实地测量与分析，从而确定地质的成因类型及其作用过程。

地貌调查所采用的方法有分析法（包括形态分析、沉积物相分析、动力分析）、实验法及遥感遥测技术应用等。在这些方法中，形态分析和沉积物相分析是地貌调查的基本方法。

（1）河流地貌调查　主要是通过河谷纵、横剖面观察研究，了解河流的发育与演变过程。调查时，应特别注意河谷地貌的地区特征。

1）河谷横剖面的观察。河谷横剖面的基本形态是峡谷和宽谷。宽谷，谷底宽阔，其上河漫滩、阶地发育。观察阶地是河流地貌调查的重点。

2）河谷纵剖面的观察。河谷或河床的纵剖面线是一条上游陡、下游平缓呈波状起伏的曲线。在基岩河床中，可能出现岩坎、险滩、瀑布、深槽和深潭等一系列微地形。

3）观察时注意河谷地貌特征在地区上的差异。

（2）喀斯特（岩溶）地貌调查　喀斯特地貌按其分布位置和生成条件，可分为地表喀斯特地貌和地下喀斯特地貌两大类。

地表喀斯特地貌常见的有：溶沟、溶隙、漏斗、落水洞、溶蚀洼地、溶峰（孤峰、峰林、峰丛）和溶芽（石芽、石林）等。地下喀斯特地貌主要有：溶洞、坡立谷、暗河等。前者为地表水及地下水共同对可溶岩溶蚀形成；后者为地下水对可溶岩溶蚀而成。地表喀斯特地貌与地下喀斯特地貌之间，在成因上有着密切的联系，它们是同一过程在可溶岩岩体的表里作用的不同结果，因此形态上往往是相互关联的。

11.4 地质测绘的步骤与方法

地质测绘是工程地质勘察的基础工作。地质测绘的主要任务是为了研究拟建场地的地层、岩性、构造、地貌、水文地质条件及物理地质现象，对工程地质条件给予初步评价，为场址选择及勘察方案的布置提供依据。

1. 资料收集

收集的资料应包括区域地质资料、区域地震资料、水文气象资料、水文地质资料、已有的工程勘察资料、已有的建筑经验等。

2. 路线踏勘

路线踏勘工作应在资料收集研究工作完成后、实测剖面及平面测绘工作开始之前的较短时间内进行。其目的在于了解实习区的范围、位置交通、山川地形等自然地理情况，初步掌握区内地层岩性、地质构造等基本地质条件，以便能够正确地确定地层划分标志，合理地布置测绘观察点和观测路线，拟定外业工作方案。

路线踏勘的选择原则是：穿越区内主要构造线，地层发育全，地质露头较好，通行通视条件较好。

3. 实测地层剖面

（1）实测方法

1）剖面线方位应基本垂直于地层或主要构造线走向，两者之间的夹角一般不小于60°。

2）剖面线通过的具体位置，除满足前述实测目的与任务要求外，还应注意基岩露头的连续性，故经常利用沟谷的自然切面及人工采掘面等作为剖面通过的位置。若某段露头不佳，在相邻地段露头好并有明显的层位标志时，可以采用层位平移法测制。若无明显的平移标志，也可考虑采用槽探、剥土等工程进行揭露。

3）根据测区岩性复杂程度，岩石地层划分和表示详细程度，以及地质目的和经济效果确定剖面比例尺，以能充分反映其最小地层单位或岩石单位为原则。

4）剖面数量的确定：一个区调图幅内不同沉积岩地层，一般至少要有一至两条实测剖面控制；联测图幅可按联测区统一考虑，一般是一个填图单位应当有2~3条剖面控制。教学实习的重点在于学习基本方法，要求每组实测1~2条剖面，但每人必须学会实测剖面的全部工作方法，提交全部资料。其他地层用简测地层剖面和路线地质剖面控制。

（2）组织与分工　经路线踏勘选定剖面位置，制定人员组成、测量设备（罗盘、皮尺、记录表格等）和工作进度计划。

1）人员组成及分工。测量组以4~5人为宜，其中1人分层、2人导线测量（前测手及后测手）、1人记录（测量数据、导线草图）、1人测量产状及采集标本。

2）分层原则。由地层专业人员负责，或全组集体观察后确定统一的分层意见和具体分层位置。分层的具体原则如下：

① 以岩性差异及接触关系为分层原则。对于不连续或不正常的接触关系（如沉积间断或角度不整合、断层等），务必分层描述记录。

② 分层时应根据岩性差异、沉积韵律、层理构造、基本层序特点和类型以及特殊的化石层、含矿层、标志层等方面进行综合考虑。

③ 分层的精度据剖面比例尺大小而定。具体以能够反映最小分层尺度为准，即以图面1mm所表示的厚度为准。如1∶1000比例尺，最小分层厚度为1m，但厚度<1m的特殊层、含矿层、化石层亦应单独分出，扩大表示于图上，记录中必须注明其真实厚度。岩性单一或岩性组合单调的，可适当放宽分层厚度，分层厚度不得大于剖面比例尺最小表示厚度的10倍（或≤5m）。

④ 分层位置用油漆按规定符号依次标定在露头上。

（3）导线测量（或剖面测量） 由前测手、后测手各1人负责，其工作方法是：

1）地形剖面线采用半仪器法导线测量，即用罗盘测量导线的方位、地形坡度，用皮尺或测绳丈量导线两点间的地面斜距。

2）剖面导线应按前述原则尽量垂直岩层走向，由老至新或由新至老连续布线测量。

3）导线测站位置应选择在能通视前、后测站的地形变化（或道路拐点）和分层界线处。

4）测量每一导线的长度、方位、坡度角，导线内的分层距离、各层岩性及产状、化石、样品采集位置及编号等均应全部记录，以备核查。

（4）记录内容及绘制剖面草图

1）记录内容与要求。实测剖面记录内容包括：剖面名称及编号、比例尺、剖面起点坐标、测制日期，导线号、斜距、方位角、坡度角，层号及地层代号、分层斜距、岩性描述、岩石和化石标本采集位置及编号、产状及测量位置，厚度等。分层岩性描述前，应沿横向及纵向仔细观察，全面了解岩石特征或岩层组合特征。记录格式参照表11-6。

表11-6 实测剖面记录格式（比例尺1∶500）

导线号	分层号	斜 距	方 位 角	坡 角	岩石及化石标本位置
0-1		30m	345°	+18°	
	1	0~8m	深灰色厚层灰岩，团粒结构，质纯，风化后在地貌上呈石芽状。7m处产状320°∠50°或50°/NW∠50°		5m处Ⅲ1-1B
	2	8~21m	浅灰色岛层白云质灰岩，微波状水平层理极为发育，层面见干扰波痕，风化面见“砂糖状”的白云石化团块，形状不规则，总体平行层理分布（见素描图××）。15m处产状315°∠45°或45°/NW∠45°		12m处Ⅲ2-1B 18m处Ⅲ2-2B

（续）

导线号	分层号	斜　距	方　位　角	坡　角	岩石及化石标本位置
	3	21～30m	灰色中厚层石灰岩，平行层理方向的锯齿状缝合线极为发育（见素描图××），具生物碎屑结构，含化石××××。27m 处产状 318°∠47°或 42°/NW∠47°		25m 处Ⅲ3-1B 29m 处Ⅲ3-1H
1-2		35m	338°	-20°	
	4	0～15m	灰白色致密块状白云岩		

2）绘制实测剖面草图。野外实测剖面草图在实测过程中逐步完成，注上导线号、分层号、岩性花纹、产状和化石产出部位，作为绘制正式剖面图的参考。

剖面草图采用分导线作图法。先在记录本米格页上选定导线 0 点，然后按坡度角、斜距和比例尺确定导线 1 点。再按实际地形绘出地形线。在导线 0 点上方注明导线方位角，地形线上方标注导线号，化石符号和标本编号按实际位置标注。在地形线下方按视倾角绘制岩性符号和分层界线，标注层号、地层代号和产状测量位置等。第二导线，从导线 1 点，按前述顺序作图，以此类推。剖面全部测完后，写上图名和比例尺。剖面草图比例尺采用 1∶2000～1∶1000。

4. 资料整理

资料整理包括野外记录本、剖面图、柱状图、剖面小结、测量登记表、样品登记表、选样单等。

5. 地质填图

经过路线踏勘和实测地质剖面，对地质教学实习地区的地质情况有了初步的了解。下一步进行的地质工作是地质填图。在开展实际填图工作之前，要对填图路线进行周密的安排。

地质填图有两种基本方法，即穿越法和追索法。穿越法所选路线大致垂直岩层走向，追索法所选路线大致顺着岩层走向。具体填图路线由于受地形、地物等条件的限制，多采用“之”字形路线，即总体上穿越、局部追索。所选路线应符合填图精度的要求，露头良好，且能够通行。

地质填图路线的记录与踏勘的记录要求一致，有如下几种情况需要定点：地层岩性分界点；构造点（包括褶皱转折端、断层、节理、劈理、线理）；水文地质点（井、泉等）；工程地质点（滑坡、泥石流等）；矿点；控制点（如超过规定的间距，岩性没有变化，需定岩性控制点）。

对于地层界限点和断层点，允许在地形图上沿走向两边延伸 1cm。每天从野外回来，应对当天资料进行整理。另外，在地质填图过程中，有时要进行节理统计，每小组统计的节理数须大于 50 条，以便室内作节理走向或倾向玫瑰花图。

11.5　地质实习报告的编写

地质实习外业结束以后，应及时地转入内业整理和实习报告编写阶段。编写实习报告是整个实习的一个重要环节，也是地质实习考查成绩的重要依据。要求每个学生独立地按时完成实习报告内容的编写。

实习报告内容，视实习点的具体情况和实习时间的长短而有所不同。地质实习报告中应附上必要的图件，在编制图件时须采用统一图例。

1. 地质实习报告的编写提纲

1）绪言。介绍实习区的行政区划、经纬位置、自然地理概况、实习目的、实习时间等。

2）对不同观察点出露的地层及分布的特点，按地层时代自老至新进行分层描述。描述各时代地层时应包括分布和发育概况、岩性和所含化石、与下伏地层的接触关系、厚度等（附素描图）。岩浆岩出露状况简述。附实测地层剖面图，斜层理、泥裂素描图。描述各种岩体的岩石特征、产状、形态、规模、出露地点、所在构造部位以及含矿情况，并判断其工程强度的类别。

3）描述在实习地区，认识的地质构造及地貌的类型，概述本地质教学实习区在大一级构造中的位置和总的构造特征。分别叙述地质教学实习区的褶皱和断裂。

① 褶皱描述：褶皱名称，组成褶皱核部地层时代及两翼地层时代、产状、枢纽、轴面、展布情况。褶皱横剖面及纵剖面特征，并附轴面和枢纽的水平投影。

② 断层描述：断层名称、断层性质，上盘及下盘（或左右盘）地层时代，断层面的产状。野外识别标志。断层证据（附素描图、剖面图）。

③ 节理描述：节理发育组数、方向、发育程度及调查方法、走向或倾向玫瑰花图。

阐述褶皱与断裂在空间分布上的特点，根据所见实际情况并结合路桥工程的勘测设计、施工等问题做出综合分析，提出自己的见解。

4）描述在实习地区所见到的各种不良地质现象，描述它们对路桥工程造成的危害及采取的措施，并给出自己的评价。

5）除了安排的观察内容以外，提出自己的新发现、新见解或认为需要探索的问题。

6）结束语。包括实习的主要收获、体会、意见及建议。

2. 实习报告附图

实习报告应附哪些图件，这要根据实习地点的具体条件、实习时间的长短及专业要求等情况，综合考虑，适量选择。有下列图件可供选择：综合地层柱状图；地质平面图（部分）；地质剖面图（或水文地质剖面图）；节理玫瑰图；赤平投影图；有关地质素描图及照片等。以上附图的编制内容、要求及图式均可在教材中找到参考。

报告要求书写清晰规正、文字通顺、图件整洁，并装订成册，统一交指导教师评阅。

思考与练习

1. 野外鉴定矿物应注意哪些事项？
2. 在野外如何鉴别岩浆岩、变质岩和沉积岩？
3. 简述野外工作的基本方法和技能。
4. 简述野外地质调查的内容。
5. 简述地质现象的野外观察描述内容。
6. 简述地质测绘的步骤与方法。
7. 简述地质实习报告的编写内容。

参 考 文 献

[1] 罗筠. 工程地质 [M]. 北京：人民交通出版社，2011.
[2] 齐丽云，徐秀华. 工程地质 [M]. 3 版. 北京：人民交通出版社，2009.
[3] 姜尧发. 工程地质 [M]. 北京：科学出版社，2008.
[4] 铁道第一勘察设计院. 铁路工程地质手册 [M]. 北京：中国铁道出版社，2010.
[5] 铁道第一勘察设计院. TB 10012—2007 铁路工程地质勘察规范 [S]. 北京：中国铁道出版社，2007.
[6] 中华人民共和国建设部. GB 50021—2001 岩土工程勘察规范（2009 年版）[S]. 北京：中国建筑工业出版社，2009.
[7] 工程地质手册编委会. 工程地质手册 [M]. 3 版. 北京：中国建筑工业出版社，2010.
[8] 时伟. 工程地质学 [M]. 北京：科学出版社，2007.
[9] 任宝玲. 工程地质 [M]. 北京：人民交通出版社，2008.